高校风景园林与环境设计专业规划推荐教材

景观设施设计

胡天君　景　璟　著

中国建筑工业出版社

A E A

E A L

L A A

E A E

LA
+
EA

前　言　　Preface

随着当代城市建设的快速发展，景观设施已经成为人们开展室外活动与生活、维持社会交往必不可少的空间环境要素，以景观设施为主要关注点的现代设计，也逐渐成为其提高服务与审美功能的具有特殊表现力的艺术创造行为。景观设计师以此创造和引领的人类新的生活方式，在对城市环境建设关注的同时对人类自身提出了责任和义务，启迪我们围绕生命与生存展开思考以及对生活问题的醒悟。

在高校艺术设计教育中，景观设施设计现已成为城乡规划、风景园林、环境设计等专业教学中非常重要的一门课程，主要帮助学生完成从城市景观设计理论到具体的设施设计实践的过渡，对学生深入系统地学习专业设计有着至关重要的作用。在很长的一段时间内，由于固化的教学模式影响，对于景观设施设计的理论阐释大都拘泥于设施本身的属性与功能的解读上，在一定层面上还缺乏引导与变通，难以真正适应当代城市景观设施设计发展的需要。传统设计关注了人在生理上和安全等方面的低层次需求，而现代景观设施设计对形式的关注将扩大到对消费者的自尊及自我价值实现等高层次精神需求的思考。因为作为设计教育的景观设施设计教学，它的学习价值并非只是对设施尺度、材料、工艺以及功能方面趋于理性的精确掌握，更为重要的是需要传达出设计师对景观设施的理解和情感以及表现出景观设施的形式美感张力。同时，由于人类社会和生活方式是在不断地变革中发展的，与之密切相关的景观设施的内涵与外延并不是一成不变的，随着社会的进步、科技的发展，景观设施的内涵也将随着时代的发展而不断嬗变。

景观设施设计是通过理论与实践相结合的方式发掘设计者理性思维和创造性思维的一门专业课程，如何培养学生合理分析景观设施的内在属性并进行创新性设计是本书的核心所在。本书对景观设施课程的教学定位、方法内容进行了全新的探讨，以景观设计学为理论基础，阐明了景观设施设计的空间类型、设计原则、设计方法与设计程序等诸多内容，对设施设计的时代趋势做了充分的讲述，引入了诸多新的教学观念，并在撰写的过程中注重前沿知识的拓展。第一章至第三章以基础理论讲解为线索，配合大量的图片资料，让读者直观形象地掌握知识；第四章从以人为本、整体性、一体化设计等层面的阐述，让读者在一定高度上掌握景观设施艺术创新的设计理念与原则；第五章对地域性、生态化以及可持续发展进行了思考并提出了自己的见解，以期对国内的景观设施设计教学研究有所启示；第六章对景观设施设计表现方法与实践内容做了详细充实的阐述，总结了大量规律性的颇具价值的参照。全书图文并茂，内容丰富，有较强的启发性和探索性。本书以树立正确的教学理念为根本，使景观设计课程的教学取向真正符合艺术设计教育的发展与人才培养的目标。

本书的第一章、第二章、第四章、第五章由胡天君撰写，第三章、第六章由景璟撰写。本书的出版，还得到许多同事的热情帮助和大力支持，在此，一并表示深深的谢意。

对于书中不妥之处，希望同行专家和广大读者提出宝贵意见，以便在今后的修订中不断充实和完善。

目 录 Contents

01

Overview of landscape facilites

第一章

景观设施概述

第一节　关于景观设施

一、景观与景观设施的概念

景观设施是指存在于公共空间中，由政府或其他社会组织提供的、能够被社会公众使用或享用的物质形式。景观设施是城市整体环境的组成部分，它把依附于公园、广场、绿地、街道等公共空间环境中的座椅、标识、水景、亭廊、卫生设施等作为研究的主题。比较关键的一点是，景观设施除了具体的使用功能外，其景观属性是比较重要的特征。

当代景观设施是在政治、经济、文化产生巨大变化的背景下得到发展的，是与人的工作生活最为紧密的环境内容，是人类维持正常室外活动与生活、开展社会交往必不可少的城市空间环境要素。城市化建设的推进使人类室内外生活空间不断延展，大众对生活环境以及生活方式的品质也有了较高层次的要求。以景观设施为主要对象的现代设计，成为提高服务功能与审美功能的具有特殊表现力的艺术创造行为。景观设施于20世纪初期在西方国家得到快速发展，20世纪80年代后，随着国际化交流的日益频繁，除美国及欧洲一些国家继续相对繁盛的景观设施活动以外（图1-1、图1-2），在亚洲一些国家如中国、日本（图1-3）、韩国（图1-4）、新加坡等也得到不同程度的发展。景观设施在世界范围内进入到一个新的时期，并在客观上形成了现代人类意识形态下的新语境。以人为核心，创造与改善环境艺术设计，追求物质与精神的平衡，是21世纪全球范围内人类精神活动的共同目标。

图1-1　德国慕尼黑城市街道设施（图片来源：孟姣 绘）

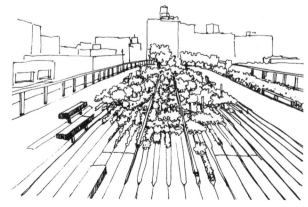

图1-2　美国纽约的"高线公园"（图片来源：孟姣 绘）

图1-3　日本2005年爱知世界博览会（图片来源：赵佳璐 绘）

图1-4　韩国某城市街道灯具设计（图片来源：韩国城市环境景观［M］.曾琳译.沈阳：辽宁科学技术出版社，2006，05.）

景观设施概念的提出是当代城市经济和社会发展综合因素下的必然，设计师以此创造和引领了人类新的生活方式，是人类围绕生命与生存展开的思考以及对生活问题的醒悟，在对城市环境建设关注的同时对人类自身提出了责任和义务。随着社会的进步、科技的发展，景观设施的内涵也在不断发展变化，现代景观设施的设计与制造满足了人们不断变化的需求，创造出了美好、舒适与健康的生存方

式，成为创造空间美、生活方式美的富有生命力的物质载体。由于人类社会和生活方式是在不断变革中发展的，此类意义上的景观设施的内涵与外延并不是一成不变的，它将随着时代的发展不断变迁。例如有的设施的功能在不断细化中淡出了景观设施的范畴，有的设施的使用功能不断弱化而审美功能逐步增强，成为环境中的凝聚文化符号的装饰品。

在阐述完景观设施的概念之后，我们不得不提及当今另一个经常被提出的概念——景观，以便使我们更加清晰地面对所要研究的课题内容以及形式内涵。

"景观"一词是现代人观念下的产物。景观是一个宽泛和综合的概念，它既是一种自然景象，也是一种生态和文化景象。从18世纪初期德国将景观作为地理学名词开始使用，到其后的景观生态学以及20世纪60年代美国出现的景观环境心理学，景观作为人类创造外环境空间的特定名词被广泛使用。实际上，在不同的研究领域，对景观的理解和侧重点不同，其内涵和外延也在不断地发生变化。景观所涉及的方方面面表现出来的多元性使得各个领域对景观都有不同的设定，艺术家把景观看作能够表现与再现对象的风景，建筑师把景观作为建筑物的配景，生态学家把景观定义为生态系统，涉及了气候、地理、水文等自然要素。而在我国，到20世纪80年代后期，随着物质生活条件的改善，城市化推进的同时，环境的视觉污染也与其他污染一样越来越严重地威胁着人们的身心健康，景观这一概念才如室内环境装修行业的出现一样，建筑师从建筑外环境，园林师则从园林生态绿化，城市规划设计师从整体空间布局等角度都在努力地向环境美化为主的景观设计行业靠拢。景观是视觉审美的对象，表达了人与自然的关系、人对土地以及土地上的所有物质形态的态度。而作为城市景观，则表达了人对人工构筑的城市的态度，泛指城市环境中的一切景观形态，如建筑、桥梁、道路、绿地、景观设施等，它们按照人们的行为习惯和需求方式，根据一

定的功能关系构成了城市环境中的内容，多方位地满足人们的日常生活。

　　景观与景观设施两者之间既有联系又有区别。它们都是出于当代人围绕生命与生存问题而展开的思考和行为，随着社会的发展和人审美意识的加强，它们逐渐嬗变成为介于艺术和设计之间、城市环境中的具有装饰性的艺术形式。并且它们都具有非独立存在性，总是要相对于某一特定功能的建筑或人文景观环境而言，并且不同功能的环境需要具有不同内容和形式的城市景观与设施相适应。从景观设施与景观的概念上来说，景观的外延比景观设施要大的多，建筑、绿地、街道、广场环境、小品设施等共同构成了城市景观环境，而景观设施是城市景观内容的组成部分。

　　景观设施的研究具有明确的指向性和针对性，突出了"艺术"和"设施"的关系，强调了功能与形式的共生。这种表达力求反映当今社会人们在传统生活方式下对审美以及文化的追求，传递出人们对隐匿于设施实用功能之下的独特观赏价值的重视。

二、景观设施与室内家具的关系

　　景观设施的产生与发展是源于室内家具的进程而展开的。我们的祖先在和大自然的抗争中，为遮蔽风雨而建造的房屋成为人类最早的休息场所，并随之产生了简单的家具，最初的家具只是为了满足生活的基本需求而产生的。人类在具备一定的物质条件和认识能力之后，渐渐不满足于家具的原始状态，为达到舒适、美观等更高的要求，他们把天然的可作休息的石块进行加工雕成平坦或有靠背的样式，甚至雕刻上图案以示美观，这样就逐步创造出既能满足生活需要，又具备一定欣赏价值的不同类型和式样的家具。

　　家具与人的亲密关系促使其得到不断创造和发展，人们不断增长的生存需求和活动范围的拓展使

家具逐步由室内延展到室外。人们一直对自然材质有着独特的感情，木材让人产生温馨亲切的感觉，并且便于雕刻，所以多个世纪以来室内家具一直在木材制作的基础上不断改进其造型和结构工艺。由于没有发达的生产力和良好的经济基础，以及使用材料的单一和室外环境对材料的特殊要求，室外设施的发展相对于室内家具来说一直较为滞后。一直到19世纪欧洲工业革命后，在现代设计思想的指导下，家具逐步摒弃了复杂的造型形式，以简洁抽象的造型来适合大机器的批量生产，家具从木器手工艺的历史进入了工业化的发展轨道（图1-5、图1-6）。科学技术的进步、新材料与新工艺的发明促使现代家具不断嬗变发展，人类不断增长的生存需求与对自然环境的热爱促使室内家具不断向外部环境拓展与延伸，家具从家居室内、商业场所不断扩

图1-5　室内家具a设计者：Frank O.Gehry（图片来源：1000 chairs [M]. 德国：TASCHEN出版社，1997，05. ）

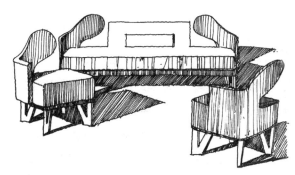

图1-6　室内家具（图片来源：赵佳璐 绘）

展延伸到街道、广场、花园等外环境,户外家具得以广泛的运用。城市的广场、公园、街道、庭院日益成为一个面向所有市民开放的连接室内的户外起居室,作为户外家具的景观设施以各种形式出现。家具与设施形式以其独特的功能贯穿于人们生活的方方面面,与人们的衣、食、住、行等生活方式密切相关,在工作、学习、生活、交际、娱乐、休闲等活动中扮演着重要角色。

景观设施以满足人类基本活动需求为宗旨,是人类文化的一个组成部分。设施的主要目的是满足人们的生活需求,在室内使用的垃圾箱、沙发、灯具等在室外都有对应的设施存在。比如室内使用的沙发与室外的公共座椅,室内灯具与室外的路灯照明,室内的固定电话与室外的电话亭,室内的饮水机与室外的饮水装置等。相同的服务主体以及这一一对应的关系清楚地表明了室内家具与室内外设施的密切程度,它们共同构成了人们生活中不可缺少的重要组成部分,但由于室内外环境的根本不同使家具与设施在材料使用、布局方式、设计理念等诸多方面都产生了不同的影响。可以说景观设施是人类不同行为方式的延伸,是建筑外部环境和人之间的媒介,它是使室外环境产生具体价值功能的必要措施,通过形式、尺度在室外空间和人的身体之间形成一种过渡。景观设施将室外变得适宜于人们的生活,成为建筑功能的延伸。因为建筑围合了内部实体空间,而外部空间只有通过景观设施的设置才能显示、体现以至强化出它的特定功能。同时,景观设施又是室外环境的主要陈设,既具有使用功能,又具有装饰作用,它与室外环境构成了一个统一的整体。

无论是室内家具还是室外景观设施,它们都是伴随着建筑及其人文环境的产生和发展而逐步成长起来的一门艺术形态,它们的设计与制造都是为了满足人们不断变化的功能需求,创造更美好、更舒适、更健康的生存方式。在每一历史时期,都会根据不同的物质生产能力和生活条件创造出具有新的

使用功能的家具和景观设施。所以,其发展历史蕴含着人类社会政治、经济不断演变发展的历程,并且它们的发展还同艺术史、科学技术史的发展极为密切,反映出不同时代的文化形态和生产力水平。另外,由于与所处的建筑环境有着密不可分的关系,无论是家具还是设施受建筑风格的演变发展影响较大。相比室内家具与拥有者关系的紧密性与依赖性而言,存在于建筑外环境中的景观设施区别于一般家具的不同之处在于其作为城市的"道具"更具备普遍意义上的公共性和交流性的特征。复杂的外部环境、庞大建筑物的造型形式为设施提供了更加多元的设计指向,使景观设施在形式内容、文化内涵以及材料运用、布局方式等方面都具有和室内家具所不同的性能与表现方式。设施发展到现代,出现了许多过去所没有的新功能和造型式样,满足了现代人各方面的需求,这是和现实生产力的发展、生活水平的提高分不开的。尤其是当代社会,伴随着文化观念的发展与科学技术的进步以及生活方式的改变,景观设施也在产生迅猛的发展。

三、好的景观设施提升城市形象

城市是实体与空间组成的复杂的结构体,展现出人工化的组织秩序。城市环境中的景观设施,既是人们活动的空间装置与依附,又是城市文化中的重要组成部分。

城市的形象是在不同层面上立体展现的,一个城市的视觉形态是建筑、街道、广场、景观设施等这些形象的有机构成。在生活视角上,城市形象是由城市中各建筑以及环境设施具体的形象风貌来展现的,尤其是一些标志性的开放空间和景观,然而这种展现并非是简单的累加,而是一种整体的、连续的、动态的、综合的体验,包含着复杂的认知和审美过程。构成城市形象的设施系统现在已经成为人们外部生活空间的主导因素,由单体构成群体,渗透于城市规划、园林景观、建筑环境等城市建设

的方方面面，从社会空间构成角度增强了环境空间内容的力量，原来城市的附属品如今遍布于我们的生活环境，变成了一个与人们生活关系紧密的庞大体系。所以，从一定意义上来说，各具功能的景观设施构成了城市空间中不可缺少的环境内容，它们用不同的物质与精神功能构建着城市的文化气氛，美化着城市的形象，为提高城市功效作出贡献。景观设施在高度文明的社会环境创造中，发挥着极其重要的作用。

随着时代的发展，如今的城市不仅是人们居住、生活的港湾，更是人与人之间文化交流、获取信息、展现自我的公共舞台。景观设施不但表现环境的面貌特色，同时又是环境特性的精神升华。芬兰建筑师伊利尔·萨里宁说："让我看看你的城市，我就能知道这个城市居民在文化上追求什么。"由于公共艺术作品通常在内容上更加接近公民的思想和地域的文化，所以与人们关系紧密的景观设施不仅为方便人们的生活提供服务，还体现着一群特定城市居住者的精神面貌和情感世界，就像室内家具一样体现着主人的情趣和气质，而外环境更为直观地反映出城市居住群体的文化品格。景观设施不仅彰显着环境的本质特色，还作为一种文化载体成为城市人文精神的集中体现，在直观形式之下散发着浓厚的人文气息，折射出居民的生活方式、意识形态和价值观，延伸着一座城市的精神与性格（图1-7、图1-8）。

高速发展的城市化进程推动着景观设施的更新换代，经济的发达为设施设计提供了坚实的基础和保障。科学技术与现代设计的结合不断创造出新的产品，高科技与生态环保技术的开发也为景观设施设计注入了新的活力，先进的材料、工艺和结构形式使景观设施以一种耳目一新的视觉感受呈现在世人的面前，折射出当代生产力的水平以及科学技术的发展程度，成为一个城市进步与文明的象征。从某种意义上来说，城市形象就是综合了政治、经济、文化等因素形成的完整的城市景观环境系统。

图1-7 国外城市接头一角（图片来源：赵佳璐 绘）

图1-8 夜晚能够发光的公共座椅（图片来源：鲍诗度. 城市家具系统设计［M］. 北京：中国建筑工业出版社，2006，11.）

四、国内景观设施的发展

我国在1978年改革开放后，经济实力的增强与科学技术的进步为景观设施的发展提供了物质条件，社区再造运动、大规模公共场所的不断扩建为其提供了发展空间，景观设施相对滞后的状况得到逐步改善。以往谈及的城市建设一般重点涉及建筑、规划、工程和园林等方面的内容，景观设施只作为附属设施。近年来，景观设施逐步从城市环境中剥离出来，被作为一个系统进行专题的研究，一方面确立其自身的价值体系，另一方面也凸显了设施在城市建设中的重要性。如今，中国人传统的生活方式、审美情趣和价值观在潜移默化中慢慢地变化着，思想的解放以及新的价值观使人们不再满足于基本的生活需求，与国际文化交流更加广泛的同时受欧美国家艺术思潮的影响，我国的当代景观设施开始真正得到重视并呈现多样化发展的形势，无论从数量还是规模上都得到空前的发展。

景观设施在世界各国的发展状态是不一样的。总体上看，景观设施在国家与区域建设中得到高度重视，并成为衡量一个国家和地区城市先进程度不可缺少的参照体系。欧美、日本等发达国家和地区长久以来都非常注重景观设施设计。日本在现代城市街道环境设施的设计方面十分先进，在东京、大阪等城市规划中突出了设施景观的主题，将街道设施雕塑化、景观化、与自然结合。近十年来，国内一些城市在发展经济的同时，注重城市规划与环境要素的合理配置和协调发展，在实践中也取得了一些卓有成效的经验。但是，绝大多数城市景观设施的整体水准还较低。有些城市在街道或广场等人群较为集中的地方，设施数量不能满足公众的需要且不经调查随意设置；有的环境缺乏整体设计意识，风格与整体空间缺乏有机的联系；有的制作缺少美感，更谈不上文化内涵。西方发达国家也曾经历此类过程，但他们很快意识到了环境设计与城市协调、控制与管理之间的关系，通过建立科学合理的管理方式进行适当参与与合理干预，取得了令人瞩目的成果。美国是现代景观设施的重要发源地之一。在20世纪30年代，美国政府投资开展了全国范围内一系列的城市基本建设项目，其中包括兴建大型的公共建筑、桥梁以及文化艺术设施等工程。这一系列的建设为美国城市化建设和长期发展打下了坚实的基础。随后美国政府组建了景观设施的艺术项目机构，调动全国数千名艺术家，为美国各地的公共建筑、公共场所等进行了大规模的创作活动，积极推动了美国的的城市化建设和景观设施在全社

会的普及。二战后美国政府进一步加大了对公共建设事业的资金投入，并以立法的形式推动城市公共艺术事业的发展。美国环境设计研究协会就是由规划师、景观设施设计师和社会学家联手成立的，规定景观设施设计必须在宏观规划指导下发展和实施，这就把各自为政的几个城市环境设计领域纳入到全方位的研究之中，便于工程师、艺术家、科学家、管理者们联合起来，对城市建设进行统筹规划，共同面对空间生态失调及环境污染等问题。从世界发达国家的城市发展历程及经验来看，景观设施的发展需要政府和社会的政策、法规和资金的支持，需要社会舆论与传播媒体的共同参与，并有赖于社会大众的参与和理解。

相对于较早进行了环境综合治理及城市建设和维护的发达国家来说，我国的景观设施起步较晚。我国的改革开放推动了社会进步，经济发展提高了人民的生活水平，城市建设飞速发展，城市环境建设越来越完善，新城的建设和旧城的改造日新月异。农村与城市发展的不对等致使在城市中的景观设施发展速度较快，也较为完善。就目前来看，我国在现代景观设施方面取得了长足的进步，对景观设施的重视极大地促进了社会公共福利事业的发展，对增强市民公共意识、提升城市公共环境的人文与艺术品格，充分展示我国城市文化风貌等方面起到了积极的推动作用。从1990年代起，我国许多经济较发达的地区在城市规划的同时就开始注重景观设施的配套建设，作品的面貌已从最初满足基本的功能需求逐步提升到考虑与新材料、新技术、新观念相结合，体现艺术性和创新性，走向与市民大众生活体验和情感经历相贴近的轨道。但我们也应该清醒地认识到由于处于起步与探索阶段，还暴露出种种不尽如人意的问题或弊端，反映在城市管理、意识形态和艺术观念上的问题还很多。因为景观设施既是艺术家的个人经验和才智的显现，也是整个社会协作和共同参与的结果。所以，首先健全社会管理机制与提高民众素质是景观设施发展

非常必要的前提条件。我国在维护公共艺术文化上的相关机制滞后，市民的公共意识相对欠缺，景观设施无法得到较好的使用和保护，经常受到不同程度的破坏。所以促进审美文化教育、增进市民公共意识，对于提升城市公共环境的人文与艺术品格以及充分展示我国城市文化风貌等方面将起到积极的推动作用。其次，扩大设计者的理论视野和设计水平也是关键所在。长期以来，我国城市建设一直处于缺乏长远规划和整体构思、行业间缺乏协作的状态，这造成了城市不同空间功能的紊乱和环境景观资源的破坏。另外，西方艺术思潮特别是国际化的设计理念对我国艺术领域产生了巨大的影响，设计者热衷于借取和挪用外来的设计手法，对一个地域所特有的自然状况、环境性质、民俗特色等缺乏深层的了解和认识，在反映城市风貌多样与个性、提高城市环境质量方面表现得较为贫乏。景观设施所显露的问题还非常多，比如生态环保问题、地域性问题等。

设计工作者担负着城市建设和环境改善的重任，将我们的国家、城市建设成设施完善、环境优美的家园是一个任重而道远的长期任务。为实现这一目标还有赖于设计师平时注重参与生活、关注人类环境和现实的生存状态，着力于每一个街区，每一座建筑、广场、园林以至于每一个座椅、标识、花坛的设计，使城市景观环境成为一个连续完整的系统。

第二节 景观设施的特征

景观设施作为一种通过物质形式反映现实生活的功能形态，表达出了设施的社会性质及其相关历史、文化、经济等方面的内在涵义与自身特征。

一、景观设施的文化内涵

人类利用自己的大脑和双手所创造的一切财富都统称为文化，文化可分为物质性文化和精神性文化。人的本性是在自然价值的基础上创造文化价值，人类

从简单造物到高级阶段的进步源自对自然事物深层认知后行为与经验的积累，这些行为与经验激发了人类对日常生活的特有需求以及造物活动的不断深化。

景观设施既是一种文化形态，也是人类文明的缩影。它的造物活动源于满足生存意愿，其多种多样的实用功能与价值是其物质文化的体现。社会的发展、生活方式与交往方式的改变，使人们在满足于物质文明的同时也渴望精神文明的滋润，这种源于最初生存需求的不断提升使景观设施在满足某些特定直接用途的同时，又注重其精神特质的表现。于是，普通物品由单一功能逐步向多层次的功能发展，文化在功能性物质产品的造物活动中形成。人类社会的发展是合理利用自然价值、创造和实现文化价值。作为景观设施也正是体现了这一过程，并同时具有物质文化与精神文化的特性。

景观设施遍布于我们的日常生活中，参与城市景观环境的营造，成为文化艺术的重要组成部分。景观设施的文化性主要体现在以下两个方面。

（一）景观设施的形式体现

景观设施是以物质形态存在的人类创造物，必须满足人们的功能需要，这需要通过一定形式表现出来，它的精神性体现建立在功能性物质产品的基础之上。正如英国著名的建筑师和城市规划师吉伯德所说："城市必须有恰当的功能与合理的经济性，但也必须使人看到时愉快，在运用现代技术解决功能问题时应与美融合在一起。也就是说，要辩证地处理功能与形式的关系，功能因素总是不可或缺的"。景观设施的造型、色彩和材料运用等构成了设施的表现元素，设计者把情感与设计理念融入其中，使这些元素通过比例、尺度、节奏、韵律等手法营造出特定的艺术氛围，使人产生美的愉悦。因此，设施创作不仅要受到物质技术条件的制约，还要符合形式美的原则。图1-9是西班牙巴塞罗纳一所公寓的顶楼雕塑，其内所包覆的是一根根的烟囱。这样既不影响烟囱的功能发挥，同时又增加

了装饰性，起到形式的审美作用。图1-10-1、图1-10-2是泰国"幸福之家"住宅小区外部环境设计，无论是水岸线，还是植被坛、座椅等均采用富有韵律变化的形式，在满足功能需求的同时带给我们视觉上的审美和心理上的愉悦感。

图1-9　西班牙巴塞罗纳一所公寓顶楼的烟囱（图片来源：于正伦. 城市环境创造［M］. 天津：天津大学出版社，2003，05.）

图1-10-1　泰国"幸福之家"住宅小区外部环境设计（图片来源：景观设计［J］. 2010，06.）

图1-10-2　泰国"幸福之家"小区外部环境设计（图片来源：赵佳璐 绘）

另外，还要说明一点，由于景观设施面对的不是个人而是公众，它的功用性涉及社会群体，因此，其形式体现的是面对社会群体的功用性。

（二）景观设施的深层内容

在形式美的基础上，人在接触和使用设施的过程中产生审美快感并引发丰富联想所产生的文化价值方面的内在取向，这是经人的思考和体味才能探知的深层内容。因为对于景观设施的文化性来说，它不仅包括物质功用的方面，还包括精神功用的方面，精神层面是景观设施最为重要的文化灵魂。景观设施从表象上看，是公共空间中的物质实体，但这种物质实体的产生与存在是与人们的精神世界密不可分的。景观设施是人类精神对自然的加工，它既反映出了人们利用自然、改造自然的态度，同时也反映了人们的价值观念、思维方式。从本质而论，景观设施是物化了的精神，它始终附着在知识、观念与艺术之上，是人们价值观念、思维方式的载体。人们在设施中融入了习俗、理念与价值观，营造出某种性质的环境氛围，通过隐藏于表象下某种情感、思想和感染力来陶冶和震撼人的心灵，它的形象语言所反映的不是物质性的，而是崇高或雄伟、轻灵或沉重、宁静或动荡等精神含义。图1-11是美国"三角交易所"入口设计，作为门廊显示出其赏心悦目的景观性，简洁的抽象造型通过硬朗光洁的金属材料体现出来，与背景中传统的建筑风格形成鲜明的对比，突出了雕塑的现代感和科技感，更重要的是很好地表达出金融交易公司的企业性质与内涵，这是对其所处精神环境的一种尊重和契合。

城市景观设施的主题和内涵是随着城市文化和市民的生活经验与需求的发展而发展的，它既是地域文化的印迹与创造，也是时代精神和城市文化生活的反映。景观设施以独特的艺术形式直接或间接地反映社会与公众意识，折射出人的观念与思想，通过隐喻、象征或文脉思想实现其独到的精神功能。所

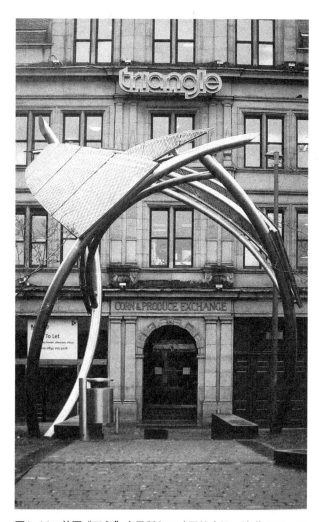

图1-11　美国"三角"交易所入口（图片来源：诸葛雨阳. 公共艺术设计［M］. 北京：中国电力出版社，2007，03.）

以，不能简单地凭视觉去把握，而应用身心去感受物质形式之下的文化内涵。社会的发展需要文化的不断更新进步，而文化的更新能力很大部分来自于交流，处于公共空间中的景观设施推动了文化解读与交流，成为文化传播广泛而有效的物质载体。

二、景观设施的时代性

景观设施是一种立足现实面向未来的创造活动，它随着社会生产力、科学技术的发展以及人们的生活方式、意识观念等的改变而产生相应的变化。不同时期的设施设计无不烙上时代的印记，表现出各自不同的风格与个性，每个时代的景观设施是那个时代历史

的必然。例如，在工业革命之前，景观设施的风格主要是古典式，或精雕细琢或简洁质朴，均留下了明显的手工痕迹。之后为了适应工业化批量生产的生产方式，其风格则表现为造型简洁平直的现代式，主要追求一种机械美、技术美。

处在历史和大众文化交织的当代信息社会，当代景观设施表现出三个突出的时代特征。

（一）艺术品质的体现。

随着人们审美水平的不断提高，对于物质与精神功能的需求也达到更高的层面。当代景观设施设计从造型、色彩、材质、结构方式上注重创新性和艺术化的表现，呈现出很强的现代品质。所以对于当代景观设施来说，造型的意义已不仅是功能的体现，美感也成为设计者与公众的内心诉求。

（二）对先进科学技术的关注和运用。

现代科学技术的不断进步推动着景观设施的发展，为景观设施设计提供了坚实的基础和保障。先进的材料、工艺和结构形式大大拓展了设计的自由度，为各种复杂、奇异造型的形成提供了宽裕的创意空间与实施的可能性，促使设计风格逐步从共性走向个性，从单一走向多元，呈现出了多元的发展趋势。图1-12-1、图1-12-2是安徽淮北市体育馆立面图以及膜结构设计细部，体育场的看台罩篷工程采用张拉整体式膜结构式，其材料与结构形式体现了设计的科技感。图1-13-1、图1-13-2是新加坡亨德申波浪桥远景与近景；图1-13-3是大桥的立面、剖面图。亨德申波浪桥位于新加坡风景美丽的南部山脊公园，是连接公园的景观桥梁，长274m，高差20m。经过精心设计的肋架结构使其在白天就像一件雕塑艺术品横亘在绿树山峦之中，在夜间成为发光的装置。桥体材料使用黄梢木和钢框架，其中具有双向弯曲度的部分使用了接近1500m^2的板材，由5000块模数化板材拼装而成。由于采取了特殊的结构形式，大桥的面貌脱离了人们对其传统的认知，变得富有创意和视觉冲击力。

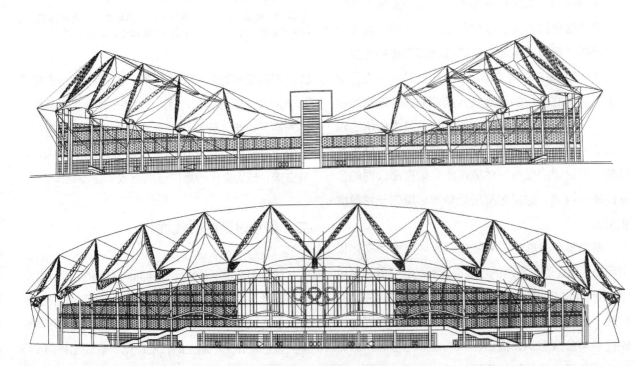

图1-12-1　安徽淮北市体育馆立面图（图片来源：世界建筑［J］. 2009，10.）

图1-13-1　新加坡亨德申波浪桥远景（图片来源：世界建筑[J]. 2009, 09.）

图1-12-2　安徽淮北市体育馆膜结构设计（图片来源：世界建筑[J]. 2009, 10.）

图1-13-2　新加坡亨德申波浪桥近景（图片来源：世界建筑[J]. 2009, 09.）

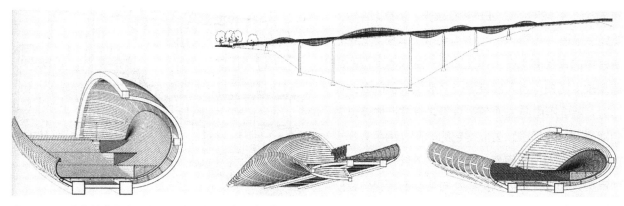

图1-13-3　新加坡亨德申波浪桥立面、剖面图（图片来源：世界建筑[J]. 2009, 09.）

（三）体现"生态、环保"意识。

当今社会环保意识已经深入人心，人们对景观设施的要求更加注重产品是否符合环保标准、有利于身体健康，生态、环保概念已成为景观设施设计的主题之一。

三、景观设施的审美价值

景观设施和其他艺术一样有自身独立的组织结构，通过形态、质地、肌理、色彩等向人们展示其形象，吸引人的注意力，传达出审美特性。景观设施的审美特性体现了景观设施的欣赏价值，它要求设计除满足使用功能之外，还应使人们在观赏和使用时得到美的享受。人们创造景观设施的初衷是为了满足实用功能的需要，然而随着时代的发展，现代人更加追求审美感受，景观设施已经成为人们日常精神生活与文化活动的重要组成部分。对于当代景观设施来说，造型的意义已不仅是功能的体现，美感也成为造型的目的。

一个有着视觉美感的设施往往在满足使用需求的同时也能够让人获得美的享受。设施形态所具有的审美价值主要体现在两个方面。

（一）公众接触设施、使用设施的切身体验。

约瑟夫·派恩（Joseph Pine）曾说："体验事实上是当一个人达到情绪、体力、智力甚至是精神的某一特定水平时，他意识中产生的美好感觉。"体验是主体对客体的刺激产生的内在反映。切身的体验不能凭空臆想，需要以每个人的个性化方式参与其中，使客体的审美刺激在主体认知中产生较为深层的内在反映。比如，当人们接近一个造型优美的公共座椅时，就会不由自主地萌生喜爱之情并产生亲近它的期待感，或用眼睛去欣赏它的轮廓，用手去抚摸它的质地纹理，或用身体去感知它的转折起伏。这种审美是通过视觉、触觉以及对功能的亲身体会所获得的一种真实的感受（图1-14）。切身的体验是

认知内在的催化剂，它起着将人们的已有经验与新知衔接、贯通，并帮助人们完成认识升华的作用。在公众接触、使用设施时，其体验越是充满感觉就越是值得记忆和回味。特别是在儿童游乐设施中，这种感觉会更加明显（图1-15）。因此，我们应重视对人们的感官刺激，加强设计的感知化。为使设施更具有体验价值，最直接的办法就是增加某些要素，增强人与设施的相互交流的感觉。设计者必须从视觉、触觉、味觉、听觉和嗅觉等方面进行细致的分析，突出设施的感官特质，使其容易被感知。

图1-14　滨水公共艺术设施（图片来源：唐建. 景观设施——日本景观设计系列［M］. 辽宁科学技术出版社，2003，10.）

图1-15　儿童游乐设施（图片来源：赵佳璐 绘）

相对于现代设计而言，传统设计更多地关注了人在接触设施、使用设施时生理和安全等方面的需求，而现代设计则将这种关注扩大到对公众的自尊及自我价值实现等高层次精神需求的思考。当然，对同一个设施而言，不同的人也会产生体验的差异性，在不同的时间、地点即使同一个人对同一设施也会产生不同的审美情感。

（二）公众观看景观设施的视觉感受。

当人们置身于设施之外，把它们看作环境中的艺术品去欣赏的时候，所产生的感知就流露出一种非实用性的审美理解，这时的景观设施体现出的是在环境中的景观价值，起到美化环境的作用。当人们置身于桥与廊上时，可以在行走的动与停留的静中欣赏到环境优美的风光，但当把桥与廊作为景色

的一部分时，我们会发现，其设计也成为装饰环境的重要元素（图1-16）。图1-17所表现的座椅与张拉膜遮阳棚，为人们的小憩带来了浪漫休闲的情怀。同样，舒展的张拉膜造型宛如盛开在绿树丛林中的一朵白玉兰，人工景物把自然环境点缀的更加美丽。

景观设施参与了城市景观的构成，是城市环境装饰不可缺少的元素。如今，景观设施设计非常注重其美感表现，无论是形体的塑造还是各个细节的表现手法都更加成熟，成为室外空间具有审美价值的景物。设施形态、色彩、质感体现出人的精神创造，其体量、形式、轮廓和材料的色彩、质感以及内涵等也直接反映景观的形象，作为广场、街道空间中的标识、路灯、座椅、水景都已成为关于一个城市最容易识别和记忆的部分。当我们面对普通的

图1-16　水上廊、桥（图片来源：尼考莱特·鲍迈斯特 著. 新景观设计2［M］. 沈阳：辽宁科学技术出版社，2006，07.）

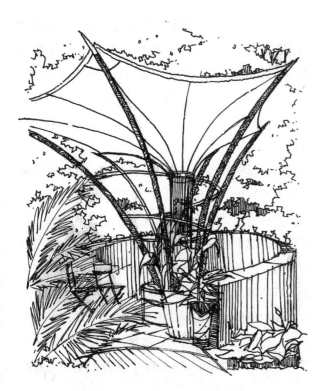

图1-17　休憩区（图片来源：赵佳璐 绘）

图1-18　装置艺术设
计作品　周雨阳 制作

图1-19　装饰艺术设计　刘小玲 制作

公共座椅、街灯时会发现，它们对人们的吸引力远不及景观性的设施。因此，设施设计必须具有景观的设计意识和思维，即通过设施与环境的和谐统一，展现其审美性。景观设施在公共空间中的审美已成为现代城市规划的一部分，越来越受到人们的关注。

四、景观设施的公共性

景观设施的前提是公共性，只有具备了公共性的艺术，才能称其为服务于公众的设施。所以，公共性被认为是景观设施的核心属性，也是与艺术家重视自我情感表达的"纯艺术"的分界点（图1-18、图1-19）。

景观设施是一个需要在多层面交流中才能产生的艺术。设计家在创作中需要与材料交流，找到最佳设计方案；当放置公共空间后，设施需要与公众进行交流，接受公众的品评；当我们欣赏一件设施时，除了鉴别设施本身的艺术表现水平之外，还会

有意识地观察设施与所在的区域环境是否形成了一种内在的微妙的共鸣关系。因此，设施还要与所处环境进行交流，以期达到与环境的有机融合。作为环境艺术的主体，景观设施不可能从一个层面完善自己，它要从系统的概念出发，充分发挥主体与客体、设施与环境之间的相互作用，协调各种因素达到一种统一完整的形式。当景观设施对基于交流所得的资源加以整合利用成为体现人文关怀、体现民意的景观本身时，构成人、设施、环境的因素就呈现出紧密联系的状态，景观设施便达到一个较高的境界。

景观设施的公共性主要表现在以下几个方面。

（一）设施所处空间环境的公共性

景观设施所依存的公共空间领域，特指由不同身份、不同职业、不同性别和不同年龄所共享的社会场所，它完全区别于包含了个人色彩和个人隐私的专有领地。图1-20是一个带有个人色彩的私人庭院，它需要的是主人悉心地保护和静静地观赏。场所的公共性决定了景观设施的存在应该是人类生活方式的一部分，或是社会结构的一个环节，并且它的内容一定是公众的、开放的，而不是私人的、封闭的。

景观设施遍布于我们的生活环境，适应着公共空间的各种需求。这些公共性的场所往往是具备一定规模的视觉开阔的开放型空间，即使是不同序

图1-20　私人庭院（图片来源：美智子. 现代日本庭院［M］. 昆明：云南科技出版社，2004，07. ）

列、不同功能的空间连接性也较强，彼此之间通过开合达到互相联系的目的。因此置于其中的景观设施必须适应使用与活动尺度的要求，具备多角度视域的观赏方式以及公众的介入等特征，大家可以自由地观看和使用。设施所处的环境空间较为复杂多样，虽处于建筑外部环境，但作为建筑和自然的中介物，与建筑、自然相互渗透交叉，通过与周围环境的整体性构建、自身形式与功能的综合处理，使整个空间呈现过渡与开放的特质，实现着物与物、人工环境与自然环境之间的对话关系。

（二）设施自身的开放性

景观设施以一种广为普及的形式服务于大众，它与社会、文化、经济、技术等密切相关，具有与时代同步的开放性与开拓性特质。相关因素的发展与复杂多变使景观设施受此影响也同样作出相应的变化，社会经济的发展为设施设计提供了必要的物质基础，新材料、新技术被应用于景观设施，为形式的创意设计提供了可能性，设施的面貌特征不断推陈出新；科学技术的进步使其调整着自身功能结构的合理性，满足现代人多元的高层次需求。

景观设施自身的开放性致使影响设施的因素复杂多变，在内容与形式上都处于不断地发展演变之

中，不断调整着自身的存在方式。一方面，许多不适合人们生活方式的设施逐渐减少或被淘汰，退出人们的生活甚至消失，某些不适应现代生活的设施可能改头换面重新显现出来，经过改造完善之后随着时代的发展也会面临新的危机。另一方面，一些新内容或新功能的设施也追从人们的需求不断地推陈出新。设施随着时代的发展呈现出动态发展的态势。

（三）设施服务群体的公众性

多种多样的设施为方便人们的工作、生活、学习提供着多方面的服务，有力地支持着人们的室外生活。设施的内容与形式是为大众服务的，与人的生活密切相关，它面对的是社会群体与多层次对象。因此，设施必须考虑公众的要求而不是某个人的利益，它以公众的行为和活动为中心，体现的是对人们户外生活的悉心关怀。

对于景观设施的受众来说，他们不仅可以享用艺术资源，也可以参与艺术的创作与生产。设施是一个有公众参与和认同的物质存在，在公共空间环境中与公众进行着亲近、积极的对话，以开放的姿态拓展着民主的公共生活，提升公民的环境意识和审美情趣。公众有权欣赏与使用景观设施的创作成果，也有权参与景观设施的创作过程。当代设计师在设计过程中以设施作为创作载体，一方面将丰富的个人情感与审美修养融入设计，通过主体的积极参与来张扬个人的创造价值，另一方面关注人的行为和心理需求，最大限度地兼顾群体差异，考虑公众的使用需求和审美观念，关注公众对设施的体验和评价，以此不断调整设计的合理性，通过设施这一特殊的媒介在主体和公众之间架起一座对话与沟通的桥梁。其设计理念及处理必须体现公众的精神，适应大众的需求，为大众体验而作，重视设施与人的沟通和交流作用。当公众潜在的各种行为意识得到积极反映时，景观设施才能成为环境中面对公众的有效因素，才能实现景观设施物质与精

神功能的充分满足，建立公众与设施之间的和谐关系。这样的作品是艺术家和公众共同携手创作出的结果。

（四）设计主体的开放性

随着国际化进程的推进，全球经济一体化架构的建立，艺术设计理论及体系的发展变化，强劲地冲击着景观设施设计领域。设计师处于这种时代背景下，其设计理念和思想意识相互交融相互影响，呈现出一种开放的文化心态。设计师面对来自各个方面的挑战，吸收新的观念意识，在时代变化的大潮中把握着设计文化潮流和审美趋势，不断调整修正自己的思维，以期能保持旺盛的设计活力，做到与时代同步。在景观设施创作过程中，由于思维理念及运作机制的不断变化，势必会对设计主体提出更高的要求，使其提供高水平的设计、表现及制作等服务，这些与时代发展相符的要求，成为设计师具备开放性的重要推动力。社会经济、价值观念、生活方式等方面的不断变化，促使景观设施设计逐渐涉及心理学、行为学、符号学等一些学科领域。这些跨专业、跨学科的知识需求，迫使设计师不得不在已具备的专业设计能力和理论素养的基础上，以开放的姿态提高自身的综合素质，加强人文背景修养与学识积淀，构建起一个适应时代特点的开放的知识结构体系。

当代景观设施设计主体将是全新观念的新一代设计师。一些有远见的设计师从个人的表现中挣脱了出来，从只考虑局部或单一领域的艺术设计开始参与城市的整体规划和公共形象的构思，或自觉地与环境设计师、建筑师和规划师沟通组合，把景观设施纳入与整个环境融合的创作中。环境设计领域中的雕塑家与景观设计师也扩大了自身的职业范围，加入景观设施的创作领域，以新的眼光设计城市景观与设施。一个具有多层面知识架构的现代设计师，对从事的设计领域从技术到理论均有很好的把握，不仅有较为全面的学术修养，还可以用理论

指导设计实践，熟练地把握设计的固有规律，把自发的设计行为转化为自觉的创造性活动，设计出有价值的作品。

五、景观设施的系统性

存在于环境中的景观设施是由一些相互联系、相互制约的若干要素组成的具有特定功能的一个有机整体。景观设施的系统性体现在以下几个方面。

（一）设施个体与环境的整体性

景观设施个体与外部环境中的其他景观设施或景观共同构成环境中的存在内容，整个环境的整体效果和使用功能是紧密结合在一起的。这种处于多样性之中的个体通过与其他存在物不同的组合方式，综合地反映出物体以及环境的整体性品格。所以，在设计与放置时应当坚持整体性原则，统筹兼顾，妥善处理局部与整体、个体与环境之间的互动关系，注意相互之间的协调性与互补性，力图在功能、形象、内涵等方面与环境相匹配，使环境空间格调得到升华。

（二）设计的综合性

景观设施设计工作不是只构思与绘制出产品效果图或产品结构图，它是对产品的功能、造型、结构、材料、工艺、包装以及经济成本等进行全面系统的考虑，还包括产品全生命周期中各过程或各阶段的具体领域与操作的设计。

（三）生产的标准化

景观设施属于工业产品的范畴。目前，在现代工业化生产要求高质、高效的情况下，产品系统化与标准化的设计与生产是以一定数量的标准化零部件构成景观设施的标准系统。通过其有效组合来满足各种需求，将非标产品降到最低限度，以缓解由于产品品种过多、批量过小给生产系统所造成的压

力。但这也在一定程度上导致了景观设施设计创新的局限性。

（四）可持续性。

当今社会，可持续发展的设计意识已经深入人心，已成为景观设施设计的主题之一。人们对景观设施的要求更加注重产品是否符合环保标准、有利于身体健康。当代景观设施考虑木材资源持续利用的原则，改变了以往木材作为主要材料的做法，选用一些新型材料以减少自然资源的消耗，以实现人类生存环境的和谐发展和自然资源的持续利用。其基本思想是在设计阶段就将环境因素和预防污染的措施纳入设施设计之中，遵循对资源和能源的消耗最少、对环境影响最小、再生循环利用率最高的原则，形成生态化的设计体系，使景观设施能够促进环境系统的可持续发展。

02

Landscape Facilities and Public Space Environment

第二章

景观设施与公共空间环境

第一节 关于公共空间

公共空间是人们进行物质和信息交流的场所，公园、绿地、步行街、广场无不体现了在人们生活中的重要性。人们每天都生活在一个自己创造的空间中，在街道上行走、购物，在广场上散步、交往，在公园里划船、观光，这些环境为人们提供了一个可作为一系列相互联系的容积来体验，尺度上从大到小，从开放到相对局限，人类寻求并建造与我们的目的相适应的空间。

景观设施是人类为了满足自身需要所创造的物质形式，所以基本上广泛处于这些人工环境中，并成为公共空间内容的一个组成部分。由于设施和空间密不可分，所以不能单纯地研究景观设施，我们还将对公共空间进行分析，以更好地把握景观设施的存在意义。

概括地讲，景观设施所处的公共空间包括：建筑外环境、城市广场、公园、街道等。这些空间类型构成了一个城市的整体景观设施环境。

一、公共空间的主要类型

（一）建筑外部的"灰空间"

"灰空间"的概念最早是由日本建筑师黑川纪章提出，他认为"这种空间已经被看作一种重要的手段，用来减轻由于现代建筑使城市空间分离成私密

空间和公共空间而造成的感情上的疏远"。黑川纪章提出的灰空间概念并不是针对空间的单一指向，它还涉及色彩，当然，其中对于空间的阐述是较为主要的，主要指介于建筑与其外部环境之间的过渡部分，比如建筑入口的柱廊、檐下等（图2-1、图2-2）。图2-3-1是台湾台达南科厂办公楼外观，图2-3-2是其入口处以折板结构做的雨篷，艺术的体现了灰空间的概念。这种半封闭、半开敞、半私密、半公共的空间特质在一定程度上模糊了建筑内外部的界限，使两者成为一个有机的整体。中国江南水乡民居中常见的建筑形式——廊棚就是典型的灰空间的做法，这种做法的初衷和最主要的功能是使行人过往免受日晒雨淋，给人们带来行动上的方便。灰空间是一种连结，同时也是一种过渡。它的连贯性充分与自然沟通，消除了室内外的隔阂，给人一种自然有机的整体感觉。

灰空间在现代设计中因其暧昧性和多义性而被不断诠释，设计者将灰空间运用于建筑设计和场地的营造之中，用来创造出一些特殊的空间氛围。所以，如果把黑川纪章提出的灰空间只看作一种室内外空间过渡的柱廊、檐下，在今天看来就太狭隘了。我们可以把城市人们的生活环境看作是由室内环境和室外环境构成，而室外环境是一个大概念，可以是广场，也可以是街道或者园林等等。如果以室内环境作为核心来考量，建筑周围的环境应该是建筑室内与外部环境的联系空间，作为从城市大环境到私密空间的过渡

图2-1　建筑柱廊形成的灰空间（图片来源：张文炳 绘）

图2-2　雨篷形成的灰空间（图片来源：张文炳 绘）

图2-3-1　台湾台达南科厂办公楼外观（图片来源：世界建筑 [J]. 2010, 02. ）

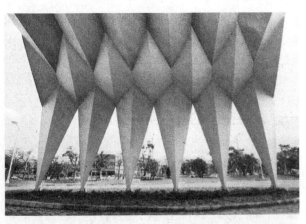

图2-3-2　台湾台达南科厂办公楼入口处雨篷（图片来源：世界建筑 [J]. 2010, 02. ）

区，它就是"建筑外部的灰空间环境"。

建筑外部的灰空间是为区别于室内与城市大环境而定义的，是室外环境中的小环境，因本身就是一个相对的概念，其大小程度并不是数据所局限的，所以在很大程度上，它和人们的心理感知有着很大的联系。并且有些时候灰空间也会随着空间的不同界定而变化。例如图2-4建筑外部环境，如果人行道与街道相比较而言，人行道部分就是建筑外部的灰空间；如果相对于更大的空间来说，绿化带左侧的人行道和街道共同形成了灰空间。

建筑外部的灰空间对人们的日常交往起到了积极的作用，因此，正确地利用"灰空间"，可以更加丰富我们的生活。同样，灰空间中景观设施的恰当安置能带给人们愉悦的心理感受，有特色的设施设

计可以享受到心灵与空间的对话。由于建筑外部空间是以建筑为参照辐射的场所领域，建筑是这个环境中的主角，并且作为设施的背景而存在，所以设施设计风格要充分考虑建筑的外观立面的特征，做到和建筑形式的融合统一。

1. 建筑外部灰空间环境的开放与半开放形式

建筑外部灰空间环境多以开放和半开放为主，比如既是室内又是室外过渡性空间的天井、中庭、内庭院等属于半开放式。图2-5-1所表示的效果图是基于中国传统合院住宅的当代改版。我们可以从图2-5-2看出，在别墅内部，一层的合院住宅原型通过循环移动、连续的线性活动以三维的方式延展形成一个"三叶结"，在不同地点缠绕的"结"又创造出的形式类似3个环，环中间的部分就是灰空间，

图2-4 香港岭南大学社区学院（图片来源：张文炳 绘）

图2-5-1 内蒙古鄂尔多斯住宅效果图（图片来源：世界建筑[J]. 2010，12.）

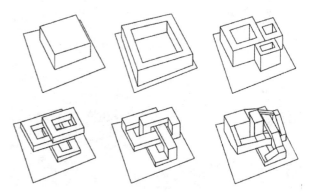

图2-5-2 内蒙古鄂尔多斯住宅图解（图片来源：世界建筑[J]. 2010，12.）

灰空间构成一种流动的半开放式。

这种半开放式空间对于建筑来说是外部空间，对于建筑外部环境来说又是内部空间，人体会到的是内外不定的空间特性。由于与室内空间还处于连贯的状态，因此这种环境的私密感也相对较强，是创造特色、别致氛围的重要场所，这里有可能成为整个建筑独特而别具风格的景观地带（图2-6）。由于不同于外部环境的半开放形式，其中景观设施存在一定的局限性，它的色彩、尺度、形状等方面要充分考虑建筑围合空间的既定因素，因此它和周围空间的融合程度要高。宅前绿地、庭院以及属于建筑的附属空间的小广场、休息区等属于开放的灰空间环境形式。开放的空间环境能够把人的注意力引向更远的地方，它看起来可以无限延展，和其他空间连成一体。

建筑外部灰空间环境的存在改善了建筑周围的景观环境，对人的视觉、心理、生理产生着重要的

影响。一般来说，无论是开放还是半开放形式的建筑外部灰空间环境，范围相对来说都不是很大，其空间构成也比较简单。因使用人群比较固定，而且他们的爱好、文化层次也比较接近，所以，处于这种空间中的设施针对性较强，空间大小规模决定了设施的布局。相对小的灰空间环境设施布置较为简单，功能也比较单一，只在局部位置摆放满足需求的垃圾箱或休息用的座椅。如果灰空间较大，设施布置可以增加绿化、水景、亭子、装饰性照明灯具等以丰富空间层次（图2-7）。

2. 建筑外部灰空间环境的边界

建筑灰空间是与人们行为最为接近的外部环境，是建筑空间化的边界。边界是景观中异质化组成相互交接的部分，往往意味着不同地段条件的转换，例如不同地块的边缘、坡缘、植被的边缘。在这里，建筑实体所辐射的空间氛围变成一种能被感知到的场所。

灰空间的随和感同时满足了人们对私密性与公共性的要求，缓冲了从"大环境"进入"建筑内部空间"的感受，人们在心理上产生了一种转换的过渡。这种环境有时和街道、公园、广场往往处于不可分的状态，人们只能通过感知来划分它的空间存在。人具有要求界定自身活动范围的本能，在边界明确的空间中人们会有安全感和归属感，所以，在需要界定和强化边界的情况下，可以利用环境空间

图2-6 建筑中的内庭院（图片来源：美智子. 现代日本庭院 [M]. 昆明：云南科技出版社，2004，07.）

图2-7 用以丰富灰空间层次的球形雕塑（图片来源：房瑞映 绘）

中的绿化、铺装等设施强调空间变化，以提高人的感知度，使人们能明显看到边界，产生一种较为明显的进入建筑灰空间环境的特殊感受。图2-8为街道边以建筑为背景开辟的一处休息区域，该区域利用绿化作为灰空间的边界，增强了空间的私密性。图2-9-1是加拿大文化博物馆广场，广场充分利用

地形特点，根据周围建筑物风格，勾勒出一幅加拿大西部绵延起伏的草原画面。为了明确界定这片景色美丽的灰空间与街道的边界，设计者采用了层落的台阶，使之成为下沉式空间，灰空间的领域感得到加强。这可以从图2-9-2博物馆广场平面图中清楚地看到。设施要注重过渡性空间边界的处理以及设施与建筑形式的融合感，有效地组织处于特殊环境中的设施状态，通过设施对物质环境的边界进行协调控制以获得边界形式的多样化。

建筑外部灰空间环境成为建筑内与外、实与虚的中介地带。它的边界可能是由某种实体界定而成，也可能是由人感知到的一种构成上或视觉上的梯度变化。因而，其边界的形态是含混而非截然明晰的，有时需要结合一定的尺度才能感知它。对灰空间的研究，可以引发人们对建筑外部空间——除却物质环境以外对精神层面公共生活场所更深层次的思考。

图2-8 利用绿化作为边界的灰空间环境（图片来源：房瑞映 绘）

图2-9-1 加拿大文化博物馆广场外景

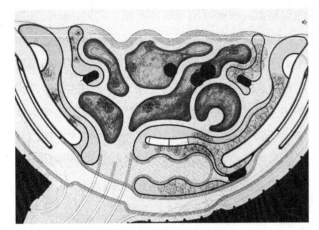

图2-9-2　加拿大文化博物馆广场平面图（图片来源：景观设计师［J］. 2010, 10. ）

（二）街道的"线型流动"空间

　　街道是城市中可用于交通的"线型"外部空间，街道构成了一个城市的骨架，是人们日常生活中不可缺少的场所，也是城市环境中重要的构成元素。雅各布森在《美国大城市的死与生》中曾经说："当你想到一个城市时，你脑中出现的是什么？是街道，如果一个城市的街道看上去很有意思，那这个城市也会显得很有意思，如果一个城市的街道看上去很单调乏味，那么这个城市也会非常乏味单调。"街道作为连接居住区、学校、广场等各个功能区域的纽带，在城市生活方式中承载着交通和生活的双重功能。在一个城市中，街道提供给我们城市生活中最为重要的公共场所，是城市中功能性最强、使用频率最高的公共活动空间，它使每个人都有可能与其他群体进行社会性接触，从而形成一种社会网络。城市街道是布置景观设施的重要场所，人们对街道的感知不仅涉及两侧的建筑物，还包括街道路面、广告牌、标识等设施，这一系列的事物共同构成了街道的整体形象而给人们留下深刻印象，成为这座城市的景观代表。街道反映着城市的发展过程，记载着城市的历史，蕴含着城市的文化。通过街道景观可以直观地感受到一个城市的性格、文化、特色。

　　传统城市中街道空间的尺度是亲切宜人的，这使得街道空间成为人们乐于漫步活动的场所，充满了源于日常生活的生命力。而现代城市中的许多道路空间为了满足日益膨胀的机动车交通的需求而轻率地加大宽度，使得道路空间变得松散而空旷，再加之以快车道上繁忙交通对行人的威胁，道路变得不再适于行人，越来越多的街道成为以汽车而不再是以人为服务对象。街道的功能性正逐渐走向多元化，许多城市为了适应街道功能的分化与发展，开始对现有街道进行整体空间环境的整合与改造，甚至在街道建设的初期，就已把街道的空间设计重新纳入考量范围，并注重街道空间尺度和形态以及景观设施的塑造。

1. 街道线型空间的流动性

　　街道是由两侧的建筑与地面围合而成的可供人类正常活动的空间，它不仅清晰地呈现出被限定空间的体积感，并且具有较强的视觉上的线型特征，这种线型特征呈现出空间的连续性与流动感。街道内景观布局与人的活动方式以及空间尺度等基地特征有机地混合组织在一起，形成一个设施与线型空间交织呼应的街道系统，线型公共空间由线型的景观内容组成的动态网络覆盖了整个街道。

　　1）在街道空间中，行道树以及每一种设施，例如候车厅或垃圾箱，它们并非是单一的孤立静止的体量存在，个体之间追求连续的显现，在街道形成的线型方向上采用间隔布局，从而保持了最大限度的交融和连续，实现通透、交通的无阻隔性。有时为了增强流动感，往往借助流畅的、极富动态的、有方向引导性的设施来适合空间的线型特征。图2-10中街道上的路灯呈规律性分布，形成视觉上的连续性。

　　2）在街道中，标识牌、垃圾箱、路灯、候车厅等功能性元素不是相互割裂或独立存在的，它们在街道两侧有节奏的交织布局，功能内容间的内在关系使之有机相连，实现了空间的持续变化和多元穿插，形成集合性空间组织系统的流动性特征。人们只需经过一条连续的路径，就能够看到并使用街道

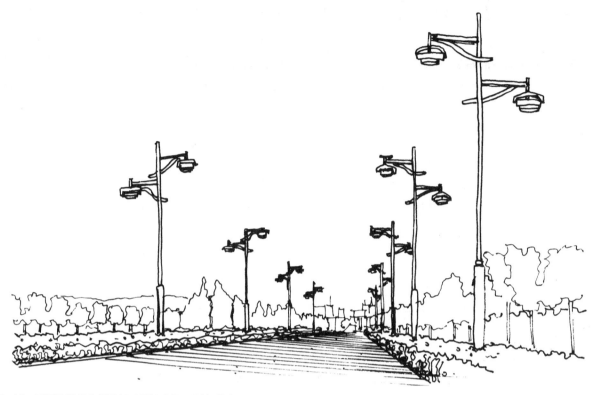

图2-10　呈规律性分布的路灯（图片来源：孟姣　绘）

中存在的景观设施。

　　3）景观设施往往追求色彩的纯粹性和简约性
的表现，我们通过视觉观察到具有同一色彩的设施
不断出现，感受到一种视觉上色彩重复所产生的韵
律和节奏感。图2-11中的候车厅在同一条街道上不
断出现，通过建立起其内在属性的相互关系来塑造
动感。

　　4）建筑的布局和街道的线形有着密切的关
系。直线型街道两侧的建筑有规律布置，形成一种
雄伟严谨的气氛，同时有助于形成街道景观的韵律
与节奏感。当在曲线性的路段布置设施时，要注意
曲线外侧对视线的封闭，同时由于人的视线多关注
路旁的建筑景观，故要充分利用曲线的线形特点，
在建筑平面和建筑空间上与街道线形相协调，形成
优美的街景。建筑是街道空间中最具限定性的人工
要素，处理好沿街建筑群的关系是提高城市街道景
观质量的保证。建筑的造型风格与色彩既要与街道
性质协调，又要突出自身的个性特点，并且在布局

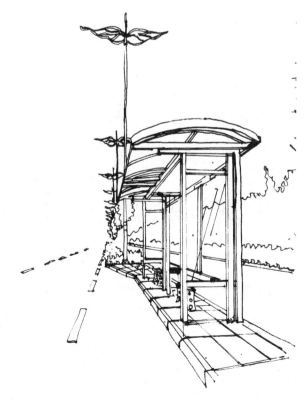

图2-11　街道上的红色候车厅（山东潍坊）（图片来源：作者　绘）

景观设施时要注意留有足够的街道空间供人们观赏建筑。

2. 不同功能街道中的景观设施

根据街道所具有的不同功能可分为交通型、步行型、人车共存型，现代道路交通为城市景观注入了新的内容。虽然从根本上都是服务于人，但由于功能定位不同，街道的尺度与特点也都不相同。街道的线型空间规划了它们的交通流线，人们的行进速度以及行为方式的变化会导致人对景观要素感知的变化。所以设施设计与布局等也要根据具体的情况而定。

1）一般来说，交通型道路主要服务于车辆行驶，在城市生活中主要承担交通运输的功能。交通型的道路路段较长且宽。这种街道行人数量较少，街道景观的观赏者主要在行进的车辆中，车辆行驶速度较快，人们会动态地观察街道空间的一切，特别是在汽车行驶过程中，人通过玻璃观察街道大大

增加了对空间流动的感知，速度感强化了空间的流动性，此时的街道空间不是消极静止地存在，而是一种动态的力量贯穿其中（图2-12）。现代交通工具的运动速度使相距较远的建筑物和城市景观瞬间串成一体而形成新的城市印象，速度使人们的视点和视野都处于一种连续的流动之中，相应地城市的景观也显现出一种流动的变化。由于车的快速运动使人的视觉感知与散步时不一样，例如视野缩小，容易忽略设施的细部特征。街道两侧高大体量建筑所形成建筑群之间的整体关系、轮廓线以及色彩搭配等是视觉所感知到的重要方面，而对街道立面背景映衬下街道两侧的小体量景观的注意程度随着速度的提高不断降低。由于这种街道重点针对的是车而不是人，所以不宜设置能吸引大量人流的文化、娱乐设施，以保证街道上的车流顺畅。由于行人较少，设施设置一般比较简单，功能也较为单一。设计应注意整体的形态和色彩关系，尺度要大，数量

图2-12 城市交通型街道

相对要少，造型要简洁，强调轮廓线和节奏感，以此适应快速行进的观赏者，这样才能给乘车快速行驶过程中的人留下印象。如果是跨度较大的交通型街道，还要注意中间分车带、绿化等景观设计，偶尔一些大型雕塑或标志物的出现起到丰富景观的作用，设施与整个环境产生连续性、自然性，做到与线型流动空间的统一与和谐（表2-1）。

驾驶员前方视野中能清晰辨认物体的距离   表2-1

车速（km）	60	80	100	120	140
前方视野中能清晰辨认的距离（m）	370	500	660	820	1000
前方视野中能清晰辨认的物体尺寸（cm）	110	150	200	250	300

2）步行型街道包括商业步行街、社区内以人行走为主的道路等。人是街道生活的主体，他们的行为方式会对景观设施设计的布局、尺度等方面产生影响。由于人在步行过程中速度较低，步行者遂心游玩，有机会仔细观赏街道景观，则要求街道景观有较多的吸引人之处。因此，景观设施设计必须考虑步行者的视觉特征，在审美和功能两个方面都有更高的要求。例如路面的铺装、休息空间中座椅的摆放、植物的搭配等都要考虑人的视觉、触觉、心理等的需求特征。

处于步行型街道空间中的景观设施要注意可观赏性。例如，宽度在30m左右的步行街具有视觉上的亲切适宜感，中国传统的步行街与西方国家很多城市的商业街的宽度大多在这个范围以内。对视觉和知觉方面的研究结果表明，人们处于行走过程中，在20~25m距离能够较为容易地发现设施并辨清一些细节，因此置于道路内的设施除了尺度上的把握外，还要注意细节的处理与推敲，充分考虑景观环境的美观性（图2-13）。

步行道路是人们活动与交往娱乐的空间，它的

图2-13 商业步行街（图片来源：张雨佳 绘）

设计过程就是创造一个以人为主体的城市空间。因此，景观设施设计要体现亲切和谐的精神特征。并且要根据步行道群体特性在设施设计方面满足各类人群的要求。无论是艺术小品还是功能性设施，应体现对人的尊重。比如步行商业街，景观雕塑要考虑到街道空间尺度和人的视距与视感，使其尺度在街道环境中更加宜人；由于人们在购物活动时活动路线是"之"字形，所以如果中间设置绿化或者休息区等设施，就要考虑到人在中间的穿行空间。还要充分考虑自行车棚、公用电话亭、自动提款机等设施的设置。建立起设施安全性、方便性、可观赏性、识别性以步行者的视觉特征为主的街道。

人在行走过程中，对路面的感受不只是来自视觉，还有脚部对地面的触觉。所以设计要根据行走的需求对铺装形式加以选择，考虑到材质的质感、图案、色彩等令人产生的特殊感受，对色彩的鲜明与灰暗、图案的丰富与简练、质感的粗糙与光滑作出适当的运用。图2-14中粗糙的地面提示着人们要放慢行走的速度，并且在人行道的铺装构形中序列的点给人以方向感。在空间较开阔的步行街道，可以增加铺装的图案丰富性，使人在行走中产生节奏感和行进感。大分格的尺度，人们会有快走的感觉（图2-15），而小分格适合于人们散步慢行。在人流密度较大的步行街，人们往往不太留意地面的高度变化，在这种空间中不得已进行高度变化时，应通过颜色或台阶进行提示处理，台阶应考虑在三个以上，这样可使行人更容易发现高差的变化，提高行走的安全性。

3）人车共存型道路主要指交通空间中步行者和车辆共同利用的领域，景观设施的设置一般置于人行道上。为了保证公共通行的权利和利益，一般都是在宽度大于3m的人行道才允许设置公交站亭、电话亭、书报亭、阅报栏等设施，但设置设施后宽度不能小于1.8m。北京市地方标准《道路交通管理设施设置规范》中规定，人行横道宽度

图2-14　街道铺装

图2-15　街道铺装

一般为5m，最窄不得小于3m。在这种道路中良好的景观标识能够强化人流的疏通和安全性。例如人们每到道路相互交叉的节点处都会选择方向，如果在道路交叉口、交通枢纽等处设置标志性设施，会使行人在这里的选择变得较为容易和快捷。此外，成组的标志也对街道起着更强的控制作用，无论从视觉效果还是从方向感来说，雕塑、标识恰当的组合，有利于形成凭直觉迅速判断的环境意象，使街道环境易于识别，加强这些地方的方向性和流动性。

人行道的设施设置要考虑在其中人群的多种使用需求，这些设施的设计应遵循使用方便、造型别致、尺度亲切、布局合理、无障碍使用的原则，并

且要考虑和行道树设置在同一侧，其布局形成一致性可最大限度地留出人行空间。

（三）广场的"多样化"空间

广场是城市中多种户外活动发生的场所。从物质空间的角度来看，有围合的空地是广场的物质形态特征，同时又是多种景观实体要素协同作用的结果。广场是公共性特征比较突出的一类开放空间，街边是供人们散步、休息、集会、交往和休闲娱乐的场所，有着缓冲和组织交通的作用，它和城市街道、公园等共同构成富有特色的城市外部空间环境。人的社会生活性特性与城市公共空间的关系揭示出广场的真正价值和意义，广场逐渐演变成为现代城市的生活中心。它的形象和质量直接影响市民的心理和行为，对城市环境质量和景观特色有着不可低估的影响。

现代广场的形式与大小灵活多变，空间围合边界也丰富多变。其类型逐渐多样化。按照广场的性质分为市政广场、纪念广场、休闲广场、交通广场和商业广场等。但这种分类是相对的，现代城市广场越来越趋向于综合性的发展。

1. 市政广场

市政广场是一个城市政治、文化活动的中心，是市政府与市民进行对话和组织集会活动的场所，为市民创造着宜人的城市空间。市政广场多修建在市政府和城市行政中心所在地，一般与政府办公楼等重要建筑物共同修建，形成一个由构筑物、绿化等围合而成的空间。为避免影响交通和噪声的干扰，市政广场的选址与繁华的商业街区有一定距离，这样有利于广场气氛的形成。通向市政广场的主要干道要有相当的宽度和道路级别以满足大量密集车流、人流的畅通，可起到组织城市交通的作用，满足人流集散需要，具有良好的可达性及流通性。

城市市政广场规划设计应符合国家有关规范的要求，其面积规模以市政广场的人流集散为标准。广场有明显的纵横轴线，主体建筑物位于轴线上，成为广场空间序列的对景。广场中的景观一般呈对称布局，主次关系明确，给人们整齐、庄重及理性的感觉（图2-16）。广场主要目的是供群体活动，所以此类广场一般面积较大，广场中央不宜大面积设置绿地、花坛和树木，而应以硬地铺装为主，以便为人们的集会和庆典等活动提供场所。作为政府形象的载体，广场中娱乐性建筑及设施较少，通常设绿地，种植草坪、花坛，形成整齐、优雅、宽旷的环境。广场规划以及景观设计应突出地方社会特色，更好地体现城市本身的文化特色。

2. 纪念性广场

纪念性广场是承载着一定文化功能、社会功能的场所，纪念性定义了广场的本质属性。在这个场所空间中，人们通过一定方式对某人、某事或某物表示怀念。纪念性广场为人们纪念行为的发生提供了特定的空间，人们在这里与历史对话。作为人类社会所特有的一种文明行为，"纪念"体现着当代人们对城市环境精神、文化的不断追求。

纪念广场分为人物类、重大历史事件类、文化类纪念性广场。人物类广场是以崇仰、纪念杰出人物为目的，广场大多以人物雕塑或纪念碑为主体，例如鲁迅广场、董必武纪念广场等；重大历史事件类纪念广场一般指在有历史纪念意义的地区，将历

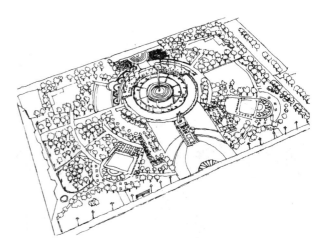

图2-16　市政广场（图片来源：孟姣 绘）

史的瞬间凝固成永恒，引发人们对历史和人生的思索，如南昌八一广场、澳门回归纪念广场等；文化类广场一般指为纪念世界文化遗产、著名历史文化、浓厚风土文化、独特民俗风情而营造的城市空间，其主体建筑一般是博物馆、文化馆，例如潍坊世界风筝都纪念广场、南京市解放门友好广场等。纪念性广场通常具有特定的主题，能够反映某种集体记忆，使人们在广场中产生心理的认同并由此产生回忆与纪念。

纪念性广场的主要功能是为了满足人们集会和瞻仰的需要，它承载着人类内心深处的特有情感，有着比一般的城市广场更深层的精神寄托与文化影响力。它更多的是注重整体环境与空间的塑造以及观众的心理体验，目的是营造感人的纪念性气氛。现代城市的纪念广场多在广场中心建立纪念物，例如纪念碑、纪念塔、纪念馆、人物雕塑等，供人们缅怀历史事件和历史人物，主题性纪念标志物应位于构图中心，其尺寸的大小应根据广场面积确定。纪念广场因其性质限式，一般采用规整式的设计，不宜大量采用变化过多的自由式设计，在设计手法、表现形式、景观与设施布局等方面，应与主题相协调统一，形成庄严、雄伟、肃穆的环境。在色彩方面，不能过分强烈，否则容易冲淡广场的严肃气氛。图2-17是赤峰车伯尔民俗园里的文化柱。

车伯尔是元世祖忽必烈的皇后，出生于赤峰的一个蒙古贵族家庭，协助忽必烈处理了很多棘手的政务，并且她还是蒙古族规范服饰的创始人。赤峰车伯尔民俗园主要反映蒙古族生产、生活、节庆婚嫁等民俗内容，景观设计采用较现代的造园手法与城市环境相适应，主要设水景和九棵文化柱，柱子上的浮雕通过挖掘与车伯尔有关的蒙古族游牧文化的深刻内涵，体现了赤峰市及蒙古族历史，从而建成了一座风情浓郁、特色鲜明的纪念性主题公园。

目前广场的功能逐渐趋于复合化，即使是较为严肃的纪念广场，设计时在保持广场性质的前提下，也可以适当变化，例如利用绿植或景观划分出多层次的领域空间，也可配置色彩优雅的花坛、造型优美的景观或设施等，在调节广场气氛及美化广场环境的同时也丰富了广场的空间层次，避免了纪念广场过于压抑、拘谨和严肃的氛围。

3. 休闲广场

休闲广场是集休闲、娱乐、体育活动、餐饮及文艺欣赏为一体的综合性广场。现代休闲广场由于其不同于纪念性、市政广场所具有的严肃内涵，通过图2-18的某休闲广场平面图我们就可以感受到其较为自由开放的设计形式。休闲广场注重趣味性空间设计，可以利用局部小尺度高差变化和构成要素变异使平铺直叙变为落差有致，开敞广阔变为曲折张弛，使人们在放松身心的同时体验到不同于其他广场的独有乐趣。通过绿化、雕塑小品、设施等多种设计组合，进行空间的限定分割，达到空间的层次感，使广场显示出活力和亲和力。休闲广场充分满足人们在工作之余对自然的向往，大量引进以自然元素为主体的景观设计，给人以静谧安逸之感。合理的绿化，不但可以起到遮阳避雨、减少噪声污染的作用，还可以改善广场小气候。广场中设置的各种服务设施，例如厕所、小型餐饮厅、电话亭、饮水器、售货亭、交通指示触摸屏、健身器材等，

图2-17　赤峰车伯尔民俗园里的文化柱（图片来源：作者自摄）

图2-18 休闲广场平面图（新加坡）（图片来源：景观设计［J］. 2010，12.）

场对城市形象的影响，其空间形体应与周围建筑相呼应、相配合，给过往行人和旅客留下深刻鲜明的印象。由城市干道交汇形成的交通广场，也是一般以圆形为主的环岛，除了配以适当的绿化外，广场上还常常设有重要的标志性建筑或大型喷泉，形成道路的对景。由于它往往位于城市的主要轴线上，所以其景观对整个城市的风貌有较大影响。

5. 商业广场

商业广场必须在整个商业区规划的整体设计中综合考虑，它一般位于整个商业区主要流线的主要节点上，是提供人们购物、娱乐、餐饮、商品交易活动使用的场所，商业广场是现代城市生活的重要

用以满足不同文化、不同层次、不同习惯、不同年龄的人们对休闲空间的要求。

休闲广场的景观设计不必追求庄重、严谨、对称的格调，应体现生活性、趣味性、观赏性，使人感到轻松、自然、愉快。但休闲广场设计在塑造活泼放松氛围的同时，还要注重整体性。无论是建筑小品、景观雕塑还是服务性设施设计，既要有鲜明的形象，还要与整体空间环境相谐调，在选题、位置、尺度上均要纳入广场环境加以权衡。广场色彩不能过分繁杂，应有一个统一的主色调，并配以适当的色彩点缀，切忌广场色彩众多而失去和谐、统一的效果。

4. 交通广场

交通广场是城市交通系统的有机组成部分，其主要功能是起到合理组织和疏导交通的作用。例如火车站前广场，环形交叉广场等（图2-19-1、图2-19-2、图2-19-3）。交通广场改变了城市交通结构，对于人流的疏通非常重要。广场尺寸的大小取决于交通流量的大小，交通组织方式和车辆行驶规律等。设计交通广场时，既要考虑能够高效快速地分散车流、人流、货流，还应考虑整个广

图2-19-1 交通广场俯视图（图片来源：尼考莱特·鲍迈斯特. 新景观设计2［M］. 沈阳：辽宁科学技术出版社，2006，07.）

图2-19-2 交通广场效果图（图片来源：尼考莱特·鲍迈斯特. 新景观设计2［M］. 沈阳：辽宁科学技术出版社，2006，07.）

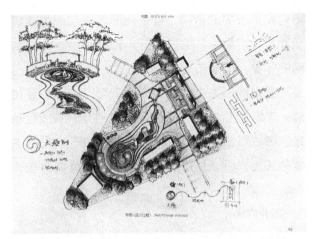

图2-19-3　交通广场设施平面布局与分析图（图片来源：尼考莱特·鲍迈斯特. 新景观设计2［M］. 沈阳：辽宁科学技术出版社，2006，07. ）

中心之一。

　　商业广场的交通组织非常重要，应考虑到由城市各区域到商业广场的方便性、可达性，以满足人们对现代生活快节奏的要求。这些广场应根据各自所在的位置，确定不同的空间环境组合，为了在人

流繁杂的城市空间中给人们提供一处赏心悦目的场所，广场环境的美化是设计中重点考虑的因素。广场中绿化、雕塑、喷泉、座椅等城市小品和娱乐设施的设置要考虑到商业建筑入口、人流量等因素，风格上既要突出其特点，体现标志性，又要考虑与商业建筑的统一协调（图2-20）。色彩上则可选用较为温暖的色调，使广场产生活跃与热闹的气氛，加强广场的商业性和生活性，从而形成一个富有吸引力、充满生机的城市商业空间环境，使人们在购物之余驻足停留，乐在其中、轻松享受安逸的休闲时光。

（四）公园的"团块状"空间

　　在古代公园是指皇家或私家的园林，而现代一般是指政府修建并经营，供公众游玩、观赏、娱乐的公共空间。作为城市主要的公共开放领域，活动设施为城市居民提供了大量户外活动的可能性，承担着满足城市居民休闲、游憩活动需求的主要职

图2-20　商业广场（图片来源：张文炳 绘）

能。公园不仅是城市居民游玩活动的场所，也是市民文化的传播途径。

一般来说，由于公园占地面积较大，其空间形态具有团块状的特点，这种空间又由一些小景观空间构成，景观设施种类丰富，造景手法多变，景观与景观之间、景观与环境之间容易达成松弛有度的系统性关系。景观设施在公园中的形式表现以及位置布局与公园的总体规划、景观组织手法等密切相关，因此，主要从这以下两个方面作为重点进行阐述。

1. 公园的布局形式

任何艺术构图都是统一的整体，公园艺术构图也不例外。构图中的每一个局部与整体都具有相互依存、相互烘托的关系。公园的布局形式源于园林，主要有三种类型，即规则式与自然式，并由此派生出的混合式。

1）规则式。规则式公园分为规则对称式与规则不对称式。规则对称式公园的特点强调整齐、对称和均衡，有明显的主轴线，在主轴线两边的布置是对称的。在建筑上采用对称形式，布局严谨，公园内景观设施也成规则式分布；广场基本上采用几何图形，水体轮廓为几何形式，驳岸严正；道路系统上由直线或由轨迹可循的曲线所构成，植物配置强调成行或有规律的重复。北京天坛公园、南京中山陵都是规则式的公园，给人以庄严、雄伟、整齐和明朗之感。规则不对称式公园的构图是规则的，所有的线条都有轨迹可循，但没有对称的轴线，空间布局比较灵活自由，这种类型较适用于街头、街旁以及街心块状绿地（图2-21）。

2）自然式。自然式园林在世界上以中国的山水园与英国的风致园为代表，这种类型的公园也同样体现着相同的特点（图2-22、图2-23）：没有明显的主轴线，其曲线无轨迹可循，地形起伏富于变化，广场和水岸的外缘轮廓线和道路曲线自由灵活，建筑物和景观设施的布局不强调对称，善于与地形结合，植物配置不强求造型，不同品

种的植物可以配置在一起，构成生动活泼的自然景观。

3）混合式。混合式公园综合了规则和自然两种类型的特点，并把他们有机地结合起来，这种形式多应用于现代公园中，既可发挥自然式园林布局设计的传统手法，又吸收了整齐布局的优点，创造出既有整齐明朗、色彩鲜艳的规则式部分，又有丰富多彩、变化无穷的自然式部分。其手法是在较大的建筑周围或构图中心，采用规则式布局，在远离主要建筑物的部分，采用自然式布局，因为规则式布局与建筑的几何轮廓线相协调，然后利用地形的变

图2-21　街边绿地（**图片来源：**George lam. 美国景观 [M]. **出版社：**Pace Publishing Limited，2007，06. ）

图2-22　**苏州拙政园**（**图片来源：**孟姣 绘）

化和植物逐渐向自然式过渡。

2. 公园设施的组织手法

公园的景致令人流连忘返，其中的景观设施是公园艺术品质的重要体现。中国园林的成景手法直接影响了现代公园设施的组织方式。

1）对景。与景观点相对的景称为对景，为了观赏对景，要选择最精彩的位置设置供游人休息逗留的场所作为观赏点。对景方式主要有正对与侧对，正对是指视点通过轴线或透视线把视线引向景物的正面；侧对是指视点欣赏到景物的侧面，这种手法可以取得含蓄委婉的艺术效果。图2-24中门楼与花池互为对景。

2）框景。有选择利用门窗洞口来摄取景物的组景手法叫框景。它的作用在于把公园中的自然美、绘画美和建筑美高度统一在一幅立体的景框之中。框景的"框"是利用有中间空洞的景框成景，例如门框、窗框、桥洞或廊柱、栏杆构成的框洞等，配合适当的景致都可产生框景，引发观赏者在特定位置通过框洞赏景，产生绘画般的艺术效果。图2-25中采用园门作为景框；图2-26中近处的树叶枝条形成了景框，图2-27则采用现代的手法设计了一个立体的景框置于海边，海边广阔的环境可以随意的变换取景角度，调动了人们"透视"景色的好奇心。

3）借景。借景是根据造景的需要，将公园以外的景象引入并有意识地组织到园内来欣赏，使之成为园景的一部分。计成在《园冶》中认为："园林巧于因借，精在体宜"。借景要使借来的景色同本园空间的气氛环境巧妙地结合在一起，使之相互呼应、相互渗透。留园中也远借虎丘山景色引导人的视线放远，从而拓展了空间的尺度，平添了无限的情趣；图2-28中拙政园倚虹亭边树冠间预留了视线走廊，以远借北寺塔而成景，成为苏州古典园林里巧妙借景的一个典型佳例。

4）障景。在公园内的观景景点上设置山石等来抑制视线，以达到空间屏障的手法叫障景。障景的

图2-23　英国园林（图片来源：张文炳 绘）

图2-24　对景（图片来源：张雨佳 绘）

图2-25　框景（图片来源：房瑞映 绘）

高度应高过人的视线。障景一方面具有屏障景物的
作用，隐蔽不美观和不可取的部分，另一方面具有
空间引导和空间暗示的作用，达到先抑后扬的观赏
效果。由于障景本身可以作为前进方向上的对景，
所以其自身的景观效果也是非常重要的。图2-29中
高大的景墙挡住了后面人声嘈杂的街道，为人们的
休闲和赏景提供了一个相对安静的空间，人们可以
漫步其中，静静地聆听水的流动声。

图2-27　构架亭（日本）（图片来源：金涛. 园林景观小品应用
艺术大观1［M］. 北京：中国城市出版社，2003，12.）

图2-26　树叶枝条形成景框（图片来源：张雨佳 绘）

图2-28　拙政园（图片来源：作者自摄）

图2-29　世界杯足球赛场外的组合水景造型（韩国）（图片来源：房瑞映 绘）

二、公共空间的私密性

由于人在社会、物质、精神方面表现出强烈的自我意识，所以即使在公共空间中也渴求个人的私密性。并且，私密性与公共性是相对而言的。中国传统文化中，"家与园"构成一个不可分割的整体，家是私密空间，园是半私密空间，进行各种活动的室外空间正是由私密性、半私密性向半公共性、公共性的转化，这种空间形成一种梯度关系，其中每一层次的性质，决定于前后层次的相互比较，具有相对性。

"私密性有助于建立自我认同感。……这是一个自我定义和自我再认识的过程，而这一过程又取决于调节自己与他们社会交往方式与性质的能力——如果个人感到能有效调节自己与他人的交往，就会增强应付环境的自信心和能力"。"个人信息过分暴露，尤其是视觉暴露，会使人感到私密性遭受侵犯而产生失去控制的消极情绪"[①]。人有交往和独处的双重需求，每个人周围都会形成私人空间，人们主观上总是努力保持最优的私密性水平，当个人需要与他人接触的程度和实际所达到的接触程度相匹配时，空间设计就满足了人的最优私密性。虽然各个民族与地区的文化方式及表达方式不同，但人们都有在公共空间中保持私密空间的要求。生活在具有私密性与公共性层次的环境之中，会令人感到舒适与自然，既可以选择不同方式进行公共交往，又可以躲避不必要的应激。

（一）设置屏障

私密性是对个人空间的基本要求，保证空间的私密性是进行空间设计的一个重点。尤其视觉暴露，会使人感到私密性受到侵犯而产生消极感情。所以，减少或隔绝视听侵扰是获得公共场所私密性的主要方式。对景观设施进行妥善布局，通过适当范围的围合，借助草坪、树篱、台地、栅栏等形成具有不同私密性与公共性层次的领域，形成动静区分的空间，以减少过往人流的干扰；在公共空间中，较多采用小乔木、假山、景观墙等自然或人工元素作为障景处理，形成视觉和听觉的遮挡，有助于形成相对私密的环境，保持区域的相对独立与安静。

个人和群体希望不仅能控制自身向外输出的信息，而且能控制来自他人的信息。使用者需要在隔绝外界干扰的前提下，仍保持与外界的联系，即视听屏障尽可能具有单向的可穿透性，保持视听单向联系。看人而不为人所看，山石、树丛、矮墙、花格、漏窗等外部空间组成元素能较好地满足这一要求。所以，一般情况下，这种屏障都不是完全遮挡视线，而是透过树丛可看到外面，即使是景观墙，为了保持一定的通透性，一般也会采取洞穿的手法。图2-30中设置屏蔽，以便阻隔他人的视线，加强隔声措施等。

（二）形成私密性与公共性的层次

人们在空间中的私密性与公共性活动是相对而言的，出于从事活动的需要，使用者常在外部空间中自发形成私密性、公共性程度不同的活动区域。私密性活动多发生在人流较少而又较为封闭的小空间中，而公共性活动多发生在场地开阔的较大场所。例如阅读、休息、谈心、恋爱等活动，成为私密性较强的区域，他们偏爱私密性较强的区域，如树枝低垂形成的凹式角落；老人喜爱聚集在较为安静区域的座椅、花架下，可以从容打牌交谈而不受行人的干扰；儿童少年则占据位于绿地中央的公共性空间，他们可以在足够的场地上奔跑游玩。为满足不同活动和使用者的需求，公共空间设计尽可能划分不同的功能分区，提供不同层次、灵活空间布局，形成与私密性、半私密性、半公共性、公共性

---

① 林玉莲，胡凡正. 环境心理学［M］. 北京：中国建筑工业出版社，2006：137.

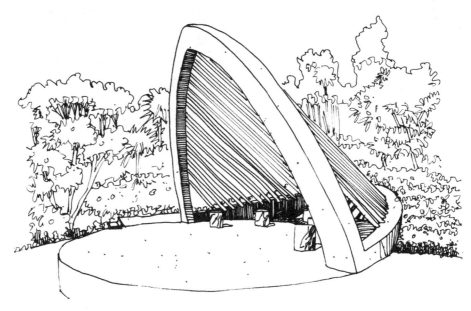

图2-30　屏障增加了休息区的私密性（图片来源：孟姣　绘）

活动层次相应的空间层次（图2-31）。在私密为主的空间中要保持视听联系的渠道，在公共为主的空间中应设置半公共的场所进行可感知的过渡，以满足不同个人和群体对于公共性与私密性的需要，适应人们在交往过程中保持个人与社会的距离。"公共与私密空间之间的逐步过渡极大地有助于人们投入或保持公共空间生活和活动的密切接触。"（丹麦，

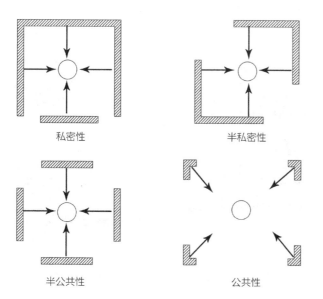

私密性　　　　　　　　半私密性

半公共性　　　　　　　公共性

图2-31　私密性与公共性的空间层次图示（图片来源：孟姣　绘）

扬·盖尔著. 交往与空间［M］. 何人可 译. 北京：中国建筑工业出版社，2001:118）

合理满足人的行为习性会吸引使用者，在公共空间设计中应根据不同群体的需求，寻求私密性和公共性的平衡。但是，没有一个公共空间可以满足各种行为习性，行为习性只是约定俗成的共同活动倾向，所以，在一定程度上，只能适合特定群体中的大部分成员或某些行为习性。社会的开放与变革导致文化更加多元，并且每个人对私密性的需要也越来越高。充分了解不同年龄、不同阶层、不同文化与亚文化人们的生活与交往方式，才能在物质环境特征方面为人们提供较多的选择性，使个人的心理需要与环境的物质特征达到一定的动态平衡。

三、营造多元的功能性空间

一般说来，功能性空间主要有小坐的空间、行走的空间、聆听的空间、注目的空间等。在营造空间的过程中，我们应该"学习如何建造安静的、封闭的、孤立的空间，……我们需要空间的排列方式，能激发人们的好奇心，给人一种期望的感觉，能招引和促使

我们冲上前去发现并让人放松的空间"。[①]

（一）小坐的空间

在室外公共空间中，人们大多是为寻找一个不同于室内的场所来放松自己，座位能够吸引人们停下来休息，使人保持长时间的逗留。良好的桌椅布局和设计是公共空间中进行富有吸引力活动的前提，如读书、看报、聊天等活动都依赖座位（图2-32）。

座椅的布置不仅考虑美观还要考虑人的心理和生理需求。在一个空间中，一般设置在场地四周边缘的座位比中间的要受欢迎，角落的和凹处的比其他位置受欢迎，周围视野好的比不好的受欢迎。

（二）行走的空间

行走是人们在室外公共空间最主要的活动方式，道路设计的趣味性和舒适性以及道路周围的景色往往能增加人们散步时的愉悦感，也是吸引人们到此散步的前提。行走空间的道路铺装应干净、防水、防滑，并且人们在行走时会不时地注意地面，地面的花纹图案等会吸引人的注意力。如图2-33，地面铺装采用木质栈道，不规则的线型设计与水体结合，让人在行走过程中产生丰富的感受。

（三）听的空间

生活在城市中的人们，周围整日充斥着汽车与人群的喧嚣声，聆听不到自己内心的声音。因此，人们喜欢选择比较安静的角落，倾听大自然美妙的声音，获得一种心理上的放松，使紧张的心绪得到解脱。所以，在公共空间设计中，满足听觉要求是设计的重要方面，设置喷泉、流水等可以使人们在城市中获得大自然的信息，有的环境在喷泉中播放背景音乐，同样也会使人得到美的享受。水声和音乐声结合，人们会强烈地感受到环境的感染力（图2-34）。

（四）看的空间

在环境中提供观景的空间，应对看的位置、方向、距离以及观看的景观进行精心的设计，满足视觉要求，为人们在空间内进行有益的活动创造条件。

人们总是喜欢选择能够很好地观察周围景色的地方逗留，因此，在景色优美的地方应提供停留的空间，为人们欣赏远处的风景提供必要的休息设施

图2-32　街边小坐休憩的空间（图片来源：于正伦. 城市环境创造［M］. 天津：天津大学出版社，2003，05.）

图2-33　行走的空间（图片来源：景观设计［J］. 2002，12.）

图2-34　听的空间（图片来源：娄永琪 Pius Leuba 朱小村，环境设计［M］. 北京：高等教育出版社 2008，01.）

① （美）查尔斯·詹克斯，克罗普夫. 当代建筑的理论和宣言［M］. 周玉鹏，雄一　张鹏　译. 北京：中国建筑工业出版社，2004：225.

与场所。所视景观应考虑到尺度大小、位置与观者之间的距离关系，过近或过远都不利于人们的观看。良好的视野是空间设计考虑的一个方面，人的视线不受干扰，才能完整而清晰地看到景观。

第二节　公共空间的构成要素

一、公共空间的围合界面

　　公共空间的范围可以是无限的，只受地平线的限制，但在我们的周围，公共空间的一个方向或多个方向都存在着立面，这些立面潜在地进行着空间的边界说明。比如建筑或成排的树木都可以成为空间的边界形体，这种具有围合意义的空间普遍存在着，并具有各自不同的形态特征，如我们前面讲过的建筑外部的灰空间、街道、公园等。景观设施存在于由不同的实体要素限定的区域之中，实体要素的外在景象则成为空间的界面象征。作为一种区别于建筑室内的外部场所，一般没有顶部遮蔽，空间相对明确的界定一般需要两个重要的界面围合而成，一个是底面，一个是由垂直方向上的诸如建筑或树木形成的垂直面（图2-35）。在这里，我们把承载水体、植物绿化、人工铺装等要素的地面看作是在一个整体的"底界面"，把建筑、景观设施、树木等看作"垂直物"。通过底界面和侧界面的变化限定出不同形态的空间，确立彼此的差异性。公共空间在绝大多数下围合的空间并不是封闭的，各种空

间彼此开敞和连续。景观设施作为空间内容存在于它们所构合的空间中，当然，在一定情况下，它们也会转化成空间的边界象征。

　　作为一个围合界面来说，通常不是单独地成为设计的出发点，而是要通观全局，它们和所围合的空间中的其他景观物构成一个统一的整体。最为重要的是，公共空间围合的界面形式和材料是多样的，无论这种围合是巨大的还是小巧的，是粗糙的还是精致的，最根本的是要使围合适于空间的用途或使用途适应于特定环境。

（一）底界面

　　地平面是公共空间的底界面，是场地所有景观及设施的载体，是景观设计中最基本的要素，它的真正价值在于人与自然的交流。设计师从一个项目开始，就要对这个场地进行考证并确立各类用途，运用艺术手法对地形进行审美与功能的形态处理，确立地形与其他要素之间的关系，满足人们的心理需求，使之与周围环境、场地空间、景观功能相协调。一个设计良好的地平面是创造和谐空间的基础。地面是地球的自然表面，是各种生物的生息之地，明智的规划师不会无缘地扰乱或调整自然表面，所作的任何调整都应该是在保护项目场地质量的前提下。

　　地平面是空间界面的一个重要方面，但它也并非仅仅是一个平整的基面，而是有着三维向度上的丰富变化，在空间中形成具有竖向尺度的起伏。土地自身的形态变化在大地景观形态中具有基础性和主导性的作用，是道路中组织空间、交通联系、散步休息以及景观设计不可缺少的重要因素，影响着我们的感知和行为方式。好的底界面设计，能为游人提供最佳的观景位置或者是创造良好的观景条件。

1. 地形的景观性

　　地形是用于描述土地形态的词语，着眼于描述地表的起伏变化。起伏坡度的大小可作为地形的重要分类标准，一般认为，3°的坡度可以作为划分坡地与平地的标准。坡度大小表达出了地形的陡缓，

图2-35　底面与垂直面（图片来源：孟姣 绘）

从中可以判断出不同地段建造的可能性。

　　地面的可塑性极强，设计师通过地形可以创造出不同美学表现的地形，使人们领略到层次丰富的人工化的自然美。基地的地势走向、起伏大小以及石材、草木、水体，这些都是基地具有审美特质的景观构成要素。对地形景观性的塑造，可以追溯到对地形乃至景观设计都产生了重大影响的20世纪60年代兴起的地景艺术，当时高楼林立的现代都市生活和发达的工业文明使艺术家们普遍感到厌倦，他们冲破了传统绘画与架上雕塑的局限，直接把大地作为创作的媒体，通过设计来加强或削弱基地的地形、地质等特性，创造出一种艺术与大自然有机结合的具有美感的艺术形式，从而引导人们更为深入地感受自然（图2-36）。图2-37的大地艺术品建在一个废弃的采石场，由沙、混凝土、草、水组成。

由于受到地景艺术的影响，现代景观设计师非常重视地形自身的美感表现，很多时候往往被当做主景在空间中进行表现，对整个场地景观系统进行科学运营使之产生强烈的视觉冲击和艺术感染力。如图2-38，在一片开敞的绿树环绕的空间中，通过巧妙地运用造型的起伏和色彩的渲染，用沙土和陶砾营造出韵味十足的丘陵山地的微地形，像是一幅具有现代感的写意抽象画，与环境完美地融为一体。图2-39-1、图2-39-2，扎哈·哈迪德建筑事务所为土耳其伊斯坦布尔东岸新城设计的总体规划效果图与平面图。该地段位于若干重要交通路线的交汇处，目的是将废弃的工业地段重新发展为伊斯坦布尔的一个新的次中心，其中的规划内容包括中心商务区、高档住宅、博物馆等。我们可以看到，区域中心的地形处理是方案吸引人的亮点，根据原有的

图2-36　大地艺术"被环绕的岛"（图片来源：http://www.cnarts.net/artsalon/2006/admin/uploadimages/20051124121830228.jpg）

图2-37　废旧采石场里的大地艺术（图片来源：George lam. 美国景观［M］. 出版社：Pace Publishing Limited，2007，06.）

图2-38　可观赏的人工地形（图片来源：当代德国景观设计盘点［M］. 曲方舒译. 北京：中国电力出版社，2007，02.）

图2-39-1　土耳其，伊斯坦布尔东岸新城总体规划方案效果图（图片来源：世界建筑［J］. 2010，07. ）

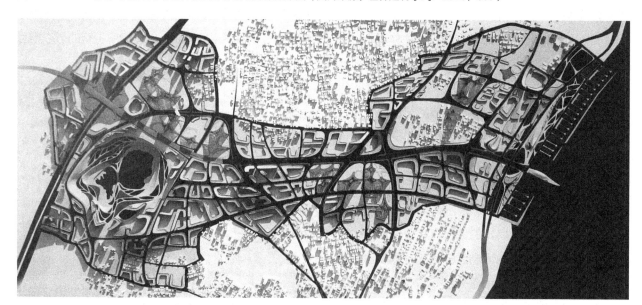

图2-39-2　土耳其，伊斯坦布尔东岸新城总体规划方案平面图（图片来源：世界建筑［J］. 2010，07. ）

环境特点重新创造出一个集绿化、水景为一体的高低变化曼妙的"大地艺术品"。

2. 地形营造空间

　　通过以上对人工地形的叙述，我们知道地形自身可以成为赏心悦目的景观，另外，还可以通过地形的起伏与层次、疏与密、高低错落形成具有视觉感染力的公共空间。地形是天然的分割工具，能够分割出独立的空间。坡度越高，则空间限制力越强，反之，则越弱（图2-40）。虽然在设计中空间的围合还需要建筑、植物等多种景观元素来共同进行，但在这几种元

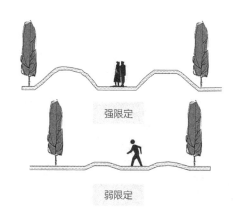

图2-40　微地形坡度越高，则空间限制力越强，反之，则弱（图片来源：孟姣 绘）

素中，最基础的也是最为常用的是通过塑造地形达到预期的目的，地形围合起来的空间具有其他景观元素围合空间达不到的效果，特别是在复合型的连续的大空间塑造方面也是占尽优势。地形对公共空间的立面及竖向加以限定后，其他的景观元素再在此基础上进行设计调整。如果基础地形的形状和模式处理得好，那么，无论是水平的、倾斜的或阶梯状的，都可以通过很微妙的方式强有力地把置于其上的建筑、设施等其他部分有机地联系在一起。

地形因素有时直接制约着设施空间的形成，使之构成不同形状与不同特点的设施环境。在中国古典园林中，有很多就是利用地形来增加空间层次，达到移步异景效果的。场地中各种地形要素常常是景观设施的背景，作为背景的地形要素能够突出主体设施，使整个公共空间更加完整生动。如图2-41，绿化随地形而作，美化着空间的立面和竖向形态，起伏的地形可以让人明确地观赏到植物种植的层次性分布，成为这个景观空间的基础和背景。地形设计有利于场地设施空间的分割及塑造，有利于增加空间之间的趣味性、丰富性。如图2-42，水景的丰富性离不开地形的烘托，地形设计影响水体设计的走向、状态和整体布局，并且良好的地形有利于景观管线的布置和施工，并能人为地制造舒畅的排水条件。下沉的水景与周围的环境错落有致，站在高起的观景台上的人们一览无余地观赏到水中绿化所形成的优

美图案，丰富的地形营造出了趣味盎然的艺术空间。

地形是空间尺度的决定因素之一，它能限定空间的大小，影响景观的平面布局，并有助于视线与动线的导向。不同的地形体现不同的使用特性和空间美感，地形设计应结合交通路线网的布置，体现交通路线的趣味性与丰富性以及良好的导向性，使被分割的空间相互连绵、延伸、渗透，以不着痕迹的方法把人由一个空间引入另一个空间。

3. 底界面各种介质的融合

底界面的介质一般包括硬质铺装和软质的绿化、水体，这些介质是形成基地的形态基础。一般来说，设计师在对公共空间地面设计时，为了达到丰富的景观层次，底界面由石材或木材铺装、绿化、水体等穿插进行，各种"平面介质"以它们所特有的形态相互

图2-42　水景（图片来源：文增，林春水. 城市街道景观设计[M]. 北京：高等教育出版社，2008，06.）

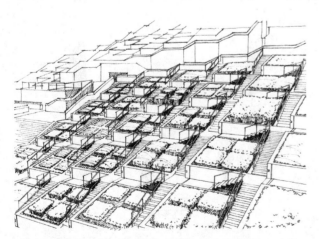

图2-41　与地形融合的绿地设计（图片来源：房瑞映 绘）

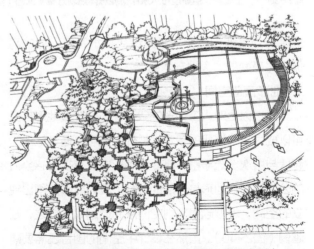

图2-43　北京望京新城住宅小区（图片来源：房瑞映 绘）

渗透和融合。图2-43中绿化亦点、亦线、亦面，灵活地分布其中，与水体、绿化、铺装等几种介质交融在一起。图2-44中成块的绿地穿插在铺装之中，无论是材质和色彩都巧妙地进行了相互之间的介入。这种渗透和过渡，是人工形态和自然形态的一种融合，模糊了硬质铺装和软质绿化与水体之间的独立性，丰富了地表形态，使地平面达到一种和谐的、生态的整体环境。在公共空间设计中，底界面介质的色彩与造型

图2-44　绿化和铺装相渗透（图片来源：樊明慈 绘）

等因素，应结合城市广场、公园、小区、庭院等不同空间场所功能进行统一规划设计，才能达成一个统一的整体。各种介质形态处理得当，可以微妙而强有力地把景观设计要素和场地联系在一起。因为底面铺装的色彩一般是作为底色来衬托景观，所以底面铺装的色彩选用应该考虑到与空间中的绿化、水体、建筑的关系。图2-45是一幅针对公共空间场地规划的效果图，设计者利用微妙的色彩变化丰富和加强空间的气氛，铺装为人们的活动提供了一个色彩淡雅统一的背景，而其上的亭廊棚架、座椅等景观设施充分考虑到相互之间的关系，呈现出沉着而不沉闷的视觉效果。

地面硬质铺装用材一般采用石头、砖、混凝土、沥青、瓷砖等建筑材料，木材必须经过防腐处理才可运用到室外环境。从建设的角度看，选择置于土地或与土地相接处的硬质铺装材料时，必须极度小心，以便于在这个项目的整个使用过程中能够持久耐用且对环境不造成破坏。

（二）建筑立面

建筑物是人们日常生活栖居的场所，包含供人生活和活动的内部与外部空间。在人类漫长的历史

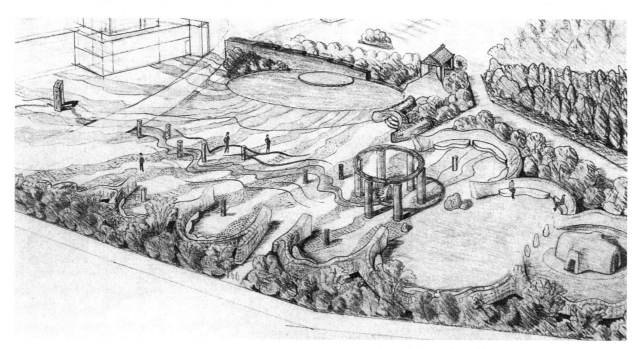

图2-45　公共场地规划效果图（图片来源：唐建. 景观设施——日本景观设计系列［M］. 辽宁科学技术出版社，2003，10.）

中，人们营造的建筑数量繁多，形态各异，建筑物的形体、规模、尺度、材料和风格的丰富变化跨越了很大的层次，它们以不同的方式存在于大地表面，影响和改变着环境的总体面貌。

在水平延展的大地底面上，形式上竖向的体量往往与之形成视觉上的鲜明对比，垂直且体量巨大的建筑往往围合空间并成为整体景观的中心，在空间中起着重要的、具有统领性的作用，对于周围其他要素形成了某种"控制场"。建筑作为空间的分割者、围合者，相比由植物、水体等围合的空间，由于建筑的竖向性特征，它所围合的空间更加明确有力。建筑高耸和连续的外立面在一个空间中是不可忽视有着主导作用的垂直要素，对于公共空间来说，其中的垂直要素通常最容易吸引视觉去捕获信息，因为无论是在空间中走动或静止，同我们面对面的都是垂直因素。建筑体块的穿插、窗户的位置，以及各种建筑结构上的美化装饰，都是对建筑本身"性格"的一种最有效的表达方式，直立的建筑表面为空间设计提供了最有价值的背景参考。

1. 建筑立面的艺术性处理

1）建筑立面的"表皮"设计。建筑立面是整个建筑平面在竖向上的延伸，无论建筑的空间内部还是外部，它的主要立面或组成部分都会成为人们关注的焦点。传统的建筑墙面主要是由门廊、窗子、墙体等构成的一个变化较为单一的立面形象，这种形式更多考虑的是解决与空间功能相协调的布局问题。而现代的建筑立面处理一则可以更好地表现内部空间和满足功能需要，二则可以为了掩饰结构所带来的外观缺陷而进行的艺术处理。

值得一提的是，与传统建筑立面形式有所不同的"建筑表皮设计"。建筑表皮是近年来建筑设计的热门领域，其设计通过触觉、视觉直接感受到表层，其形式特征与建筑外墙有着明显的区别，建筑界表皮设计已经成为建筑师的创意核心，涌现出许多经典的以表皮为设计内容的建筑形式（图2-46、图2-47）。全球生态环境的恶化促使生态理念与

建筑结合，表皮设计成为生态设计的重点，地域主义的兴起，也带动了表皮设计的发展。其设计形式既反映出形式美的规律，起到装饰性的作用，又充分利用新技术和新材料，达到保温、隔热、通风采光、遮光、隔音等作用。在文化内涵的体现上，注重历史文脉与地域特色的体现。如今，建筑表皮设计已成为形式和功能的综合体，形式和功能互相关

图2-46　建筑表皮设计（图片来源：张文炳 绘）

图2-47　建筑表皮设计b（图片来源：世界建筑［J］. 2006，01.）

联、错综复杂地交织在一起，立面的丰富表现和细部处理给人们以诸多新颖的感觉。

2）建筑立面的绿化。为弥补地平面绿化的不足，恢复生态平衡，城市绿化开始向立面延伸。建筑立面将植被与建筑的表皮相结合，绿化就像建筑的第二层皮肤，"软化"了建筑的表皮，增加了立面的景观层次，使建筑拥有看起来更自然的外观，让建筑看起来更加生意盎然，同时绿化所具有的特殊质感软化了城市"水泥"的僵硬形象。夏季能对室内空间与建筑外墙起遮阳作用，同时有效减少外部的热反射和眩光进入室内，冬季成为建筑的附加保温层。"立面绿化"已成为建筑生态化和建筑美化的有效途径之一。

绿化的立面不仅能增加建筑的艺术效果，还使之与环境更加协调统一、生动活泼。（图2-48）。

2. 建筑立面作为背景

对于景观设施来说，建筑立面在很多情况下是作为背景存在，在它的衬托下能展示出景观设施的最佳品质。建筑立面的造型、尺度、比例、风格、色彩等都对附属在它周围的人工物产生直接的影响。

一般来说，由于建筑立面的造型变化多于色彩，一栋建筑的立面所用颜色通常宜以一个颜色为主，其他处于从属地位，所以建筑立面造型对空间中设施的影响较色彩要大一些。当建筑立面造型较为整洁时，景观设施无论是造型简单还是丰富都容易获得预想的效果。但当建筑立面造型富于变化时，景观设施在形式上主要有两种方式和建筑立面达成协调，一是要概括简练，设施的形状和色彩与建筑立面的形状和颜色形成对照，在与背景对比中凸显出来。因为一个自身具有复杂形体或错综线条的设施通常最好出现在形状简单的空间中，使空间关系强调这个物体而不是扰乱或削弱其形态。二是捕捉建筑立面背景的特点并尽可能在自身的造型中进行强化，达到和背景的统一。图2-49中简洁的方块造型座椅与建筑的几何形窗子形成统一的风格，其亮丽的色彩也非常明显地与建筑立面上点缀的桔

图2-48 建筑立面绿化（图片来源：http://gc.100xuexi.com/templates/image/20100416143723708 6068.jpg）

图2-49 公共艺术设施与建筑背景相协调（图片来源：张雨佳 绘）

黄色彩相呼应，设施和背景相得益彰。

在一个连续的建筑立面背景中，尺度较大、个性特征突出的景观设施应避免设置在引人注意或对立面形象影响较大的部位附近，合理的布局才能求得对比与衬托，较好地体现建筑立面风格或强调景观设施的处理意图。景观设施的设置还应考虑建筑入口的功能性，尽量减少由于布局的不合理造成对建筑人流交通的不利，入口处的设施一般具有较强的识别功能，所以，在确定其位置时，还应考虑到它视觉与行为的导向性。

（三）植物界面

许多公共空间的围合和限定离不开植物的参与。作为垂直要素的植物是空间的分割者、屏障和背景，对风、温度和声音的控制都有着重要的功能与作用，在创造室外空间的过程中具有重要的作用。比起建筑墙体，它以更为自由、柔和的方式界定着室外空间，散发着一种自然、宜人的特质，人们对于植物为主体的公共空间产生相当的亲近感。

在底界面上，不同高度种类的地被植物或矮灌木暗示了空间的边界，决定着空间围合的程度和种类，植物对于空间的限定是易于变化的。树干类似直立于外部空间中独立的柱子，其排布方式能够暗示空间侧界面的存在，而且围合空间的封闭程度随着树干大小、疏密和生长方式而不同。由低矮灌木和地被植物限定的空间，具有开敞、外向的特点；较高植物所围合的空间，由于限制了视线的穿透，具有封闭、内向的特点。植物形成的空间立面具有某种半透明性，这种柔性和不确定性也是植物限定空间的特色。透过树木，可以看见其他空间中任何可见的事物，因必须考虑远处的物体对这个空间的影响，可通过向其开放、利用景框且聚焦于特定目标，将其引入空间。植物斑驳的空隙投影于底面，在底面上绘制出优美的图案，垂直界面与底界面在光的作用下"融为一体"，赋予公共空间以更多的灵性和变化。

从某种意义上讲，这种植物形成的垂直化界面为景观设施设计提供了一个生态的立面环境。

二、公共空间的形态构成

公共空间遍布于我们的周围，参与城市景观环境的营造，为人们提供日常活动的场地。公共空间包含着丰富的内容，呈现着极为复杂多变的形态。公共空间的形态构成是指公共空间环境的外在形象和内在结构所表现出来的综合特征，是由空间形态的形式、结构和内涵三个方面组成的，反映出公共空间形式和内容的相互关系。

（一）表面形式

空间与物体的表面形式一样，总能给人一个最为直观的外在印象，不同的空间由于环境条件、功能、风格的不同会呈现出不同的形态特征。人们在公共空间中生活和活动，通过主体感知把握到公共空间的形式特征，例如空间的二维形状是规则的还是不规则的，是线形的还是方形的，以及提供给人们的是可用作休息的还是运动的场所等。而且，公共空间不是空乏无物的区域，而是由道路、植物、水景、亭廊、雕塑等实体要素充实其中，当面对和使用某个公共空间时，人们的视觉最直接感受到的部分是实体的形象以及特征，这些成为构成空间外在表象的重要部分。人们对这些散布在空间中的实体进行个别的感知，例如色彩、质感、肌理、尺度、形状、平面位置等，然后把这些信息综合成空间的总体印象。人们通过感知获取它们形象的同时，凭直觉对展示在使用者面前的设施作出评价，对它们的功能性、实用性、安全性、耐久性等作出自己的判断。

公共空间依赖设施的色彩、质感、肌理、尺度等形式创造出各种性格的空间，满足了市民的行为需求，大大丰富了市民的文化生活。总之，表面形式是公共空间物质的外在表现，是空间表现出的基本特征。

（二）结构关系

在公共空间中，各种景观、设施要素之间存在着特定关系，这种关系的总和构成了空间环境系统的结构。把环境视为一种结构的认识，始于凯文·林奇对于城市意象的研究，他运用格式塔心理学的图底理论从城市意象的易读性出发，区分出道路边沿、区域、节点和地标等五种意象构成的基本要素，这些要素以穿插和重叠的形式，形成一种点、线、面交织复合的意向结构，区域由节点构成，受到边界限定，道路贯穿其间，标志散布其内。人们往往把空间简单地分成点、线、面等不同的空间形态，以加强空间的认知性，这也是观察事物的基本规律。点、线、面模式是如今较为基本而有效的景观结构分析方法。

1）人们在观察空间时，首先会从具有"面"特征的整个空间开始，再通过一定的"线"引导，最后目光停留在"点"上。空间中的布局大体可分为点状、线状、面状布局，空间中形态也有点实体、线实体、面实体等。点实体是公共空间中以点状形态分布的实体构成要素，点是相对于空间而言的，如座椅、花坛、喷泉等景观设施。作为实体点，它们本身有形状、大小、色彩、质感等特征，在空间中往往起到点缀、丰富空间、活跃气氛的作用，点在空间环境中的组合中很容易成为视觉中心。

2）线也是空间形态的基本要素，它是由点的延续或移动形成，方向感是线的主要特征，在空间环境中通过线的这种性质能够把空间组织成整体。在公共空间中，线可以表现为轴线，也包括一定方向的道路以及或由设施实体点形成的线等，特别值得注意的是道路形成的线在空间布局中起着控制空间结构的关系作用，它能起到连接各个景点，把不同位置上的景观连接成一个整体的作用。

3）面是点的集合体。在公共空间中，能够形成面感觉的有水面、地面等。空间的面也可以由矮墙、树篱等围合而成，其中存在的景观设施与其他存在物被面状空间统一在一起。

任何事物内部都是有机联系的整体，同时自己又处于无数的联系之中，每一个设施都是处于空间之中的个体，设施与设施形成的联系纽带是其内部所特有的本质关系。在公共空间环境内部，这种结构关系可以是数量关系，也可以是空间关系，表现为组成公共空间的环境设施之间对应于点、线、面的组合方式，包括设施之间的位置、组合关系和设施之间所表现的对比、协调、主从、统一、韵律感等。这种结构还表现在公共空间在整个外部环境中和其他公共空间之间的组织方式，包括空间的构成形态、相互之间的位置、路线和功能关系，以及公共空间所体现的场所氛围。公共空间不是指一个单一的空间，和其他空间的结合才有意义。

（三）内涵

公共空间的内涵表现在以下几点

1）构成空间的设施就是实施信息传达的载体，如休闲广场、健身场地、娱乐空间等，我们用视觉和触觉等感官去感知并发现其背后的物质功能与审美功能。对比图2-50儿童游乐区与图2-51休息区，我们可以明确地感受到不同的公共空间所传达出的不同内涵，这种别具一格的公共空间唤起人们的诸多联想，使人感受到精神的放松。

2）公共空间反映人们的日常观念、习俗。无论是滨水空间、街道空间还是居住区空间都代表不

图2-50　儿童游戏区（图片来源：张文炳　绘）

图2-51　休息区（图片来源：张雨佳 绘）

同的社会活动领域，通过它们的表面形式，可以感觉到生活在不同地域的人们之间的生活方式和观念习俗的不同之处。中国人和外国人、南方人和北方人、老年人和儿童，种族、地域、年龄等不同的群体也都会有不同的观念和习惯，反映在对公共空间设计与使用上也体现出明显的差异。

3）反映社会政治、经济、文化。人们是公共空间生活的参与者，公共空间的内涵最终由人来决定。城市为人们创造了一系列的生活场所，成为人们社会与政治活动的布景和舞台，它生动地展现了公共生活的画面，同时也反映出一个城市的政治、经济、文化特征。在这方面尤为突出的是市政广场，这里是市政建筑集中的地方，同时是城市公共生活和政治生活的空间。市政广场除了明晰城市政治者的理想，还培养了公民的集体精神。公共空间为人们经常地参加各种公共活动提供了条件，强化了人们的民主意识，是民主观念的展示台，是一种物化了的意识形态。聚集于同一空间的人们使用着同样的设施，经历同样的空间感觉。这样相同的经历使他们意识到他们是一个团结的整体，这个群体之间会不知不觉地产生出一种共同的情感，一种集体的认同感。人的社会性决定了公共空间的功能，而民族性、地域性决定了环境具有的文化内涵。

公共空间的内涵通过空间与空间中的设施表象反映出隐藏在事物深处的东西，需要人们积极的思考才

能看到。表面形式是环境中最基本、最直接的特征，是体现空间内在功能、内在关系、文化内涵的物质载体，反映出一定的意识形态或社会文化背景。把握公共空间形态构成的三个方面，才能了解其深层内涵，从而把握其文化形态，理解景观设施设计的真正含义。

第三节　景观设施在公共空间中的作用

景观设施与公共空间的关系是特定空间设计的核心问题，可以说公共空间是一个容器，而景观设施则是其中的物质内容。我们不能脱离真实存在的物质内容来孤立地解决空间的设计与布置问题。景观设施是各种空间关系中不可缺少的组成部分，在这一章节中我们着重探讨的是景观设施使用功能以外的价值作用。

一、组织空间

公共空间为景观设施的设计、布局提供了一个场所，景观设施就是在这个场所中进行合理的组织安排，为人们提供了多样的活动和生活方式。由于人们会在公共空间中发生特定活动与特定行为，这种行为对景观设施功能及设施组合方式有特定的需求。对于景观设施的空间组织来说，使用者的动态活动与行为方式是空间研究的主题。所以，研究人们在空间中的流线，在这些活动的流线节点上，选择可以停留或必须停留处，布置相应功能需求的设施，使设施成为空间实用性质的直接表述者。同时，设施对空间的组织过程又是对空间重新整理和创造的过程，不同形式的围合和分割表明该区域的不同使用性质及流线安排。例如候车区通常由候车厅、站牌等组成，而儿童娱乐区由沙池、转马、滑梯等组成，这些设施表达了空间的性质，以及使用者在该区域停留的时间和使用状态关系。亭廊、座椅组成休息区域，组织成聊天与休闲的空间环境。在一些较为私密的空间，由于不希望有遮挡视线的

分隔，常常用绿化或镂空的墙体等围合而成，在心理上划分出相对独立、不受干扰的虚拟空间，以取得相对安静的小天地。如果座椅中间加上桌子，就会增强这个区域的向心力，促使人们选择这个区域，向心地聚在一起聊天谈心。图2-52中通过对沙坑与凉亭的精心设计、布局，构成了一个适合休息和游玩的空间，特别是凉亭的设置非常有意义，为照看孩子的大人提供了方便，既能在凉亭里休息、聊天，又能同时兼顾到在沙坑里玩耍的孩子。图2-53中在一个平坦宽阔的空地上，数个高低不同的几何弧形景观墙构筑了一个特殊的充满趣味的活动领域。

景观设施作为特殊的景观类型，通过空间的合理组织反映出其各自不同的功能分区，另一方面，它们综合反映出的色彩、质感、尺度及其使用材料

的变化，以及空间的特定意境，常给公众留下深刻的感受。景观设施在连续的景观变化中，常常突出一些景观点的主题，产生跳动的韵律，把有限的空间内容处理得有声有色。空间中的韵律节奏是景观设施自身的形状、色彩、质感等要素的连续、重复的运用，按照一定的规律安排适当的间隔、停顿所表现出来的。图2-54中，在平坦的草坪上，色彩强烈的圆形游戏池不但赋予空间生动的韵律与节奏感，加深了空间内涵的深度与广度，同时还能吸引游赏者的注意力，调动起他们的好奇心。图2-55-1、图2-55-2中，超长尺度的公共座椅像卷曲的藤蔓盘绕在绿地上，其形式采用变幻的螺旋形曲线，与远处的木质路径统一，组织出一个充满情趣的休息空间，并且座椅奇特的布局走向也导致人们在选择休息位置时所形成的行动路线。

为了丰富景观设施的空间美，运用点、线、面、体各部分的大小、开合、高低、明暗等空间序列的变化，采用对比、衬托、尺度、层次、对景、借景的手法来布置空间、组织空间、创造空间，使景观设施在有限的空间内获得丰富的景观特性，取得节奏和韵律的艺术效果。通过空间组织处理，引导人们行动的方向，让人们进入空间后，随着空间的布置自然而然地随其行动，从而满足空间的物质功能和精神功能。

图2-52　儿童游戏空间（图片来源：张雨佳 绘）

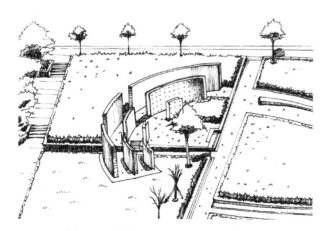

图2-53　休闲活动场地（图片来源：张文炳 绘）

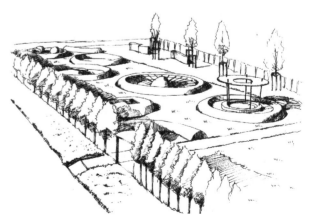

图2-54　娱乐活动空间（图片来源：张文炳 绘）

图2-55-1　螺旋形公共座椅整体外观（图片来源：张雨佳 绘）

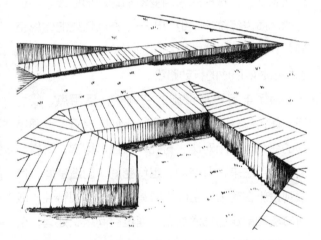

图2-55-2　螺旋形公共座椅局部（图片来源：张文炳 绘）

二、分隔空间

公共空间的分割，从某种意义上讲，就是根据不同使用目的，对空间在垂直和水平方向上进行分割与联系，满足不同的活动需要，为人们提供一个良好的空间环境。空间的分割除了从功能使用要求来考虑空间的分割和联系外，对分割的处理，例如它的形式、组织、比例、方向、线条、构成以及整体布局等等，良好的分割总是构成有序，虚实相宜，对整个空间设计效果有着重要的意义。也可以说这种分割不但是一个技术问题，也是一个艺术问题，反映出设计的特色和风格。分隔是为了更有效

地利用空间，经过分割重新组合构成一个新的空间，使之可以为市民提供一个富有活力的、有特色的活动场所。

景观设施的隔断作用在公共环境中越来越多的体现出来，把空间分割组成多种多样的空间形式，既满足了自身的使用功能，又提高了公共空间使用的灵活性和利用率。在一些公共空间内，如果用实墙来分隔空间，不但显得过于封闭、呆板，使空间与空间之间缺乏联系，而且还将占去人们进行活动的面积。因此利用景观设施来分隔空间，可以达到一举两得的目的。作为分隔用的景观设施可以是铺装、绿化，也可以是水景、亭廊等，这种分隔体既满足了使用要求，特别在空间造型上取得丰富的变化，给空间增添一些遮挡，增加一个层次，同时也起到美化空间的作用。人们自由地漫步在各个空间里，欣赏设施构成中的音乐喷泉、雕塑、植物，体会空间的无限魅力。

在公共空间环境中，设施要与空间协调，追求相互和谐与统一，使之产生一种对话的关系。

（一）以铺装划分空间

在一定的地域内以道路为界限划分的空间，由于所划分的空间范围没有垂直方向的隔离形态，只是靠铺装的材质变化或色彩的启示，依靠联想和视觉完形性来界定，其流通性较强。虽然限定度较弱，但它具有一定的独立性和领域感。图2-56是美国芝加哥东湖岸公园的一处绿地设计。东湖岸公园是一个开放式空间发展项目的成功典范，其设计消除了复杂性，被认为是未来都市公园设计的衡量标准。图中以铺装形成的道路把绿地划分成几个不同的空间，各个空间面积形状各有特色，它们既相互联系又相对独立，而道路铺装是联系这些空间的纽带，活动者行走在路上可以看到不同空间的景色。图2-57中，同一标高的自行车道与人行道通过铺装色彩、质感划分，既确保了道路的通畅，又提高了道路的安全性。

图2-56　芝加哥东湖岸公园（图片来源：George Iam. 美国景观［M］. 出版社：Pace Publishing Limited，2007，06. ）

（二）以植物、绿地划分空间

植物是公共空间中不可或缺的组成部分，绿色植物的作用，不能简单地认为是装饰和美化。相比较其他，通过植物的阵列布置，可以自由地分割空间，形成隔断或者围合空间，调整、引导人的观察视角，对视线的聚焦和遮挡也会显得自然生动，吸引人的注意力，自然含蓄地对环境起到提示和指向的作用，从而实现某些特定的空间功能。图2-58中，人行道用绿化带进行划分，既能增加行人的安全系数，又可以显示出植物的自然之美，使身处其中的行人精神愉悦，身心放松。图2-59通过绿化把休息区与道路隔离，形成了一个相对独立的空间。

图2-58　人行道（图片来源：赵佳璐 绘）

图2-57　人行道（图片来源：娄永琪 Pius Leuba 朱小村，环境设计［M］. 北京：高等教育出版社，2008，01. ）

图2-59　路边休息区（图片来源：孟姣 绘）

（三）以水景、亭廊等景观设施划分空间

景观设施具有生动的表现力，利用各种景观设施可以组成丰富的空间层次。它们互相衬托，相互补充，能够产生灵动自然的效果。图2-60中，带状的水景池顺着道路的方向把街道划分成了两个部分，同时区分了人行道和自行车道，具有空间上的导向性。行走在街道上，人可以坐下来小憩，放松地亲水、赏水，感受被水环绕的趣味感。水景池折线形式增加了趣味感，设计与座椅形成一个整体，节省了街道空间。图2-61中的混凝土单排柱廊在空间中起到即分又联的作用，两边的空间经过分割重新组合构成一个新的景观，构成景观的空间元素彼此连接，协调一致。图2-62在居住区、校园、街道，车挡起着阻止车辆侵入或规限行人的作用。图中车挡的形象颇似穿戴盔甲的武士，它们是车位的间隔标识。多个车挡形成了具有线型特征的系列，由此限定出线形两边的空间。

图2-62　多个车挡形成了具有线型特征的系列，由此限定出线型两边的空间（图片来源：房瑞映 绘）

三、填补空间

在空间的构成中，景观设施的大小、位置成为构图的重要因素，如果布置不当，会出现环境空泛、轻重不均的现象。因此，当公共空间与景观设施布置存在不平衡时，我们可以选用如座椅、雕塑等布置于空闲的位置，使公共空间布局取得均衡与稳定的效果。另外在空间组合中，经常会出现一些难以正常使用的空间，经人们布置合适的景观设施后，这些无用或难用的空间就变成有用的空间。例如，装饰灯具是广场公共空间的重要景观，白天，它并没有发挥实际的功能而是作为景观的点缀而存在，成为丰富空间、引人注目的小品。

四、调节公共空间的色彩

色彩能够给人们带来较为敏感的视觉感受。在公共空间设计中，公共空间环境的色彩是由构成环境的各个元素的材料颜色所共同组成的，其中包括景观设施本身的色彩。由于景观设施的景观性，其色彩在整个公共空间环境中具有举足轻重的作用。在公共空间色彩设计中，我们用得较多的设计原则是大调和、小对比。其中小对比的色彩

图2-60　街道水景（图片来源：金涛. 园林景观小品应用艺术大观4 [M]. 北京：中国城市出版社，2003，12. ）

图2-61　单排柱廊（图片来源：孟姣 绘）

设计手法，往往就落在景观设施身上。在一个色调沉稳的公共空间中，一个色调明亮的标识设计会形成视觉中心，吸引视线并让人精神振奋，一个彩度鲜艳、明度亮丽的雕塑会造成一种欢乐的气氛。另外在公共空间设计中，经常以铺装色彩的调配来构成公共空间色彩的调和或对比调子。例如广场设计，常将地面铺装、建筑小品与其他景观设施等组成统一的色调，取得整个环境的和谐氛围，创造出宁静、舒适的色彩环境。图2-63中建筑庭院中暖色调的运用非常具有挑战性，活跃着色彩单一平淡的环境。为了取得对比中的和谐，铺装中的分割线和树池采用了亮色调，在形成装饰性图案效果的同时与建筑立面造型以及色彩形成了呼应与统一。

五、陶冶人们的审美情趣

人类在创造物质文明的同时，对精神文明的追求从未间断，对美的渴望渗透于一切造物活动。人们总是对器物造型进行不断地提炼、改进，形成具备审美情趣的、时尚的、流行的物品，景观设施也不例外。当然，不同文化层次的人们都会接触景观设施，而不同的人具有不同审美情趣的审美观。现代景观设施造型千变万化、种类繁多，满足了人们不同的实用与审美需求。虽然这种广泛需求并不能被有限的艺术形式所涵盖，但景观设施的选择，在一定意义上是景观设施造型艺术对人们感染的结果，是人们审美趋向的体现。景观设施是经过设计

图2-63　日本某行政中心庭院（图片来源：金涛. 园林景观小品应用艺术大观3［M］. 北京：中国城市出版社，2003，12.）

师的精心设计，通过一定工艺手段制成的"工艺品"。它与其他艺术形式一样，在艺术造型上会渗透着各种艺术流派及风格，对人们的审美意识具有引导作用。在现实生活中，人们根据自己的审美观点和爱好来使用景观设施，或以群体的方式来认同各种景观设施式样和风格流派的艺术形式，其中有些人是主动接受的，有些人是被动接受的。但人们在较长时间与一定风格的造型艺术接触下，受到感染和熏陶后积淀的品位修养，是逐步形成的。

03

Type of Landscape Facility

第三章

景观设施的类型

第一节 景观设施的分类与界定

以往，景观设施只作为城市建设的构成要素顺便提及，近年来，它们逐渐从城市环境中分离出来，作为一个系统展开深入的专题研究。景观设施作为建筑与城市发展的产物，内容非常庞杂，功能又千差万别，因此景观设施整个系统是开放的，同时又是不断发展变化的。

对景观设施进行设计分类是推动设施设计发展的重要手段。目前，国内外对于景观设施的分类原则和由此导致的分类结果各有侧重各有不同，但是都在归纳中寻求到各自发展的方向和空间，都能够符合本国本地区的环境需要。

一、景观设施的分类

在应用过程中，景观设施始终是围绕为人设计而展开，由此建立起景观设施与人的服务关系体系，根据体系内容的不同，景观设施可以分为以下几种：

1）道路设施：地面铺装、踏步和坡道、树篦和盖板、指示牌、防护栏与防护柱、公交候车亭、停车系统等。

2）休息设施：观景亭、休息长廊、休息座椅等。

3）服务设施：电话亭、垃圾箱、公共厕所、饮水台、导游信息栏、服务商亭、自动售卖机等。

4）无障碍设施：行动无障碍设施（坡道、盲文指示器、路面专用铺装）、视觉无障碍设施、听觉无障碍设施（专用信号机、残疾人专用电话亭）等。

5）互动观赏设施：绿景（树木、绿地、花坛、花架）、雕塑及壁雕画、水景（喷泉、瀑布跌泉、水池）。

6）娱乐设施：儿童娱乐设施、成人娱乐健身设施。

7）照明设施：道路照明、景观照明、装饰照明。

该分类过程中难免会有一些服务功能重叠，通常会以主要服务角色为归类标准，比如导游信息栏既可以放在服务设施中，也可以放置在道路视觉设施中，但是其功能性大过观赏性，故归类在服务设施；再比如，休息长廊既具有行人休憩功能，也具有视觉设施的功能，但是休息是长廊更重要满足人行为功能需要的部分，故归类在服务休息设施中。同时，为了更好的将服务功能细节化，将传统标识设计分为道路设施的指示牌设计和服务设施中的导游信息栏设计两个部分，方便清晰阐述各自的设计要点。

二、景观设施的分类原则

本书的分类原则从景观设施原始定义出发，从物为人服务的角度进行充分斟酌，从体贴关怀人的角度出发，以人为本，确保发挥景观设施在城市景观环境中的重要角色。同时还充分考虑景观设施作为人为景观，是对自然的一种人为干预行为，因此在每一类别中都紧密联系自然环境、设施物体和人三个元素，分类原则是开放、发展的。

当然每个人对于景观设施研究的角度和标准不同，因此，对于环境设施的界定与分类也应满足不同的环境需要，分类也不是唯一和一成不变的。随着社会的发展和科技的进步，还会出现新的种类和分类方法，这也是自然发展的规律。

第二节　公共艺术道路设施

道路是城市景观的重要部分，城市中各个不同区域的联系，都是依靠交通道路的起承和转接完成的，而道路本身还可以实现穿越通行、方向指认、构建景观空间及调节空间律动等功用。道路地面设施的优化与改善，可以为人提供便利和安全、改善城市环境、提高通行效率、减少行人事故，还可以通过地面划分，形成安全的步行区域，对维护城市生态、提升环境的整体质量、美化城市环境起着很重要的辅助作用。

公共艺术道路设施的专项内容涉及以下三个方面：道路本体（地面铺装、踏步、坡道等）、道路附属物（指示牌、地面建筑设施、树篦盖板等）以及道路占用物（公共候车亭、停车系统、防护栏与防护柱等）。

一、地面铺装

随着人们对环境建设的日益重视，铺装景观逐渐成为人们日益关注的焦点问题。旧时那种色彩单调、线条单一、质感枯燥的铺装景观，不仅难以创造优美舒适的环境，而且与现代的环境建设不相融洽，地面铺装的优化设计不仅为人出行提供便利，

保证外出的安全，而且能够丰富人们的生活，为美化城市环境起着相当大的作用，在环境景观中具有重要的地位和作用。

道路铺装是为了便于交通和活动而人工铺设的地面，是连接和划分城市空间的简单和有效的方法，具有耐损防滑、防尘排水、容易管理的性能，并以其导向性和装饰性的地面景观服务于整体环境。人们的户外生活都是以道路为依托展开的，地面铺装与人的关系最为密切，它构成了环境系统中的重要内容（图3-1）。整个道路系统按照人的行为活动展开，可以分为城市交通、景观交通与生活交通三方面，由此地面铺装的要求也是不同的，但是都会在铺装的材料、质地、纹理、色彩、平面造型、拼构形式、图案纹样等方面进行综合应用，直接创造优美的最富有表情的地面景观，营造环境的文化氛围。

图3-1　铺装构成了环境系统中的重要内容（图片来源：房瑞映 绘）

（一）地面铺装的设计要素

1. 色彩

　　色彩是情感表现的一种手法，能强烈地诉诸情感作用于人的心理。地面铺装的色彩一般是城市景观环境的底色或背景色，用来衬托周围的环境，为环境服务。在铺装中，色彩的选择应根据场所活动人群来确定，必须与环境统一，稳重而不沉闷，鲜明而不俗气，或宁静、清新，或热烈、活泼，或粗犷、自然。地面铺装的不同色彩还可以具有功能提示作用，图3-2中，砖红色步道采用非渗水砖铺地，便于行走，而周围则采用浅色渗水砖铺地，从而减少整个地段的积水。此外，地面铺装色彩还必须具有持久性，易于维护和管理，并对人身心健康有益。

2. 质感

　　地面铺装的美感在很大程度上要依靠材料质感来体现，质感会直接带来行人行走过程中不同的脚感，舒适宜人的地面铺装质感有助于人的行走、驻足和休憩。铺装材料的表面质感必须尽量发挥材料本身所固有的美，例如天然石板的原始粗犷、鹅卵石的圆润、青石板的大方等，具有强烈的心理诱发作用，不同的质感可以营造出不同的氛围。地面铺装的好坏不只是看材料的优劣，而决定于它是否与环境相协调。

　　在设计中，要注意质感变化与色彩变化均衡相称（图3-3），充分发挥素材所固有的特性，采用同一调和、相似调和及对比调和等多种铺装手法，使其与环境的场地特点，四周环境特色及当地的风土人情等要素紧密结合。如果色彩变化多，则质感变化要少一些，如果色彩和纹样都十分丰富，则材料的质感要比较简单。大量的工程实践证明，只有综合地考虑各项因素，才能更好地实现铺装景观的实用和环境装饰的双重功能。

3. 图案纹样

　　园路铺地喜欢以多姿多彩的纹样和图案来衬托，既美化环境又同时增添景色。铺装的形态图案，通常采用平面构成要素中的点、线、面等图案来表现，如正方形、圆形和六边形等规则对称的形状，会产生很强的静态感，形成宁静的氛围，在铺装一些休闲区域时使用效果很好。

图3-2　具有提示作用的彩色铺地（图片来源：作者自摄）

图3-3　铺装质感变化要与色彩变化均衡相称（图片来源：王忠.公共艺术概论［M］. 北京：北京大学出版社，2007，12.）

纹样和图案起着装饰路面、辅助导向及开阔空间的作用，其构图常因场所不同而各异，要求服务于场所精神，与景区整体环境意境相得益彰。例如一些用砖石铺成直线或平行线的路面，可达到导向的整体感效果；采用小而规则的铺装材料，例如鹅卵石、金属、马赛克等镶嵌材料，布置在地面或者广场的中央，会产生舒适和特别的视觉效果。在设计过程中要留意图案纹样的耐久性和耐磨性，通常会在图案周围有砌砖或其他铺装材料形成保护。

4. 适应性的尺度

道路铺装材料的大小、色彩、质地及砌缝的设计等，都与场地的空间尺度有密切的关系。一般情况下，大场地的铺地质感可以粗糙一些，纹样不宜过细，组合图案可以丰富些；而在较小的静态空间环境中，铺装材料趋于细腻、精致和统一（图3-4）。大体量的铺装材料铺设在面积小的空间区域里会显得比实际尺寸大，而在小区域里运用过多的装饰材料也会使该区域显得凌乱。

5. 光影

利用不同色彩的石片、卵石等按不同方向排列，在阳光照射下会产生富有变化的阴影，使纹样形态更加突出，但要求铺设路面在晴天时不反射阳光，在夜间和雨天时也要有良好的步行性与车行性，确保通行功能的实现。在城市的人行步道等处，为了增加路面的装饰性，多将预制混凝土砌块表面做成不同方向的条纹，同样能产生很好的光影效果，使原来单一的路面变得既朴素又丰富。这种方法不需要增加材料，工艺过程也较为简单，还能减少路面的反光，提高路面的防滑性能，有较好的推广价值。

6. 生态

在园路路面设计中，多采用上可透气下可渗水的生态环保道路，这样增加地下水补充，有利于树木的生长，同时可以减少沟渠外排水量。铺装设计要注意透水、透气，以免积水，例如嵌草铺装就可以增加地面的透气、排水性（图3-5）。同时，道路铺装要与周围景观相协调，自然有趣，少留人工痕迹的道路是也是保持自然生态的做法，尤其是在自然的环境中，道路铺装粗犷自由一些也是合适的。

图3-4 在较小的静态空间环境中，砌块形态趋于细腻、精致和质地上的统一（图片来源：金涛　杨永胜. 居住区环境景观设计与营建［M］. 北京：中国城市出版社，2003，1. ）

图3-5 透水性混凝土块嵌草皮路面（图片来源：房瑞映 绘）

（二）铺装材料

1. 沥青

沥青是一种常见的车道铺装材料，用沥青铺装的路面具有较好的平坦性，对各种路基亦有较好的适应性，其施工速度快，施工时交通封闭时间短。普通的沥青铺装是灰黑色，不容易反射阳光，即使脏了也不明显。同时具有表面不吸水，不吸尘，热辐射低，经久耐用，维护成本低等优点，但是其弹性随混合比例而变化，遇热容易变软。

现在为了改善城市面貌，在一些车行道、人行道以及广场等区域都采用了彩色沥青路面铺装，同时通过改变颗粒材质和铺设方法，甚至和其他铺装材料灵活组合，更大的选择性使得最终铺设效果与原来产生很大的不同（图3-6）。

在停车带、公交车停靠点和出租车停靠点等场合往往有人员上下车、货物的装卸等活动，步行者进入的机会也非常多，为了与一般的行车道区别开来，在路面铺装上应有所改变。例如可以选择材质粗糙的铺装，在视觉上和实际上都避免车辆的快速行走，确保行人和装卸人员的安全。

图3-6　公共广场中的彩色沥青铺装（图片来源：（日）丰田幸夫.风景建筑小品设计图集［M］.黎雪梅译.北京：中国建筑工业出版社，1999.）

2. 混凝土

1）水泥混凝土

水泥混凝土铺装有良好的耐磨损性、耐油性和耐冻结性，这种铺装的路面平坦性良好，夜间的步行及车行性亦较好。由于混凝土铺装多为灰色，有利于夜间照明，但另一方面，其阳光反射也强。

混凝土铺装的施工技术要求较高，在进行部分修补时需要封闭较大范围。值得注意的是，对于水泥混凝土路面，可以使用多种表面处理工艺来提高其装饰功能。例如水洗露出工艺、表面镶嵌工艺、表面模压工艺等。此外，水泥混凝土材料易于着色，可以通过向水泥砂浆中添加颜料做出彩色水泥路面。

2）混凝土预制块

通常的混凝土预制块（又称混凝土砖），也包括常用的水磨石和水刷石，都具有一定的强度、耐久性和耐磨性，同时透水性良好，原材料容易获得，铺装时间短，是硬质铺装砌块中最为常见的材料。用于拼装的砌块依照形状的不同，有的具有较强的导向性，有的具有较强的装饰性，而且不同的砌块造型与色彩配合，可以在功能上形成散步区、休息区和活动区等空间区域。采用何种铺装排列方式要依据场所条件来决定，例如在商业地区，混凝土砖的排列要形成引人注目的纹理和细致的表面形状，创造出它的图案感和缓和感，即使形式繁琐些也没关系；而在居住区，混凝土砖的排列则要单纯些，应将营造平静朴实的生活环境作为第一考虑原则。

混凝土砖在色彩、表面纹理、质感和组合等方面较大的可选择性，改善了大块板材表面的单调和平滑现象，提高人们行走的趣味和安全性。另外，块材的纹理还可以与建筑、水池、花坛等外围材料光影呼应，作为人工溪流和水池的底部装饰，形成奇特的景观效果（图3-7）。

3. 花砖

花砖从功能上可以分为适用于人行道、游乐场的釉面砖和陶瓷砖，还有适用于停车场的黏土砖和透水性花砖两大类。花砖材料色彩比较鲜明，道路装饰性较强，不易反光，表面可以进行防滑处理，具有一定的透水性，可以为道路增添休闲舒适感，但花砖在撞击时易碎，而且不易清扫。

4. 天然石材

天然石材包括大理石、花岗岩及当地石块等，具有坚硬密实，耐久性强，抗风化强，承重大，易清扫等特点，但是加工成本略高，易受化学腐蚀。由于有些石材表面比较光滑，防滑性差，为了确保行人安全，会进行表面剁腐处理或切割处理。

此外，道路的局部还可以在基底上用水泥黏铺毛石、碎石、鹅卵石形成特色路面效果，增强观赏性。这种路面的色彩丰富，样式与造型的选择自由

度大，通过平铺和侧铺等手法进行镶砌和拼置，能够组成各种图案，产生不同的肌理和韵味，很容易营造环境的气氛（图3-8～图3-10）。

图3-9　花岗石铺地（芬兰）（图片来源：景璟 摄）

图3-7　充满趣味的铺地效果（图片来源：薛文凯. 公共环境设施设计. 沈阳：辽宁美术出版社，2006，1.）

图3-8　花岗岩片石铺路（图片来源：冯信群　姚静. 景观元素——环境设施与景观小品设计［M］. 南昌：江西美术出版社，2008，1.）

图3-10　卵石铺路（图片来源：金涛　杨永胜. 居住区环境景观设计与营建［M］. 北京：中国城市出版社，2003，1.）

5. 木材

触感温润的木材，一直是设计师喜欢应用的材料，它的天然可再生性，为景观建设带来节能和环保的效益。研究人员通过科学实验发现，木材能吸收环境中的湿气，还能够吸光吸热，同时对人的神经系统具有很好的调节作用。如果将木材与其他铺装材料组合搭配应用，铺装最终具有现代感的同时又不失亲和力。

木地板路面有一定弹性，步行脚感舒适，同时具有很好的防滑性和较强的透水性，但相对而言成本较高，不耐腐蚀，因此在铺装设计时应选具有耐久性和一定渗透性级别的耐潮湿硬木料（图3-11）。

各铺装材料的具体特性及适用路面情况，具体见表3-1所示。

图3-11　木地板铺路（图片来源：作者自摄）

铺装材料适用路面情况及材料特点　　　　　　　　　　表3-1

铺装材料	适用道路地面	材料特点
沥青	不透水沥青路面：适用于车行道、人行道、停车场 透水沥青路面：适用于人行道、停车场 彩色沥青路面：适用于人行道、广场	表面不吸水，不吸尘，热辐射低，光反射弱，耐久性好，维护成本低，有一定的弹性，但遇热易变软
混凝土	混凝土路面：适用于车行道、人行道、停车场、广场	坚硬无弹性，铺装施工容易，使用耐久性强，维护成本低，但撞击易碎
	水磨石路面：适用于人行道、广场、园路、游乐场等	表面光滑，有一定硬度，可配合多种色彩图案进行装饰
	水刷石路面：适用于人行道、广场、园路，有时还用于人工溪流、水池的底部装饰等	表面砾石粒径可变且均匀透明，观赏性强，防滑，但不易清扫
	混凝土预制砌块路面：适用于人行道、广场、停车场、园路等	防滑性较好，步行舒适，施工简单，修整容易，价格低廉，色彩样式丰富
花砖	釉面砖路面：适用于人行道、游乐场等	表面光滑，色彩鲜明，撞击易碎，铺筑成本较高，不耐低温
	陶瓷砖路面：适用于人行道、园路、游乐场等	有防滑性和透水性，成本适中，但撞击易碎，不易清扫
	透水性花砖路面：适用于人行道、停车场等	表面有微孔，形状多样，相互咬合，光反射弱
	黏土砖路面：适用于人行路、园路	价格低廉，施工简单，接缝多可渗水。分平砌和竖砌两种，但平整度差，不易清扫
天然石材	天然石块路面：适用于人行道、广场、园路等	坚硬密实，耐久，承重大，抗风化强，但加工成本高，易受化学腐蚀
	碎石、卵石路面：适用于园路、停车场等 砂石路面：适用于园路等	在道路基底上用水泥黏铺碎石卵石，有很好的观赏性。成本较高，不易清扫
砂土	砂土路面：适用于园路等	用天然砂铺成软性路面，价格低，无反射光，透水性强，需常湿润保养
木材	木地板路面：适用于园路、游乐场、露台等	有一定弹性，步行舒适，有防滑性，透水效果好，但成本较高，不耐腐蚀

（三）地面铺装的设计应用

1. 信息块铺装

在步行道或园路上设置信息块铺装可以向步行者传递各种信息，有交通信息，还有引导盲人的盲道铺装信息，还有一些场所特有信息。甚至一些城市把自己城市象征物或传统吉祥图案制作成信息块，也有一些商家将自己的广告制作成地面信息块，在风景区将地图、指路牌等制作成信息块镶嵌于步行道上。这些信息块使用的材质极为丰富，例如马赛克、彩绘瓷砖、金属、花岗岩镶嵌等，个性鲜明，令人记忆深刻（图3-12～图3-14）。

2. 水岸线道路铺装

以水为主体的空间，是最受人欢迎的城市公共开放空间，特色的水岸线可以令人流连忘返。地面铺装是构成水岸空间的基本元素之一，巧妙的铺装景观设计可以使空间更具有魅力和吸引力。

3. 广场铺装

集会广场的铺装设计应体现庄重、大方和气派的特点，一般采用明度低、纯度高的色系，采用简单的大尺度形状。为了加强稳重端庄的整体效果，广场的铺装多采用轴线的设计手法，从而确保空间具有一定的方向性，同时广场铺装还要与绿景和水景做好衔接。铺装材料的选择要有良

图3-13　马赛克镶嵌地面（图片来源：（英）Ceraldine Rudge. 园林装饰小品［M］. 阎宏伟译. 沈阳：辽宁科学技术出版社，2002，1.）

图3-12　临沂书法广场特色地面（图片来源：作者自摄）

图3-14　美国百老汇人行道上的"脚印"（图片来源：王忠. 公共艺术概论［M］. 北京：北京大学出版社，2007，12.）

好的稳定性和抗滑能力，特别在很多广场还兼有舞台表演和看台的功能，材料选择上面更要很好考量。

4. 人行园路

园路的铺装要根据各种生态原则进行设计，力求与自然高度融合，以保持生态系统的良性循环和可持续发展。园路的形式是多种多样的，要与地形、水体、植物、建筑物、铺装场地及其他设施结合。为了组织风景，延长旅游路线，园路在空间组织上有一定的曲折起伏，适当的曲线还能使人们获得视觉上的美感。在林间或草坪中，园路可以转化为步石或休息岛，遇到水面，园路可转化为桥或汀步等。汀步类似路桥的功能，但比路桥更自然随意，主要运用于水面狭窄水深较浅且行人少的水面，不仅作为景观的装饰物，而且行人踏石而过，互动过程也别有风趣。

园路中包括主要道路、次要道路、休闲小径以及健康步道等。通常双人行走宽度为1.2~1.5m，单人行走道路宽度为0.6~1m，园路人行坡度≥8%时，要考虑设计踏步。健康步道是近年来比较流行的足底按摩健身方式，通过行走在卵石路上按摩足底穴位，达到健身目的，且又不失为园林一景（图3-15）。

5. 树池铺装

树池铺装又称为树箅或者护盖，设置护盖的作用主要是加强场地地面的平整性，此外可以减少土壤的裸露和流失，以保证地面环境在各种气候条件下的清洁，同时避免在树根部堆积污物，利于树的生长和环境卫生。美观的树池护盖不但为地面铺装增加亮点，其本身也具有装饰效果，对铺砌景观起着画龙点睛的作用。

常见的树池铺装按照形状可以分为方形、圆形及多边形等，按材料可分为混凝土护盖、铸铁护盖、石质护盖及其他复合材料类型等。树箅是与地面铺装同为一体的公共维护设施，在设计时应使其造型与周围地面铺装统一谐调，并与树干护栏结合

起来一起考虑，其选用的材质和形式也要与周围环境及空间特征相符合（图3-16、图3-17）。在满足护盖坚实和安装牢固的基础上，要保证孔洞有足够的漏水性能，同时便于清扫。

图3-15　日本某居住区健康步道（图片来源：樊明慈 绘）

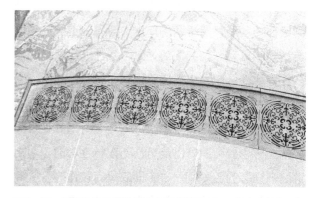

图3-16　具有传统纹样的铁质水箅（图片来源：作者自摄）

图3-17　西安大雁塔景区树池设计（图片来源：景璟 摄）

（四）地面铺装的设计原则

要实现好的铺装效果，并不在于选择什么样的高级铺地材料和复杂的技术，而是在现有环境状况和经济条件下，提倡优化地面铺装设计，与周围景物建立相得益彰的有机关系，恰如其分地发挥其在空间环境中的作用。

1. 要充分考虑道路的功能因素。地面铺装应当耐磨损防湿滑，易于两侧排水、容易施工维护的性能，同时具有一定的耐热性、耐寒性以及色彩的持久性等属性，作为步行道路面时要具备有利于行道树成长的透水性。

2. 整个地面铺装必须平坦且不易打滑，在夜间和雨天时也要有良好的步行性与车行性功能。道路铺装在铺装的色彩和尺寸方面应具有较强的可选择性，以及平面图案的可组合性，对坡面具有良好的

适应性，铺装施工方面要求技术不宜过于复杂，后期的维护修缮简单易行，维护保养费用要相对低廉。

3. 铺装尺度处理要得当。随着城市的扩大和发展，人们对城市空间的拥有权随之减弱了，在盲目发展过程中，铺装尺度并非都是以人的尺度作为标准。而为了给人以亲切、舒适的感受，特别是在儿童广场、园林、商业步行街、生活性街道等的铺装设计都应该采用人体尺度，遵循宜人的小尺度设计原则（图3-18）。

4. 利用地面的铺装方式和色彩等设计要素调节空间，建立和环境之间的和谐关系，强化空间感染力，体现空间内涵。铺装的导向性和装饰性功能要服务于整体环境，依照不同的使用区域对铺装材料的性质提出的要求进行设计和施工。根据实地需要，选择合适的铺装材料，不同材料、尺度、质感、色彩进行合理的搭配，形成简洁统一和突出重点的铺地图案（图3-19）。硬质铺砌同软质景观的协调统一，例如铺地与绿化的巧妙结合，相互穿插，符合整体环境特征，例如古建筑周边的道路宜采用古朴的天然石材，儿童游戏场周围的道路则宜采用色彩丰富造型多样的铺装方式，以构筑趣味性的场所空间精神。

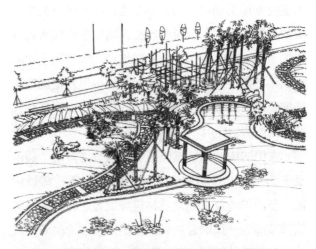

图3-18　尺度宜人的居住区铺装（图片来源：房瑞映 绘）

意图行进，除在踏步的平面组织上做文章外，还可以将瀑布流水、花坛、路灯、雕塑等装饰性设施与踏步及休息平台结合起来。

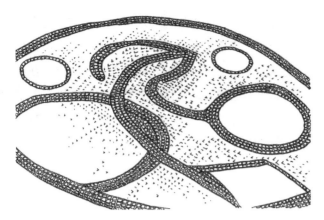

图3-19 西班牙巴塞罗那米罗绘画彩色铺地（图片来源：樊明慈 绘）

二、踏步和坡道

通常在步道与车道之间会出现高差路面，用来区分步道与车道，防止汽车侵入，造成危险。但在视线良好的等高路面情况下，可以用防护柱取代高差来进行对车的防御。通常步道与步道高差是自然条件形成的，有时也会为了景观场所的需要，人为进行高差设置，必须加以妥善处理。对于高差路面边缘通常都会设置人行道缘石，将具有高差的二者倾斜连接以表现柔和连续的效果，同时可以保护水土、植栽和步行者安全。

在高差路面通常会选择坡道和踏步来进行过渡，坡道和踏步起着协助行人转移标高的作用。在场地环境中，它们也是富有特色的空间构成要素，起着有力的引导和分划空间作用，常被设计师作为景观空间的起点和过渡区域而加大利用（图3-20、图3-21）。特别是踏步，其形态构成是表现环境特征至关重要的手段，选用材料应尽量与地面铺装一致，以提高不同标高地坪空间的自然流动感和顺畅连接关系。

在较大规模的开放空间中，踏步与坡道相互结合交错，可以创造相当生动的坡面景观。为了减轻人们攀登时的单调和吃力感，同时吸引行人按设计

图3-20 结合水景而建的台阶（图片来源：作者自摄）

图3-21 美国城 Martin Luther King公园台阶设计（图片来源：房瑞映 绘）

（一）坡道

在处理车行道路高差时通常会选择坡道处理，步道高差在倾斜度不超过8%的情况下也可以选择坡道处理高差，具体坡道坡度与人视觉和行为关系以及国家道路和园路的标准坡度见表3-2所示。

坡度与人的视觉和行为关系以及国家标准坡度　表3-2

坡度	与人的视觉和行为关系	国家标准坡度
1%以下	路面平坦，但排水困难，雨天行驶不舒适	无
2%~3%	比较平坦，视野开阔，活动方便	自行车专用道坡度在5%以内时感觉舒适，轮椅用一般坡度在6%以内，最大纵坡不得超过8.5%
4%~10%	坡度较为平缓，适用于草坪和广场	
10%~25%	展现优美坡面，适用于草皮看台等场所	道路最大纵坡按12%规划设计，寒冷地区的最大纵坡为8%

为了便于雨天步行和行车顺畅，同时考虑到施工质量因素，国家对道路排水坡坡度也有一定要求：对于普通路面及花砖路面的排水坡坡度设定在1%~2%，即使是透水性路面，考虑到夏季暴雨的影响，将排水坡度也需要设定在1%左右；机动车道的横坡度通常为2%，道路两侧设置水沟便于排水处理；草皮路面设置3%左右的排水坡度，最小也不得低于1%。

（二）踏步

踏步，俗称台阶，是道路的一种特殊形式，是处理纵横方向上水平变化的方法之一，主要用来解决道路地形中的高差问题，能够与植被等结合创造出各具特色的城市景观效果。踏步高度通常在15cm左右，长而大的踏步两边要设排水边沟。当室外台阶超过六级时，不仅要注意设置扶手，还要改变台阶的高宽比，以减少上下视觉的陡峭感。

彩砖踏步整齐洁净、应用方便而且色彩丰富，在城市景观中应用广泛，能为景观空间大大增色。在设计及应用彩砖踏步时，应特别注意色彩的搭配

和图案的构成，以求与环境相协调。粗犷、色彩纯朴的踏步常用于山间、溪流等自然景区中，可淡化景观中的人工干预感，给人虽身在闹市中但心在自然的感受。在景观场所中，天然石材踏步也可以呈现自然式布置，或以山石、湖石为踏步选择，都会增添场所趣味性。

三、道路标识

道路标识也可以简称标识，是将环境与标识这两个领域进行结合的一个完整概念，属于传递信息的有形视觉导引方式，通过设计外在形象或空间符号及明确的方向指示来引导和吸引行人按设计的流程运动，提醒和警示行人的活动行为，是安全设施设计的一种，对提高环境质量与效率起着重要作用（图3-22）。这种道路标识设施除了保障了交通和

图3-22　富有创意的标识设计（图片来源：作者自摄）

行人安全以外，还具有景观环境功能的信息导引作用，通过说明性的图像或文字引导人的行为。

（一）道路标识的分类

　　道路标识从内容上分为名称标识、指示标识和警告标识，从功能上又可以分为导向类道路标识和管制类道路标识。导向类道路标识引导人前往目的地，帮助使用者顺利通过一个空间，它是人们明确行动路线的目标，在人口密集的环境中，这一类标识牌在使用的有效性和保护公众安全方面显得至关重要（图3-23）；管制类道路标识指示出有关部门的法令规范，告诉你可以做什么，禁止做什么，它们的存在是为了保护公众安全，远离危险，有一种强制遵循的意义。

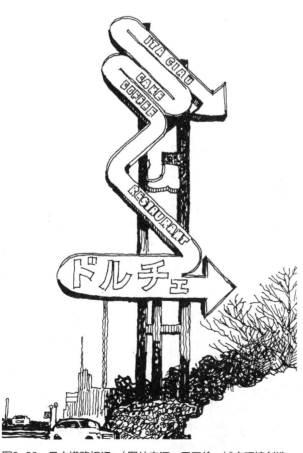

图3-23　日本道路标识a（图片来源：于正伦. 城市环境创造. 天津：天津大学出版社，2003，05. ）

（二）道路标识的设计元素

1. 道路标识的视觉图像

　　由于人的运动状态与其文字图形识别能力有很大关联性，因此如果对标识本身的视觉图像元素，例如外形、符号、图案、文字和色彩进行合理选择和组合，能够快速的帮助人们辨别名称及指示和警告信息，因此对于标识本身特性的设计就有很高要求。对于标识的具体符号和形态目前多数已为各国所通用，但有的还需从我国的实际情况出发考虑运用，不可完全照搬。

2. 道路标识的材料选择

　　道路标识的材料及结构应坚固耐用，不易破损，方便维修，而且各种道路标识应确定统一的格调和背景色调，以突出整体的管理系统特征。标识支撑件的制作材料，除选择与主件相同的材料外，一般采用混凝土、钢材和砖材等。常用的道路标识材料有：

　　1）不锈钢。不锈钢不仅色彩丰富，而且有各种表面肌理效果。在加工处理前有时还会对不锈钢底牌进行抛光或拉丝处理，增加耐腐蚀性。在其中加入铬元素，使其受到机械损伤时具有自我修复功能，如果再加入少量的镍或钼，不锈钢的耐腐蚀性还会增强。

　　2）陶瓷金属。陶瓷金属色彩生动，几乎色谱中所有的色彩都可以在它的表面实现。陶瓷金属很硬，耐酸耐热，可以用来做字、路牌、站牌等。

　　3）铝。铝最基本的特点是质量轻，强度重量比优越，具有良好的导电导热性，良好的延展性以及抗大气腐蚀性。

　　4）木材。木质标识一般采用直接雕刻或在表面粘贴印刷品的方法制作。

3. 道路标识的设置

　　道路标识通常设置在景观空间的入口、转折及过渡性空间处，可以设置在空中也可以设置在地面，充分利用行人的平视仰视、远观近观，形成立体标识设置，达到导向和警示目的。设置位置要层次清晰，醒目明确，而且数量少品质精，不能阻碍车辆和行人的往来通行，同时又与环境相适宜。

在城市环境中，如果对标识的选型设计及其设置位置不予重视的话，容易造成环境的视觉混乱，能集中则尽量集中，这样可以取得节省财力物力、方便且美观的效果。一般说来，道路标识的设置高度应在人站立时眼睛高度之上，处于平视视线范围之内，从而提供视觉的舒适感和最佳能见度（图3-24）。

道路标识的设置方式包括以下四个类型：支柱支撑型、基座支撑型、墙面嵌入型和墙面悬挂型。夜间照明方式有直接照明、自身发光照明和反光显示三种。在标识设计中究竟采用哪种方式，则完全由标识位置、功能和环境条件而定。

（三）道路标识的设计要点

1. 城市道路标识规划设计应当在决定配置所有标识图牌前，先整体规划场所，利用不同的建筑造型、标识性树木、入口空间、地面铺装等，合理布局道路标识位置，给交通带来便利。

2. 道路标识的色彩、造型设计应充分考虑其所在地区、建筑和环境景观的需要，选择符合其功能并醒目的尺寸、形式和色彩。

3. 道路标识本身传递的信息要简明扼要，一目了然。

4. 道路标识支撑结构应坚固耐用，确保标识的稳固连接。

四、公交候车亭

候车亭主要为解决城市街道中的车辆停靠、人们上下车便利和乘车信息查询等功能而设置，作为道路系统的节点设施，如何保障公共汽车的顺利停靠，如何保障人们轻松的短暂停留以及人们上下车的安全很关键，而如何改善候车环境，强调人性化的设计，如何创造舒适便利的候车环境同样非常重要。目前，道路边的候车亭越来越漂亮，除了能为广大乘客遮风避雨，还成为城市中独具特色的景观亮点（图3-25）。

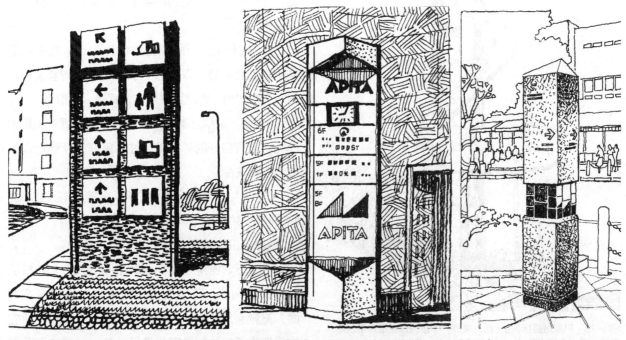

图3-24　日本道路标识（图片来源：于正伦. 城市环境创造［M］. 天津：天津大学出版社，2003，05.）

图3-25　澳大利亚悉尼现代钢结构车站（图片来源：房瑞映 绘）

（一）候车亭位置的设置

候车亭是公共车辆停靠和乘客候车、换车的环境设施，其基本目的是为乘客创造便利而舒适的乘降环境。在车辆停留间隔短、乘客数量少、道路狭窄的普通停车站，可以仅设置站牌，但只要条件允许，还是应该设置条件完备的候车亭，特别在比较集中的社区附近、人群密度高的商业区、重点景区附近等。

对于候车亭的具体设置地点，应考虑加入更多人性化的因素，特别是人们的心理安全需要。例如把候车亭设置在小型零售店附近，一方面可以满足乘客的需要，另一方面也增加候车者的安全感；办公大楼的入口附近也是设置候车亭的较佳场所，处于大楼保安的视野范围内。此外，我们可以把候车亭设置在其他街道设施附近，例如电话亭、休息座椅、垃圾箱或自动零售机等，但是，这些街道设施要注意设置方位，不能阻挡人们观察汽车是否到站的视线。

以下是有关部门对设置公共汽车站的一些规定，可以为我们设置候车亭提供参考：

1）中途站应尽量设在公共交通线路沿途所经过的各主要客流集散点上。在路段上设置停靠站时，上下行对称的站点宜在道路平面上错开，即叉位设站，其错开距离不小于50m。在主干道上，快车道宽度大于或等于22m时也可不错开。如果路旁绿化带较宽，宜采用港湾式中途站。

2）在交叉路口附近设置中途站时，一般设在交叉口50m以外处；大城市车辆较多的主干道上，宜设于100m以外处。

3）一般中途站可设候车亭，亭长不宜大于1.5~2倍标准车长，全宽不宜小于1.2m，在客流较少的街道上设置中途站时，候车亭可适当缩小，亭长最小不宜小于5m。

4）在车行道宽度为10m以下的道路上设置中途站时，宜建避让道，即沿路缘处向人行道内成等腰梯形状凹进尺寸应不小于2.5m，开凹长度应不小于22m，形成港湾式的中途站。在车辆较多、车速较高的干道上，凹进尺寸应不小于3m。

5）在设有隔离带的40m以上宽的主干道上设置中途站时，可不建候车亭。城市规划和市政道路部门应根据城市公交的需要，在隔离带的开口处建候车站台，站台成长条形，平面尺寸长度应不小于两辆营运车同时停靠的长度，宽度应不小于2m，站台宜高出地面0.2m；若隔离带较宽（3m以上）可减窄一段绿带宽度，作为港湾式停靠站。减窄的一段，长度应不小于两辆营运车同时停靠的长度，宽度应不小于2.5m。

（二）候车亭的设计要点

候车亭的设计要反映城市和地域环境特点，各个城市的候车亭造型都要有自己的个性和特点（图3-26）。每个候车亭都要注意与环境调和，不宜过

图3-26　阿根廷仿木结构特色候车亭（图片来源：刘时旭 绘）

于突出，例如采用玻璃顶板和侧板，减少防护栅和支柱等附加构件，这样可以减少街道景观的障目感和繁杂感，也利于候车亭中的人对外观望。候车亭的设计要注意外观容易识别，有自身特点，但对同一车种和线路，候车亭的造型、色彩、材料、设置位置等应做到统一连续。

1. 候车亭的结构组成

标准的候车亭一般是由站台、信息牌、顶盖、隔板、支柱、座椅、夜间照明等部分组成，但在设计中可以根据地段条件灵活掌握。表3-3按照候车亭的组成部分逐个分析其在设计中应注意的问题。

候车亭的结构组成及设计注意事项　　　　　　　　　　　　　表3-3

结构组成	设计注意事项
信息牌	1）信息牌可以是整个候车亭的一部分，也可以作为辅助设施设在亭外，但不可阻碍人们观察车辆进站的视线； 2）车次信息牌主要作用是为出行者提供更多的帮助，包括时刻表、沿线停靠站点、票价表、城市地图、区间运行时间等内容； 3）信息牌表面可以增加透明的防护外罩
顶盖	1）顶盖必须倾斜，以免雨水、雪或落叶等堆积在候车亭的顶部； 2）随着城市的发展，高层建筑不断出现，候车亭的顶盖设计也要注意从高而下的俯视观看效果
隔板	1）隔板可以选用清晰明亮的玻璃材质； 2）隔板应该离开站台表面并上抬一段距离，以免落叶或其他垃圾堆积在候车亭里； 3）后隔板与侧面隔板可以与广告灯箱结合起来； 4）如果是气候条件恶劣的地区，最好在后面及两侧都设有隔板，使候车者得到最大程度的保护。但在后隔板与侧面隔板之间应留有足够的空隙，既方便人们进入或离开候车亭，也利于汽车废气的尽快排放； 5）朝向来车方向的一面可以不设置隔板，如果设置隔板也应采用透明材质
座椅	1）座椅的数量要视候车者的人数及候车时间的长短来定。如果乘客等候时间长或经常有老弱病残人士使用候车亭，那么应相应增加座椅的数量； 2）座椅的材料以木材和铝合金为最佳选择； 3）在座椅的两端与侧隔板之间要留有足够的空间，以方便那些有婴儿车的乘客或坐轮椅的人； 4）靠杆是对座椅的一种有效补充，在有可能的情况下应尽量设置。靠杆的高度要根据人体工程学设计，确保依靠舒适，靠杆的材料特别是与人体接触的部分要力求舒适柔软
夜间照明	候车亭应设置夜间照明，一般是在顶盖和隔板上设置照明灯具，要保证候车区域和上车区域的照度，以确保夜间候车者的安全

2. 候车亭的透明度

候车亭由于数量多分布广，是城市中很重要的信息窗口，因此候车亭两侧挡板，包括后部挡板都成为媒体广告宣传海报，直接导致候车亭前后及侧面视觉封闭，遮挡了乘车者的视线，从而迫使候车者站在马路旁边观察车辆是否进站，增加安全隐患。因此要注意候车亭的透明度设计处理，采用玻璃顶板或侧板，确保在候车亭内的人们能够清晰地观察到车辆是否即将进站，及时得知车次到达情况等。

目前在欧洲许多公交候车亭采用前后通透的空间设计，只允许半边挡板作为广告栏，使候车亭的小环境与周围的大环境连成一体，既保证了乘客的视觉通畅感，又美化了整体城市环境。目前在我国一些大城市，这一点也日益受到人们的关注，政府部门开始着手候车环境的改造。

3. 候车亭的材料选择

候车亭的材料要能够抵挡风雨等自然物的侵蚀和人为的破坏，且易于清洗。钢材要在表面作相应处理，特别是在沿海地区更要进行防腐处理；最好采用钢化安全玻璃，它坚固耐刮伤、可以染色且容易清洗，更重要的是，它被击碎时不会形成尖锐的尖角或锯齿状的边缘，可以降低对候车者的伤害；尽量少用塑料材料，容易褪色，且表面易刮伤，在透明度上也不符合要求。

4. 候车亭的辅助功能

候车亭应为人们提供舒适便利的座椅，为人们提供遮风避雨的安全感。例如顶棚设计不宜过高，宽度不宜过窄，否则遮阳和挡雨方面起不到很好的作用，致使用功能大打折扣（图3-27），对于使用人数极多的候车亭，可以在亭内设置靠杆，而把座位移至亭外作为辅助设施。

5. 候车亭的尺度

候车亭亭长适宜长度不大于1.5~2倍标准车长，全宽不小于1.2m，在客流较少的街道上设置的候车亭可适当缩小，但最小长度也不应小于5m。候车亭设施的大小依赖于很多因素，例如天气条件、候车人数等，还要关注人的行为尺度问题。例如候车亭车次信息牌放置的位置不同会产生不同的视觉环境及心理感受，我国某些城市中的车次标牌中车次信息说明的位置位于标注的顶端，这样，对车次路线不熟悉的乘客，就需不断地仰起头去查看信息，便会产生身体不舒服感。

6. 候车亭结构件设计

为了使候车亭具有耐久性，要慎重选择其结构件。一般来说，钢结构是最好的结构件，其便于安装、拆卸和替换。连接件可以选用螺栓等标准件，避免采用浇铸或电焊等硬性连接的办法。此外，在候车亭设计中尽可能减少活动部件，活动部件非常容易耗损或遭到蓄意破坏。

五、自行车停车设施

自行车在我国城市属大众性交通工具，在临时公共活动场所、居住小区、旅游景点、商业闹市中均设有室内或露天停放场所，是人们生活和活动中重要的设施场所。

（一）自行车停车场

自行车停车场是普通自行车及电动自行车的停放场所，是公共住宅居住区、公共游览活动区及商业闹市区必不可少的配套设施。通常情况下，在停车场里都采用最适合通道狭窄地方的行列垂直式停放、倾斜式停放及小进深空间的平行式停放等方式。

1. 自行车停车场尺寸

自行车停车场通道通常宽约2m，停车带宽约2m，停车位宽视停放方式不同而不同，通常为0.45m~0.9m不等。停放场车棚的高度以成人可以自由进出为准，一般为1.8m以上。

2. 自行车停车场设计要点

1）停车场与道路、人行道垂直布置时，应尽量选择不显露自行车、有利于景观的停放方式。同时，在停车场的背、侧面设置挡板或围墙，以防漏雨并美化景观；

2）为便于停放场清理车辆、养护场地，以及改善停放场的景观，停放场应配置自行车架，尽可能将普通自行车与电动自行车分开停放；

3）关于停车场的地面，如采用沥青铺装，夏季

图3-27 候车亭设计应舒适便利（图片来源：聂婧怡 绘）

会受热变软，易残留自行车轮痕。因此，最好选择不易受热变形的路面材料，例如混凝土等；

4）停车场中应配备照明、指示标识等设施，停车场照明一般使用荧光灯，可以安装防护罩；

5）作雨水排除设计时，既要考虑地面，又要兼顾顶棚，可在地面铺满碎石，使自顶棚上排放下来的雨水直接渗入地下。

（二）自行车停车架

为满足自行车存取和街道观瞻的要求，室外通常设有方便的户外自行车架。自行车架是自行车停放场地的主要装置，常见的停放方式有普通的垂直式、倾斜式以及利用自行车架提高停放场所容纳能力的双层错位式（图3-28、图3-29）。自行车架是城市生活与环境中的必要设备，它的研究设计在我国城市有着现实和长远的意义。

格栅式存放架具有制作简单、平面存放率高、便于移动、排列齐整等优点，但它在较大的自行车停车场中还存在空间利用率低、占地面积大、存放路线过长的问题。特别是大型公共活动场所中露天设置的车架，当存放自行车数量少或空场的时候，其简单划一的造型和层层栅栏之感对环境景观影响很大。

目前更多推广的是造型多样、坚固耐用的自行

图3-29　倾斜式自行车停放架（图片来源：作者自摄）

车架，既规范了街道的秩序，使出行变得更为便捷，又提高车架本身的空间存放率，更注重满载和空载的视觉效果，与环境特点相宜，让停车成为生活的乐趣。目前国内外自行车架形式多样，例如具有雕塑造型感的空间存放架、高度低于膝盖的栏杆式存放架和放射线布置的水泥存放支座等，种类繁多，成为景观中特殊的一种。

六、防护栏与防护柱

防护栏与防护柱都属于拦阻设施，对人的行为与心理具有一定程度的限定与导引，从而保证设施对环境景观空间功用的实现，分隔内外领域，表明分界，防止车辆、行人的侵入，保证内部安全。防护栏和防护柱可用材料有很多种，常用的有混凝土、砖石、金属、竹木等硬质材料，还包括树木、花坛等绿化材料，以及某些如轮胎、陶罐、水泥管等的工业固体废旧物。

（一）防护栏

由于防护栏占有一定高度，在城市空间中起着较强的限定和引导作用，是城市景观中不可忽视的

图3-28　垂直式自行车停放架（图片来源：房瑞映　绘）

内容。进行防护栏设计时，要使它的形态、色彩、高度、材料等与被围限环境的性质、特点相呼应，形成环境整体。走在城市中，你会发现以前那种使用在机动车道上的呆板护栏越来越少了，取而代之的是给人轻快感的护栏，营造出一种扶手般感觉的全新的行走环境。

防护栏从材料上可以分为铁制护栏、铝制护栏、混凝土护栏、木制护栏及石制护栏，每一种都在围合界定空间中给环境带来独特的视觉感受。

1. 防护栏的色彩

防护栏色彩对于街道景致的影响较大，所以在护栏的色彩选择上要谨慎，最好采用材料最富于自然表现力的原色，但是有时为了防止腐蚀，不得不对护栏进行涂饰。在选择涂饰色彩时，必须注意颜色的亮度和饱和度对街道环境带来的影响，以服务于道路环境为宗旨，避免高亮度、高饱和度色彩的护栏，这种护栏极易与周围环境的颜色发生冲突，使街道显得杂乱无章。对于低亮度、低饱和度色彩的防护栏虽然不会和周围的颜色发生矛盾，但是容易对夜间行车造成危险，所以应考虑在护栏靠近机动车道的一侧使用路边线轮廓标示。

2. 防护栏的造型

在构思防护栏的造型时，必须考虑到防护栏只是街道的配角，为了使街道环境显得整齐有序，防护柱应尽量避免在强调个性上下太多功夫，否则容易失去街道的品位，产生不协调的景致。设计的关键在于充分考虑街道的氛围和风格，同时尽量避免和周围设施的设计风格发生冲突。在不使街道景观杂乱的前提下，又表现出防护栏的个性，则是最佳的设计方案（图3-30、图3-31）。

防护栏是一种水平连续、重复出现的构件，涉及疏密、虚实、黑白、动静感等韵律的处理问题。单一水平线与垂直线的组合，使人有一种静的感觉，如果在其中加入斜线和曲线，就形成一种有方向和起伏的运动感，若再加以疏密的变化，其运动感则更强（图3-32）。

图3-30　用自行车造型设计的特色护栏（芬兰）（图片来源：景璟 摄）

图3-31　独具特色的过街天桥护栏（图片来源：房瑞映 绘）

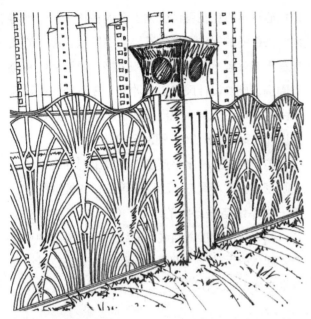

图3-32　护栏加入曲线，形成一种有方向和起伏的运动感（图片来源：房瑞映 绘）

防护栏的顶端处于临近行人接触的范围内，需要注意这一部位的细部处理。对于有扶手功能的栏杆端头、转角及杆件上部要光洁，否则容易伤害使用者。

（二）防护柱

防护柱也被称为隔离墩，就其体量、高度以及拦阻强度来说远不及段墙，属于限制性的半拦阻设施，具有一定的空间划分和导向性能，并可起到扩展视觉空间和丰富景观的作用。在居住区、步行商业街入口和广场中心，护柱起着阻止车辆侵入或规限行人路线的作用，而一系列垂直防护柱的形象除了具有一定的拦阻功能外，还能给人们以特殊的印象，创造出城市的特色。

防护柱的高度一般在40~100cm，限制车辆进出的防护柱高度为50~70cm，由混凝土、金属、塑料或石材等硬质材料制成，人可以穿行或跨越，主要起着规限的作用。根据其设置方式不同，防护柱可以分为固定护柱、插入式护柱和移动式护柱，护柱之间还可以用铁链和织袋连接起来，内藏链条。但不管怎样，它必须能够经受冲击，其高宽比例应给人以粗壮牢固感，造型要有个性。要注意较

小体量护柱的单独设置及场所的夜晚照明问题，避免给车辆、行人造成无意磕绊的危害。

在场所喷泉、水池等主要景点周围常设有护柱，并可以将其扩展做成休息座椅。而反过来，许多装饰和休憩设施也可以充当护柱的角色，例如排列的种植容器、低位置路灯等。

1. 防护柱的构成要素

1）防护柱的色彩与造型。防护柱的色彩与造型要服从于城市景观大环境，选择上要谨慎，应尽量选用材料的原色及朴素的造型，所表现出来的个性与其放置的环境在风格上相符，并达到整齐有序的环境效果，尽量避免防护柱给人一种突兀的感觉，造成街道环境的混乱。

防护柱的造型没有标准的规定，一般以圆柱形为主，并处理好高低和粗细的关系，视觉上产生稳定的感觉。当要安装用于夜间引导机动车的路边线轮廓标示时，应尽量不要影响防护柱本身的色彩和轮廓。因此，在设计防护柱时，也要考虑路边线轮廓标示的放置位置，这样才能使路边线轮廓标示充分发挥它的功能。

2）防护柱的材料。防护柱的材料多种多样，经常使用的有金属、木制、混凝土以及天然石料等。预制混凝土防护柱因其造价低廉又十分坚固，经常在城市中使用，可以通过改变它们的色彩、饰面、形态及数量，而拥有令人舒适的环境设计；木制防护柱更多的是在特别场合使用，它的原料多为硬木材，且可以设计柱帽或者坡顶来防水；钢和铸铁制的金属防护柱已经在城市中越来越流行了，特别是在历史悠久的城镇和都市，有一些可以拆装的防护柱通常也用金属材料。

3）防护柱的尺寸。防护柱设置间隔一般为60cm左右，但有轮椅来往或残疾人士用车出入的地方，一般按90~120cm的间隔设置。

2. 防护柱的设计要点

1）在有紧急车辆、管理用车辆出入的地点，应选用可移动式防护柱，而且是具有一定重量，只有

成人才能移动。

　　2）当防护柱设置在机动车可能接触的场所，应选用有一定强度要求的，以确保使用的长期性。

　　3）应选择形态与结构都与设置地点环境相协调的防护柱。

　　4）对于一些有时间限制的路段，可采用活动式或升降式防护柱。

3. 防护柱的设置原则

　　作为车辆的路障，防护柱设置的最大间距是150cm，防护柱的埋深可以在30~50cm。为了实现防护柱和其他环境设施的协调统一，可以考虑防护柱的设置和道路铺装同时进行，这有助于协调好防护柱与路面材料、颜色之间的配合，还要注意防护柱埋设位置的铺装处理（图3-33）。设计施工中，在防护柱与路面的结合设计上，要更加仔细周到的考虑，例如使用小块石材铺装圆弧形状，并将防护柱放置在圆弧的中心。

图3-33　鹿特丹商业步行区艺术护柱（图片来源：王忠. 公共艺术概论［M］. 北京：北京大学出版社，2007，12.）

　　当防护柱沿人行道设置时，为了整体景观协调一致，应保持多个防护柱整齐排列，不要太多弯曲起伏，同时也要确保将设计风格统一的防护柱放置在一起。

4. 防护柱的环境功能

　　1）协调人车共存的整体环境。与人车完全分离的防护栏不同，防护柱更多的是防止机动车驶入，人可以自由地行动在防护柱之间，它给步行者构造了安全且相对自由的空间，在这一点上，防护柱减少了对行人行动的限制，给人一种自由的感觉（图3-34）。

　　在欧洲，非常狭小的街道上就经常使用防护柱，当没有机动车通行时，行人可以在机动车道行走，当机动车来的时候，防护柱又可以起到保护行人的作用。作为人车共存的、朴素而美观的设计，防护柱值得我们在道路上推广。

　　2）"座凳"功能。人们走累了总想休息一会儿，或者遇到熟人聊天时，也想找个地方坐一下。这样的要求，一般情况下靠设计休息座椅来解决。但是当人行道不是很宽的时候，可以将防护柱设计成小凳子的形状代替座椅。只是需要将防护柱设计到

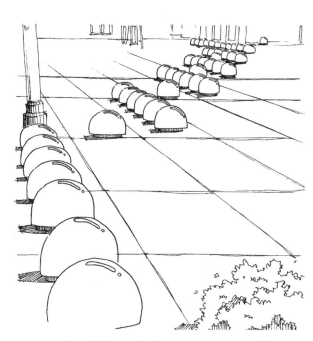

图3-34　法国巴黎半球形护柱（图片来源：刘时旭 绘）

40~60 cm适合坐的高度范围，且它的顶部不应有尖锐的边角（图3-35）。

　　3）辅助照明功能。可考虑在防护柱内暗藏照明设备，兼做人行道的照明，在这种情况下，应注意不要使照明设备在白天太显眼突出。此外还需要注意确保防护柱的抗破坏性。如果这些都能考虑周到，那么防护柱就能为夜晚的人行道增色不少（图3-36）。

图3-35　兼有座椅功能的混凝土护柱（图片来源：刘时旭 绘）

图3-36　内设照明的护柱（图片来源：刘时旭 绘）

第三节　公共艺术休息设施

　　建造一个具有休息功能城市，可以在日常生活和游览中，保证更多人能够享受谈话、观赏、用餐、晒太阳、看书、休息和思考等户外生活，让人们安坐下来，在公共坐憩空间中歇息交流，悠然地享受生活，让整个城市场所充满"慢节奏"的魅力。

　　公共艺术休息设施包括休憩观景亭、休息长廊和休息座椅，并与环境一起形成坐憩空间，而要真正实现坐憩空间适应人的需求，必须着重分析人的心理特征，考察人的行为规律及特性，同时综合考虑环境条件，从而采取适宜的对策。无论是公共场所还是私密性环境，休息设施的位置设计、座位数量、造型特点等方面都需要综合考虑。

一、休憩观景亭

　　休憩观景亭相对于桥亭、眺望亭而言，主要是以休息和观景功能为主，它是在城市环境中用于休息停留同时观赏环境的空间设施，与周围相互对比的环境进行调和与过渡，达到人的视觉和心理的平衡，同时激发不同环境的活力状态。

（一）休憩观景亭的设计元素

　　休憩观景亭分为传统亭和现代亭两大类，但不管形态如何变化，每一个亭子都是由亭顶、亭身和亭基三部分组成，依据不同设计立意和各部分比例来看，在处理上可以各有不同。结构构成上来看，需要考虑亭身柱高设计、梁的位置设计及亭顶排水和防水处理等方面，此外，亭地面防潮、垫层、面层设计等因素也需要综合考虑。

　　亭的建筑材料多使用木材、石材、钢筋混凝土及其他特种材料，其中木制材料应选用经过防腐处理的红杉木等耐久性强的木材，特种材料则包括塑料树脂、玻璃、玻璃钢、拉膜、网架等

图3-37　薄膜结构亭（图片来源：聂婧怡 绘）

（图3-37）。在仿生亭中还会用到以下材料，例如竹、树皮、草、棕榈等植物外形或木结构、真实石材或仿石结构仿制材料等。

（二）休憩观景亭的功能作用

休憩观景亭的基本功能是休息、遮阳避雨和观赏游览，因此亭的设计与周围环境要协调一致，共同构成空间景观；亭本身可以自成一景，引导游览，成为视觉焦点，例如倚水的楼台水亭；亭还具有增加山体高度，突出山峰、组织空间的作用，例如建在山顶的亭可起到鸟瞰全局的作用，成为景观环境制高点。

（三）休憩观景亭的设计要点

1. 亭的大小应根据周围环境来决定，基本上都是规则的几何形体，或再加以组合变形。一般的亭只作为临时休息和装饰点景之用，因此体量上不宜过大过高，亭的直径一般为3~4m，小的为2m，大的为5m。

2. 不同的场合建立亭子都要因地制宜，随形就势，从而突出景色之美，增添更多景致氛围，从位置选择上面需要考虑以下因素：

1）山地建亭。山地建亭能够确保人登高望远，视觉上能丰富山形轮廓，并能提供登山过程的休息场所。因人的视觉范围有限，在山中难见山之全貌，故需注意人在亭中眺望时，视线不要受树木遮挡，并充分考虑游人行程长短，满足休息需要。

中小型的山体景观，在周围绿化效果较好情况下，可以将亭设在山顶或山脊处，形成该园的构图中心；如果山形轮廓变化丰富，一般适宜选择偏于山顶一侧建立。反之，若山顶和山脊处没有可以观赏的景观，那么亭就应该设在视线较低的山腰部分，亭的体量应满足与山体协调的景观要求，不宜过于突出；在比较高大的山上设亭，应设在山腰位置，且向外凸出，以便引导游览路线及显示山体的形体美。

2）水体建亭。水体建亭分为在水边和水上设亭两种，当水面较小时，亭适宜设在临水或水中，且接近水面，体形小巧些从而可以近距离观赏水中涟漪。水面较大时，常在长桥上设桥亭，为人们提供驻足欣赏岸边景色的处所，或建于临水高台之上，以远眺山、近观水，从更大视野显示水面的广阔浩渺。

3）平地建亭。在平地上建亭视点较低，因此需要抬高亭的基座，主要功能是休息纳凉、驻足观赏、构成空间或景观焦点。亭要设在周围环境有景可赏的位置，并结合园林其他要素，例如植物、山石、水体等视觉焦点。若环境较封闭，应避免与风景透视线重叠，切忌将亭设在交通干道一侧或路口处，这样起不到休息和赏景的作用。

3. 亭的表面材料设计要服从整体关系，尊重亭顶、亭身及开间比例关系，协调一致，自成一景。

4. 现代亭的造型有平顶、斜坡、曲线等各种式样，要注意其平面和组成形态比较简洁，为了增强观赏功能，因此屋面变化要多一些，例如可以增加弧形或者波浪形，或者突出强调某一部分构件，来丰富亭的外立面效果。

二、休息长廊

廊架通常起连接和通过的功能，在中国古代建筑中，最初是在建筑周边为防止雨淋日晒而设的室外过渡通行空间，后来成为建筑之间或空间连接的通道，既便于通行、坐靠和纳凉，又是进行社交谈话的场所。这些廊大多与庭院景观结合起来，使室内外之间产生良好的过渡效果，获得连续而丰富的效果。

当然，今天的廊已与传统相去甚远，现代的廊架不仅是不同空间的过渡中介而且还是人们聚集停留和城市信息的传播场所。如果把广场比作城市客厅的话，那么这些廊则是联结"客厅"的"走廊"，或是"客厅"向外的"阳台"，具有很好的互动交往特征，形成空间层次丰富多变的特色。

图3-38　植物形成的廊架（图片来源：景璟 摄）

（一）休息长廊的构成与功能作用

廊的尺寸，一般宽度在1.2~1.5m，柱距3m以上，柱径15cm左右，柱高2.5m左右。从形态角度而言，休息长廊是由廊顶、廊柱、廊基等部分组成，形成必要的进深和开间。从材料方面，廊通常选择木材、钢材、铝合金、钢筋混凝土、玻璃钢、石材、玻璃、瓦等材料构成（图3-38）；从结构方面包括廊顶板、保温层、防水层、廊顶和地面排水坡度及地下基础部分。

现代休息长廊依照结构主要分为：双面空廊、单面空廊、复廊、双层廊及单柱廊等，这些联系空间的不同方式，可以实现障景、透景、分隔过渡和围合划分空间、视觉导引和景观渗透等效果，供人休息、赏景、防雨淋日晒并可保护主体建筑。廊本身的材料、色彩及灵活自然的平面、空间的转换，使其自身成景，具有独特的景观魅力。

（二）休息长廊的位置选择

1）平地：平地建廊主要用来分隔空间，形成观赏和休息场所，富于路线变化但又不任意曲折，还是要结合整体地形地貌，构成空间的丰富景观层次（图3-39）。

2）滨水：根据水面的开阔程度，同时考虑水面的最高最低与通常水位位置，决定廊底面标高。要注意廊自身的安全防护问题，确保游人游览通畅顺利。亭的位置与周围环境相协调一致，以观赏休息为主功能，同时考虑对面景观效果。

3）山地：山地建廊常称为爬山廊，应因地制宜，注意地形处理及防滑措施，有的需要分段交错，有的需要高低衔接，主要作为连接通道来贯穿整个山地景观。

图3-39 芬兰生态小区长廊设计（图片来源：景璟 摄）

三、休息座椅

休息座椅是指用于城市外环境就座休息的器具设施，如同室内一样，是最常见、最基本的室外家具。休息座椅作为休憩设施是与人体接触最密切的设施之一，它的基本功能是满足行人停顿、就座、休息，同时可以观赏周围景观或周围人的活动。同时，休息座椅自身可以成为景点，是景观中的重要因素。造型优美、色彩得体的座椅，配合恰当的材料，本身就是一道独特的风景。休息座椅作为城市元素，根据环境的特点，提供空间的界定和转折，创造良好的条件让人们安坐下来，很自然成为吸引人前往、逗留、会聚的场所，成为公共空间中的活动中心。

休息座椅的场所公共性比较强，因此相应的材料选择、自身造型及与其他环境设施结合形式，都要结合整体环境来确定，让人获得方便和舒适。因此对于环境中座椅数量、放置位置、选用形态、与周围景致的关系以及被安装后如何进行日后的维修和保养等问题，都是设计过程中需要加以思考的问题。

（一）休息座椅的设计元素

1. 座椅基本尺寸

休息座椅主要是供行人就座休息，所以要求座椅的剖面形状符合人体就座姿势，特别是座板和靠背的组合部分要符合人体工学尺度要求，才可以确保坐着感到自然舒服而不紧张。

1）座面部分：为了使座椅更加舒适，座面与靠背之间可以保持95°～105°的夹角，而座面与水平面之间也应保持2°～10°的倾角。对于有靠背的座椅，座面的深度可以选择30～45cm之间，而对于没有靠背的座椅，座面的深度可以在75cm左右。座椅的长度，要根据具体情况来决定，一般可以为每位使用者保留60cm的长度，座面的前缘应该做弯曲的处理，尽量避免设计成方形，与人接触部分柔和舒适，座面高度45cm也可以提高座椅的舒适度。

2）靠背部分：为了增加座椅的舒适度，座椅的靠背应微微向后倾斜，且形成一条曲线，靠背座椅的靠背倾角为100°～110°，座椅靠背的高度可以保持50cm，这样不仅可以支撑后背，连肩膀也会感到有所依靠，更容易放松整个身体。在没有靠背的情况下，座椅可以通过设置扶手等方式，增加倚靠支持。

3）椅腿部分：休息座椅的椅腿等支撑部分，不要超出座面的宽度，否则人们容易被绊倒。

4）扶手部分：扶手的作用是多方面的，它既可以帮助使用者站起来离开座椅，又可以将座椅分割成几个部分，以便于更多的人同时分享它，有扶手的座椅可以在群体中同时感受到私密性的存在。同样的，扶手的边缘也不应超出座面的边缘，它的表面应该是坚硬、圆润且易于抓握的。

2. 休息座椅的材料

座椅的材料应该精心地选择，它们必须要抵挡自然界的日晒雨淋和一定的污染腐蚀，常用的材料有木材、石材、混凝土、钢铁、砖、玻璃、陶瓷以及塑料等（图3-40）。木材的触感好，热传导差；混凝土材料耐久性强但价格便宜；石材质地硬不易加工，但耐久性非常好；但最令人感到舒适的材料依然是木材。座椅材料的选择除与环境特点相关外，还要考虑使用频率，详见表3-4。

图3-40　鹿特丹广场上的不锈钢坐墩（图片来源：王忠. 公共艺术概论［M］. 北京：北京大学出版社，2007，12.）

各种材料的优缺点、常用材料和适用场合　　　　　　　表3-4

名称	优点	缺点	常用材料	适用场合
木材	具有肌理效果，触感较好，加工性好。热传导性较差，基本上不受夏季高温和冬季低温的影响	耐久性较差	注入防腐剂的桦木或具有一定耐久性的红杉木	广泛应用于城市街道、城市广场、住宅小区、各旅游景点
石材	耐久性强、质地坚实、耐腐蚀、抗冲击性强	触感冰凉、夏热冬凉、不易加工	以花岗岩、大理石及普通的坚硬石材为主	城市广场、城市街道、居住小区等
混凝土材料	坚固耐久性强、经济、加工方便、可根据设置场所的需要进行现浇制作	吸水性强、触感粗糙、容易风化、需与其他材料配合使用	与砂石渗合磨光，形成平滑的座面等	常用作花坛挡土墙的石凳，座面都作花砖饰面
金属材料	良好的物理和机械特性、资源丰富、价格低廉、工艺性能好	热传导性强、易受四季气温变化影响、表面温度 容易变化	散热快、质感好的金属网，再配合小径钢管	在城市街道、广场及景点有限应用
陶瓷材料	质感好、硬度好、具有一种天然土质的温热感、造型丰富、表面光滑、耐腐蚀	易受四季温差影响、难以制作较复杂的形态、体量不能过大	当地陶瓷材料	适用于景点广场中作为公共座椅，在环境衬托下，显得古拙纯真
塑料材料	重量轻、不导电、耐腐蚀、传热性低、色彩丰富、价格经济	长期使用易褪色、易老化	成型工艺较简单，方便调整配方改变塑料的各种性能	适合多种场合，特别适宜作为可移动座椅的材料

3. 休息座椅的布置

休息座椅的首要功能是供人休息，欣赏周围景物，因此其位置选择非常重要（图3-41）。

1）座椅应避免面对面的设置，这样可以避免与陌生人面对面,否则会让人感到极其不舒服。如果我们碰到必须设置一对座椅的情况，可以考虑将它们成一定角度布置，以90°~120°最为适宜。有的座椅是圆形或圆弧形排列，这个角度可以让人们非常自然地攀谈起来，如果不愿意交谈也很容易各坐各的，无需尴尬。

2）座椅应选择放置在人群密度大的地点，例如在那些等候出租车或公交车的场地、各种活动场所或广场周围以及在有大量人流活动的地段（图3-42）。座椅需按一定间距进行水平分布，或按一定高度顺序升高排列，保证休息功能的同时，还能具有视觉上的美感。

3）沿街设置的座椅不能影响正常的城市交通，尤其是不能影响人行走的正常交通线路，要与人行道上主要的人流路线保持适当的距离，既能方便使用，又留给行人足够的步行空间。

4）座椅应尽可能与其他城市设施成组放置，例如公共汽车候车亭、电话亭、报刊栏、垃圾箱、饮水器等，设计时可与树木、花坛、亭廊等设施结合在一起（图3-43）。也可利用喷泉、雕塑周围的防护柱，此外，座椅附近应配置烟灰皿、卫生箱、饮水器等服务设施。

5）在残疾人可能经常出现的区域，座椅的两侧及前方应给轮椅留有足够的空间，这样坐在轮椅上的人可以轻松地与座椅上的人交谈，而不会占用人

行道太多的空间。对使用拐杖的人，也要考虑放置拐杖的空间。

6）休息座椅设置时不仅要考虑地区的气候特色及不同季节的需要，座椅的朝向和视野范围也很重要，设置位置要在可以看到他人活动的地方。景观建筑师约翰·莱尔在对洛杉矶公园的调研报告中指出，大多数人在闲暇小憩时都是选择面对人们活动的方向，依此安排的座椅，可以更满足人们的心理需求。

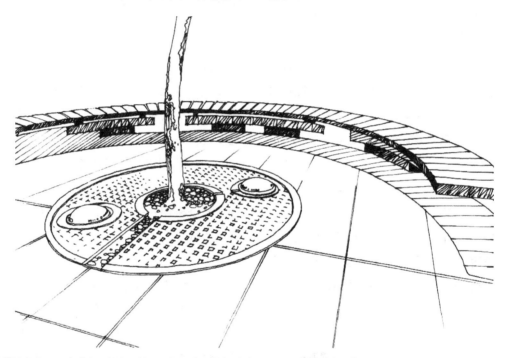

图3-41　座椅设置在无碍人流交通的水平位置，与环境和谐相处（图片来源：房瑞映 绘）

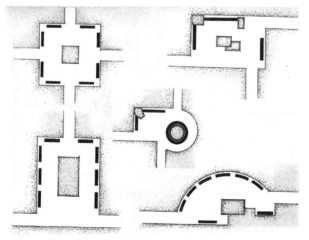

图3-42　小广场中休息座椅布置示意图（图片来源：金涛. 园林景观小品应用艺术大观1［M］. 北京：中国城市出版社，2003，12.）

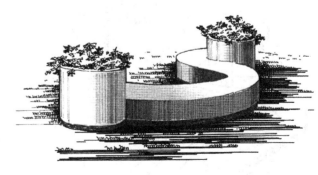

图3-43　与花池结合的休息座椅（图片来源：卢仁. 园林建筑装饰小品［M］. 北京：中国林业出版社，2003.）

（二）休息座椅设计要点

1）在设计休息座椅之前，必须根据场地做出分析，人们是否需要座椅以及人们是否会使用座椅。此外，还需细心观察现有情况下人们选择座位的地点，是在台阶上或建筑物的外边缘等处。这些来自于现场的资料对于我们决定是否在这一区域内设置座椅、在哪里设置、设置多少以及设置什么类型和材料的座椅都是非常重要的。

2）休息座椅设计不能仅就座椅本身进行考虑，应该将休息座椅与多种景观元素联系在一起，进行系统的分析和设计。休息座椅必须与它所存在的环境相得益彰，要与环境从色彩、材料、地形、地貌等多方面进行融合，表达该区域独有的个性特征（图3-44）。设计优良的座椅，同时又能将环境修饰得恰如其分，大家喜爱它们就会更爱护它们（图3-45）。

3）设计座椅时首先要考虑的因素是舒适度要求，不同区域内的座椅需要不同的舒适度，在设计时需要考虑多重因素。例如商业步行街上的座椅满足人们短暂舒适休息的需要；公园内的座椅则需要满足长时间舒适休息要求。座椅的使用者也会对舒

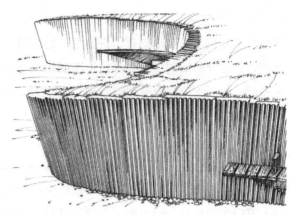

图3-45　英国多佛海滨广场休息座椅设计（图片来源：吴思贤 绘）

适度提出不同要求，例如孩子们通常会坐在座椅的靠背或扶手上，所以在一些孩子们经常光顾的区域，一些宽大夸张的座椅设计也许更满足他们的舒适度要求。

4）休息座椅的设计还需要考虑到日后使用过程中的防水防腐问题，以及季节性使用问题，木质座椅选择空格栅式的椅面设计，既解决存水问题，又解决通风散热问题，值得推广。

（三）休息座椅的维护保养

在许多城市里我们经常会看到一些无人问津的座椅被遗弃在路边，没有得到及时的修理和保养，这种情况会使人们对这一区域的印象大打折扣。但是，座椅的维护和保养不仅与市民素质和市政部门工作有关，更重要的也是对设计师的要求。

1）在材料选择上面，是否符合当地的气候条件以及地理环境，是否经过耐腐蚀预处理，是否具有适应季节的伸缩系数等，都是设计师需要结合场地预先进行考虑的问题。

2）休息座椅的连接设计环节需要设计师投入很多心思，在坚固耐用和拆卸方便二者之间要做到取舍，需要设计师付出更多的努力。一方面，坚固的结构可以使座椅更为牢固和耐用，但同时也增加了拆卸维修和更换零部件的时间与精力。另一方面，如果全部使用螺栓等紧固件来做各个部位的连接，

图3-44　形态优雅的休息座椅（图片来源：吴思贤 绘）

虽然简化了拆装却可能使得座椅的维修更加频繁，甚至容易引起人为破坏。

3）座椅的表面处理也是非常重要的环节，它关系到座椅的耐腐蚀和耐锈蚀的能力。除了传统的喷漆工艺外，还可以选择其他的解决办法，例如使用铝合金材料或镀锌钢板、对木材进行表面染色处理、使用混凝土材料作为座椅支撑部件等。

第四节　公共艺术服务设施

城市环境中的服务设施各式各样，它们为人提供多种便利和公共服务。电话亭实现通信联系服务，垃圾箱、饮水台、公共厕所实现公共卫生服务，服务商亭及自动售卖亭则实现商业销售服务等等，它们特点是占地少、体量小、分布广、数量多、可移动等。它们大多分布在城市街道两侧，如果把街道比作线，那么服务设施则是贯穿在线上的珠子。

服务设施的设计要考虑到紧凑实用和反映所在环境特征，在布置时应考虑与场所空间、行人交通的关系，既便于寻找、易于识别、随时利用，又能提高景观和环境效益。

一、垃圾箱

垃圾箱是城市卫生设施的一类，指景观环境系统中用于收集存放各种生活及行为活动丢弃物的设施。对一个城市的清洁、卫生有重要的作用。其他相关的卫生设施还包括公共厕所和饮水器等。

城市的环境卫生质量，需要人们自觉维护，同时还需要与此配套的卫生设施来支撑，它反映了一个地区人们的素质，并直接关系到环境的质量和人们的健康，深切地反映着城市的生活品质，可以认为是一个地区、一个国家文明程度的标志。

（一）垃圾箱的种类

1）按设施安置方式分为独立移动式和固定式两种，例如轮式垃圾箱和固定垃圾箱。

2）按垃圾箱相互关系分为连体组合式和单一分立式。

3）按与依靠物关系分为地面独立式和挂在道路防护栅、墙壁、电杆上的附设式两种。

4）按形式分为盒形、方形、棱柱形等规则形垃圾箱、各种流线等不规则形垃圾箱和模拟各种生物形态仿生形垃圾箱。

5）按垃圾投放形式分为直接口投放形式（无盖设计）和隐藏口投放形式（有盖设计）。直接口投放形式的垃圾箱投放直接，但影响美观、气味较大。

6）按废物取出方式分为回转式、抽屉式等。

（二）垃圾箱基本尺寸与结构要素

垃圾箱规格尺寸基本一致，普通垃圾箱高60～80cm，宽50～60cm。放置在车站、公共广场的垃圾箱体量较大，一般高度为90～100cm。

垃圾箱的基础部分又称为支撑部分，有柜式和架式两种固定式垃圾箱，还有带有轮子的移动式垃圾箱，其结构设计坚固合理，不至于被风吹走。垃圾存放结构常以自身内部结构完成支撑，保证投放方便并有一定的存放空间，同时收取垃圾方便，又不致垃圾被风吹散。一般带盖垃圾箱既可防风又可防止玻璃等危险垃圾危及行人（图3-46）。

由于垃圾特点不宜用透明材料（如玻璃）制成，因而大部分选用不透明材料，用一种或几种材料结合，为达到结实耐用、便于冲洗的目的，常用材料是铁皮、铸铁、玻璃钢、水泥、硬质塑料、釉陶、不锈钢、木、竹、混凝土等，表面涂上低明度色彩。各种成品，无论是在造型，还是在材质、色彩、规格上都是丰富多彩（图3-47）。

（三）垃圾箱的布置要求

在我们的日常生活中，为避免人群任意弃置垃圾，常增加垃圾箱数量以便于使用，结果反而使设施密度太高，触目皆是，造成视觉景观的污染以及

图3-46　方便开启的垃圾箱（图片来源：房瑞映 绘）

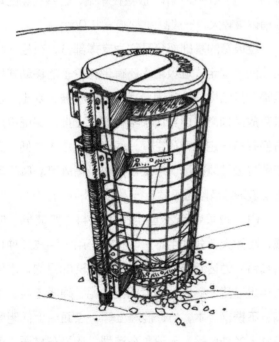

图3-47　蓝色金属垃圾箱（图片来源：房瑞映 绘）

管理维护上的困扰。但如果垃圾箱数量不足，在可能产生大量垃圾的地区，未能预先设置足够的垃圾桶，又会导致垃圾满溢。卫生设施应该摆放在哪里？以什么样的形式摆放？放置的数目多少比较合

适？一直是设计师讨论的常见问题，因此在垃圾箱的布置方面需要考虑以下几个方面。

1）按整个公共空间环境系统统筹规划，确定其位置布局。在设置垃圾箱、烟灰箱前应制定好管理、回收机制，以确保环境卫生、使用方便。

2）依公共空间的人流数量合理选择场址布局，在人流活动集中的广场、景点、休息廊、休息座椅等休息空间旁多设置垃圾箱。在流动性空间，例如游人游览路线旁，以合理的距离分布，通常为500m左右为宜。

3）安置场所宜隐蔽，使之易于发现又不妨碍美观。

4）在设置时，还需要注意地面的排水坡度和排水设施等方面的影响。

（四）垃圾箱的设计要点

因为在城市景观中垃圾箱是配角，所以在造型处理、安放位置上不可过分突出夺目，要给人以洁净整齐的印象，同时要有一定艺术性。

1）应该考虑使用功能的要求，其应具有适当的容量、方便投放并易于清理。造型以方便使用为主，不可为造型奇异而妨碍功能使用。

2）结构设计应坚固合理。既要保证投放、收取垃圾方便，又不致垃圾被风吹散。外观设计讲究的垃圾箱，可在里侧放置金属篓，既卫生又不失美观。上部开口的垃圾箱要设置排水孔。

3）应选择外观整洁且与周围环境协调的垃圾箱，色彩、材质、造型能结合环境，可以与园林小品的景观功能结合，但要有明确的功能暗示。

4）考虑垃圾箱设计的环保要求，在选择材料时要充分考虑从制作到回收利用的全过程。

5）在一些特殊的场所，要考虑到老人、儿童以及残障人士的使用需求。

（五）烟灰箱

烟灰箱主要设置于道路边或公园内、休息场

所，与休息座椅比较靠近，它的高度、材料等相似于垃圾箱。烟灰箱一般不单独设置，经常与垃圾箱、休息椅等统一配置组成一个协调的环境设施。我国的烟民数量占世界的1／4，因乱扔烟头引起事故也时有发生，设置烟灰箱尽管还不能杜绝这种情况，但至少可以避免普通垃圾与烟头的混装，所以在可能条件下应与卫生箱同时设置为宜。

如果烟灰箱的设置距离与休息椅较近，其尺寸应与坐姿相适应以便于使用，其高度为50～70cm。如果烟灰箱设置于人们滞留的交通交汇点或者公共汽车站，人的站立高度应作为设计的基本思考条件，其高度约为70～100cm。一般高度在70cm左右居多，基本与垃圾箱统一设计高度。

烟灰箱的结构设计应坚固结实，通常采用耐火材料及方便收取烟灰的构造，烟灰箱的底部宜较浅，以便于清洗。箱体与盛灰盘上一般都设计排水孔。

二、公共厕所

公共厕所是城市开放空间中的公益性小建筑，是服务于人们直接生理行为排放的设施。它们常设于城市街道、停车场、广场、桥头和公园干道或交通枢纽附近，是城市景观中有影响的因素（图3-48）。公共厕所的设计、内部设施和管理，标志着一座城市的文明程度以及技术经济水平，直接关系到市民的生活环境质量，其本身的卫生状况又反过来影响市民参与维护的自觉性和城市景观的评价。

近年来，公厕建设已逐渐成为城市建设中的重要项目，许多城市开展了"概念厕所"的讨论，意见中除太阳能和中水技术的利用外，主要是生物除臭和生态净化技术的应用。而有关男、女厕所面积和蹲位比例的矛盾问题也在考虑之中，充分体现社会的进步和开放。

公共厕所平面布局包括入口、行为空间、废物临时存贮、废物出口、洗漱空间，行为空间中又有

图3-48　法国公共厕所（图片来源：吴思贤　绘）

附属即时冲刷、挂放行李物品等必须设施。公共厕所按照固定方式可分为固定式和便利移动式两种。一般男女厕所同时统一设计外观整体，常有顶部、体部、基部三部分，常用建筑材料包括木材、竹、砖、石、草、玻璃、不锈钢、铝合金等。

公共厕所在设计时需要注意以下问题：

1）选址要隐蔽、合理。一般选择人流集中或主要流动空间的附近，或在城市主要广场、城市干道以及商业街等环境张力较紧张的地区。公厕设计宜采用隐匿处理，在公园绿地、风景观光区、普通城市道路等张力较弛缓区域，公厕可做半隐匿或露明处理。

所谓隐匿处理即采取地下或半地下、与建筑物相结合的设置方式。半隐匿处理是采取半地下、道路尽端或角落、用绿化进行半遮挡或景观物化等设置方式，在地势、地坪有较大高差的区域可利用高差壁面作嵌入式或独立式设置。

2）公厕在公共场所中不能过于突出。为便于人们识别利用，可通过路标和特殊铺地等予以引导，地下公厕的地面入口应明晰，并以特殊铺地、护墙、阶梯扶手和标识处理等作为辅助。

3）周围有树木绿化的地下公厕，要在设计中解决积水、阴湿可能给室内环境带来的不利影响。与建筑物结合的公厕，要注意公厕对邻近建筑和本体建筑可能存在的景观影响，如门窗洞口及标识处理

要含蓄而不可过于张扬。

4）公厕建筑墙面要减少凹凸起伏或漏窗、线脚、女儿墙等装修，以保持外观的清洁感。要符合一般建筑规范，考虑通风、卫生条件。在有条件的情况下，公厕室内的隔板采用水磨石或水刷石，地面应便于冲洗且具有防滑安全因素。

5）考虑残疾人等弱势人群的无障碍设计。

6）从入口到各种空间安全考虑照明设计。

三、饮水器

饮水器是空间环境系统中方便游人饮水、洗漱的设施，既是满足人的生理要求、讲究卫生不可缺少的街道设施，同时也是街道的重要装点，尤其在公园、步行街、广场等公共场所必不可缺（图3-49、图3-50）。

（一）饮水器的基本尺寸与结构要素

饮水器结构上可以分为外部构造、管道供水、内部支撑等几部分。饮水器的构造主要有喷水龙头、开关、水盆、支座，给排水管常分设在支座内外，其水盆和龙头一般采用定型产品，造型设计则侧重于支座的处理。

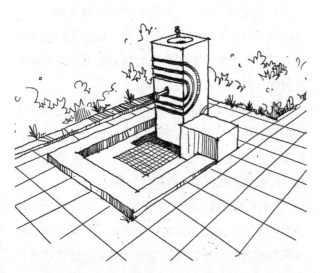

图3-49　石材饮水台（图片来源：吴思贤　绘）

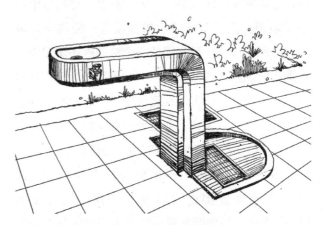

图3-50　金属饮水台（图片来源：吴思贤　绘）

对于饮水器的使用，首先要考虑到使用人的高度。成人饮水的高度为80cm左右，较高的为100~110cm，供儿童使用的高度在65cm左右。同时还要设置一级高度在10~20cm左右的台阶。此外，在结构和高度上还要考虑轮椅利用者的方便。

一般设置在休息场地、出入口、食品销售亭附近，位置选择以人流活动集中的地方为主，同时不妨碍其他活动。可以是路旁、树下、广场这些便于人们发现和利用的地方，使饮水器达到最高的利用率。最重要的是远离公厕。在设计时要注意支座与地面的接触面尽量小，以便于使用者靠近并减少设施本身的水污染。地面铺装材料要求渗水性能好，设泄水口的地表有一定坡度，以避免形成积水。

（二）饮水器设计要点

1）预先调查了解现状水管的位置、水压等情况。如果使用井水或是泉水，应预先认真分析水质的可饮用情况。

2）饮水器给水管的配置与排水井的设置及其规格皆应配套，并切记预先进行调试，管道布置统一考虑就近。

3）饮水器尺度适合人体工学，结构上最好采用饮水、洗手兼备的形式，或在洗手台旁设置置物台。

4）无人看管的饮水器，应采用节水型水龙头，以节省水资源。龙头采用伸缩式、嵌入式等以实用、美观、防污为原则。

5）设置在公共场所的饮水器应采用外排水方式，即设置溢水管快速排水，防止水流外溢，或设计排水槽排放水流。

6）考虑无障碍设计。

四、服务商亭

服务商亭指在城市或公共环境空间中的小品类固定建筑或流动服务售货车，在城市中为人们提供多种便利和专门服务。服务内容具有随机性，有用来提供读书看报需要的书报亭、礼品店，有经营糖果、饮料、冷饮、小食品等的小型服务售货商亭。它们的功能性较强、造型灵活、别致、色彩鲜明、便于识别，具有体积小、分布广、数量多、服务单一的特点。

服务商亭的占地面积较小，一般只有几平方米，最大不过十平方米，常用建造材料包括木材、钢材、玻璃、玻璃钢、塑钢、砖、混凝土、竹、膜，依所要反映的地域文脉不同而不同，可以由单独一种或几种材料组合使用。

（一）服务商亭的布置要求

1）设置在人流停留较多的地段，例如广场、道路分流处。

2）服务亭点集中布置时其造型要统一，分散布置时造型要新颖多样，不仅反映服务内容，也能为丰富街道景观增色。

3）在环境特点比较突出的领域，其设置应考虑与街道行人的关系，既让人便于寻找和使用，又不致影响重要街道的交通和景观。

4）应选择游人视线容易达到并且空间相对较大的地点，以利于售卖、阅读等活动。

5）朝向以朝南或朝北为好，避免东西向的阳光直射，影响物品陈列效果。

（二）服务商亭的设计要点

1）服务商亭的设计要考虑结构部件的便于拆装搬运，某些类型亭点可大批量生产和多样化组装。

2）服务商亭点前面需留有足够的空地，其周围环境必须能够支援良好的配合设备，例如与饮食有关的亭点附近要设有休息座椅、垃圾箱、烟灰箱和饮水器等服务性设施，为行人创造舒适和清洁的环境。

3）商业广告应附属于服务商亭本身，不要破坏环境整体感，不可占用路面。

4）布局考虑整个景观环境规划意图及游客数量，综合确定服务商亭的布局位置及数量，依据道路分区、游人数量，从游人方便角度统筹考虑。

五、自动售卖机

自动售货机是城市公共活动场所的销售服务设施，它是为满足行人简单需要而进行无人零售的专用设备。常布置于街道和人流密集的公共场所，具有小型多样、机动灵活、购销便利的特点，在城市环境中布局灵活，较为引人注目。

最常见的投币式自动售货机主要销售香烟、饮料、冰淇淋、食品、报刊等。它们一般呈箱形，施以明快色彩。其本身的照明，又是夜间销售服务的标志。除机械和贮存部分外，主要包括展示和标识、按键、投币口和显示器、付货口等四部分。以往单一的售货机已向着多种服务项目——多样餐饮、日用百货、书刊音像等方向发展，并可接受信用卡付款。随着科技和网络的发展，社会服务业分工的更加细化，以及人们活动范围和方式的扩大，分布于公共环境中的这种便利设施越来越发挥其24小时随时服务的特点。

自动售货机所处的位置应适当，尽量在汽车停放区的人行道上，不喧宾夺主。如有可能应尽量靠近建筑壁面，且前面留有较充裕的活动空间。付货口要考虑背对主导风向，以保证商品和服务台面的卫生。

第五节　公共艺术无障碍设施设计

　　城市环境是向大众开放的空间，作为公共空间主要内容的景观设施也必须体现对所有人的关心，其中包括残疾人、病弱者、老年人和儿童。在高度现代化的城市社会生活中，各种设计原理都是以正常人（身心能力无缺陷）为基准来制定的，而老年人和身心有障碍的人却往往被忽视。无障碍设计主要是针对行为有障碍的人使用的设施设计。无障碍设施的完善，使残疾人和老年人能够走出家门，畅通无阻地参与社会活动。无障碍设施设计是"以人为本"理念的重要表现，但并非只是专为残疾人、老年人群体的设计，它更高的目标是一种通用设计，着力于开发人类"共用"的产品——能够应答、满足所有使用者需求的产品。在给残疾人和老年人带来安全、方便的同时，也给全体民众一种全新的感受。

一、无障碍设施设计的发展历程

　　20世纪初，由于人道主义的呼唤，建筑学界产生了一种新的建筑设计方法——无障碍设计。它运用现代技术建设和环境改造，为广大残疾人提供行动方便和安全空间，创造一个"平等、参与"的环境。国际上对于物质环境无障碍的研究可以追溯到20世纪30年代初，当时在瑞典、丹麦等国家就建有专为残疾人使用的设施。为弱势人群提供无障碍环境的设想始于20世纪50年代，当时以美国为首的国外建筑师在建筑设计及设备利用等方面就如何解决"建筑障碍"问题进行了探讨，并进而提出了具体的建议，1961年第一个为残疾人专设的建筑和设备《无障碍标准》，提出了使残疾人平等参与社会生活，在公共建筑、交通设施及住宅中实施无障碍设计的要求，并规定所有联邦政府投资的项目，必须实施无障碍设计。此后，美国、加拿大、日本等几十个国家和地区相继制定

了有关法规。目前，其无障碍环境建设既有多层次的立法保障，又已进入了科研与教育的领域，各种无障碍设施既有全方位的布局，又与建筑艺术协调统一，同时给残疾人、老年人带来方便与安全。

　　要真正提高城市环境的质量，首先从城市环境设施设计上体现对残疾人和老年人的关心。为了从根本上转变观念，美国许多高等院校建筑系已专门设立无障碍设计课程。日本目前为残疾人、老年人增设的无障碍设施比较普及，国家所制订的统一建设法规中就包括残疾人、老年人无障碍设计。每一幢建筑物竣工时，有专门部门验收其是否符合残疾人、老年人的无障碍设计。

　　在我国香港，《香港残疾人通道守则》在1976～1984年间经过多次修订，对规定道路的无障碍要求是很高的，乘轮椅者在规定的无障碍道路上要实现通行无阻。交通信号与标志、跨车行道的建筑物及地铁的无障碍设计也十分完善和发达。除了香港的盲人公园，我国台湾也曾专为残疾人设置了游憩场所——"爱心园地"。园中有关分区和设施如下：①盲人游乐区——设动物雕塑、展示台、点字台、鸟园、香花植物园、花廊、水池等，供盲人以触觉、听觉和嗅觉欣赏之用；②游戏和运动场——包括投篮、排球场、迷阵、滑梯、跷跷板、秋千等。

　　我国大陆无障碍设施的建设是从无障碍设计规范的提出与制定开始的。1985年3月，在"残疾人与社会环境"研讨会上，中国残疾人福利基金会、北京市残疾人协会、北京市建筑设计院联合发出了"为残疾人创造便利的生活环境"的倡议。1986年7月，建设部、民政部、中国残疾人福利基金会共同编制了我国第一部《方便残疾人使用的城市道路和建筑物设计规范（试行）》，并于1989年4月1日颁布实施。根据我国的实际情况，政府相关部门已经将方便残疾人的规定纳入到强制性的设计规范中。多年来，随着经济发展和社会进步，我国的

无障碍设施建设取得了一定的成绩，尤以北京、上海、天津、广州等大中城市比较突出。在城市建设过程中广泛增加某些无障碍设施，考量某些设施的利用率。为方便乘轮椅的残疾人修建坡道、残疾人卫生间，为方便盲人行走修建盲道等。虽然几年来取得了一些进步，但总的来看，同发达国家、地区的情况相比，我国的无障碍设施建设还较为落后。

二、无障碍设施设计的通用标准

（一）国际通用无障碍设计标准

国际通用的无障碍设计标准大致有6个方面：

1）在公共建筑的入口处设置与地平面在同一个高度，或者设置台阶的同时也设置坡道，其坡度应不大于1∶12（4.5°），无论室内外，无论设置台阶与否，都应设置坡道。

2）出入口应有80cm以上的有效宽度，在设置旋转门的地方，要同时设置另外的出入口。

3）在盲人经常出入处设置盲道，在十字路口设置利于盲人辨向的音响设施。

4）所有建筑物过道、走廊的有效宽度应在1.3m以上。

5）公共厕所设置在方便残疾人使用的地方，应设有带扶手的座式便器，门隔断及窗户应做成外开式或推拉式，同时设有扶手，以保证内部空间便于轮椅进入。

6）电梯的入口有效宽度应在80cm以上，电梯无障碍标志的大小应在10~45cm范围为宜，色彩应有明显的对比，蓝色或黑色的底，白色的标志，或者其他对比明显的色彩。

（二）我国通用无障碍设计标准

我国通用的无障碍设计标准是由建设部、民政部、中国残疾人联合会联合发布的《城市道路和建筑物无障碍设计规范》，该规范于2001年8月1日起在全国范围强制性实施。国家出台各项措施，无非是保障弱势人群同正常人群能平等的享受各项权利。只是在设计中进步一点点，就可以让更多人生活品质跨越一大步，其主要内容如下所述：

1. 城市道路

实施无障碍的范围是人行道、过街天桥与过街地道、桥梁、隧道、立体交叉的人行道、人行道等。无障碍内容有：

1）有路缘石（马路牙子）的人行道，在各种路口应设缘石坡道。

2）城市中心区、政府机关地段、商业街及交通建筑等重点地段应设盲道，公交候车站地段应设提示盲道。

3）城市中心区、商业区、居住区及主要公共建筑设置的人行天桥和人行地道应设符合轮椅通行的轮椅坡道，电梯、坡道和台阶的两侧应设扶手，上口、下口及桥下防护区应设提示盲道。

4）桥梁、隧道入口的人行道应设缘石坡道，桥梁、隧道的人行道应设盲道。

5）立体交叉的人行道口铺设缘石坡道，立体交叉的人行道应设盲道。

2. 居住区

实施无障碍的范围主要是道路、绿地等。无障碍要求有：

1）设有路缘石的人行道，在各路口应设缘石坡道。

2）主要公共服务设施地段的人行道应设盲道，公交候车站应设提示盲道。

3）公园、小游园及儿童活动场的通路应符合轮椅通行要求，且这些场所的入口处应设提示盲道。

4）房屋建筑实施无障碍的范围是办公、科研、商业、服务、文化、纪念、观演、体育、交通、医疗、学校、园林、居住建筑等。

5）无障碍要求有：建筑入口、走道、平台、门、门厅、楼梯、电梯、公共厕所、浴室、电话、客房、住房、标志、盲道、轮椅席等应依据建筑性能配有相关无障碍设施。

（三）道路无障碍设施设计

有关道路的无障碍设施设计可以更方便弱势人群，例如增加无障碍通道、电子语音提示等；部分公交车次、站点、方向不明给弱势人群造成不便，可以在站牌设置需要盲文的指示，还应注意增加辅助照明，最好同时以触觉图案或声音加以强调；站牌扶手可以加上触觉文字来辅助诱导；站牌要与盲道相结合；聋哑人是信息和交流的无障碍考虑对象，设计师可以利用视觉因素来加强信息的传达，利用色彩、光源及材质等差异方便他们辨认道路方向。

1. 人行道

1）人行步道

（1）步道宽度。轮椅的活动一般是在步行道上进行的，为便于轮椅的行走，要合理设置人行步道宽度。轮椅本身的宽度为65cm左右，两侧要考虑设有约30cm的安全宽裕部分，一台轮椅通过所需要的宽度至少为120cm，考虑到轮椅使用者与步行者错身而过的话，最小需要135cm，轮椅之间或与婴儿手推车等错身通过的话，最小需要165cm，如有可能180cm为最好。车站前人通过的越多，就越要与之相符的宽度。

考虑到行人和轮椅运行的交叉，以及附属设施的安装，人行步道的最小宽度应为2m；为便于盲人行走时的方向识别，保证盲人的人身安全，人行道宽度需要在2.5m以上；在行人较少的特殊场合，步行道净宽至少要1.5m。

（2）步道设施。道路的附属设施道路上一般附设有电线杆、电话亭、邮电信箱、服务商亭、路灯等景观设施，因此这些设施一定设置在车道与人行道之间的公共设备区，最好靠一侧设计，而不要侵占人行道的宽度。

（3）步道铺装。为减少轮椅行进的困难，步行道铺地要尽量保持平坦，铺地材料不宜过于光滑，

为便于轮椅前行，地砖应以长向铺装为主。在人行横道处的路牙应设坡道。在盲人行人较多的人行道上可以铺设专用的安全带，例如采用40cm宽，表面为线状的地砖。

（4）声控信号机。人行横道的两端设有带声控的自助控制信号机，以提醒通行者和过往车辆注意，这种安全信号机对行动缓慢的老人、病弱者和儿童也适用。

（5）人行道与自行车道宜分离，以区分不同速度和要求使用者互不干扰。

2）人行横道

（1）横穿马路的人行横道要考虑轮椅可以通行，因此高差要考虑使用合理的坡道，同时将人行道设置得低一些，但是必须在高度上分出人行道与车行道，否则对有视觉障碍的人来说是非常危险的，应该使用点字地砖等明确地划出其界限并作为提醒信号。

（2）为了视觉障碍者的方便，要使用声音式信号机，以反复多次同时令人愉悦的声音为宜。在交通量不大的人行横道处可以使用按键式信号，但是，其高度位置都要合适，同样采用点字地砖告知其位置所在。

（3）横穿道路的宽度越大对步行困难者在较短的信号间隔内通过马路就带来越大困难，因此，途中需要设置歇脚的安全岛，注意安全岛周围不要设高低差。

（4）在人行横道上用点字地砖显示出其范围，或者将人行横道的线纹做得高一些，可以用脚的感觉来判断其范围，这样，对视觉障碍者在没有声音的指示下，也能在安全范围内直行，不会偏离人行横道，带来危险。

3）人行步道的路边石

在人行步道与行车道交叉的位置通常设置边石，为了便于轮椅通行，所用的边石应做得低一些，高低差应在2cm以下，做成方便上下的形状；为了使视觉障碍者通过拐杖或脚感来区别人行步道

与车行道,可以稍微做一点高低差即可。

2. 盲道

盲道是专门帮助盲人行走的道路设施(图3-51)。盲道一般由两类砖铺就,一类是条形引导砖,每条高出地面5mm,可使盲杖和脚底产生感觉,便于指引视力残疾者安全地向前直线行走,称为行进盲道;一类是带有圆点的提示砖,每个圆点高出地面5mm,可使盲杖和脚底产生感觉,以告知视力残疾者前方路线的空间环境将出现变化,提示盲人前面有障碍,该转弯了,称为提示盲道。

1)盲道设计元素

盲道材料有预制混凝土盲道砖、橡胶塑料类盲道板以及不锈钢或聚氯乙烯等盲道型材。

盲道宽度宜随人行道的宽度而定,盲道砖(板)按几何尺寸可分为三种类型,盲道的厚度应符合规定。盲道的颜色应与相邻人行道铺面颜色形成对比,并应与周边景观相协调,宜采用中黄色。

2)盲道设置位置

(1)市区主干路、次干路、市、区商业街和步行街的人行道,以及大型公共建筑地段周边的人行道。

(2)城市广场、桥梁、隧道和立体交叉的人行道。

(3)政府办公建筑和大型公共建筑的人行通路。

图3-51 盲道(图片来源:作者自摄)

(4)城市公共绿地入口地段。

(5)人行天桥、人行地道的入口、城市公共绿地内的无障碍设施位置应设提示盲道。

(6)建筑入口、服务台、楼梯、无障碍电梯、无障碍厕所或无障碍厕位、公交车站、铁路客运站、轨道交通车站的站台等处均应设提示盲道。

3)盲道设计要点

(1)盲道铺设的位置和走向,应方便视力残疾者安全行走和顺利到达无障碍设施位置为宜。

(2)盲道铺设应连续顺畅,避开树池、电线杆、井盖等障碍物,其他设施也不得占用盲道。

(3)行进盲道宜设在距人行道外侧距离围墙、花台、绿地带250~600mm处。

(4)行进盲道可设在距人行道内侧距离树池250~600mm处。

(5)行进盲道在转弯处应设提示盲道,其长度应大于行进盲道的宽度。

(6)沿人行道和分隔带的公交车站应设提示盲道,其宽度应为300~600mm,距路缘石边宜为250~500mm。

(7)应在距人行道上台阶、坡道和障碍物等的250~600mm处设提示盲道;梯道和台阶的上下两端,应在距踏步300mm设置提示盲道,其铺设宽度宜取400~600mm;中间休息平台也应在两端各铺设1条提示盲道,宽度不宜小于300mm。

(8)距人行横道入口、广场入口、轨道交通车站入口等位置的250~600mm处应设提示盲道,其长度与各入口的宽度应相对应;人行道成弧线形路线时,行进盲道宜与人行道走向一致。

(9)进入人行横道线处的盲道宜距侧石300mm左右,宜铺设横向一排提示盲道,以表明进入人行横道范围;行进盲道应与提示盲道成垂直方向铺设,盲道铺设宽度宜取400~600mm。

(10)人行道的转角路口宜采用全宽式无障碍坡道形式,宜在两侧坡道起点处铺设左右各一排的提示盲道,以示进入坡道范围,提示盲道铺设宽度宜为600mm。路口形成街角的无障碍坡道，宜在转角缘石坡道前铺设提示盲道，以示进入车行道、人行横道线范围，提示盲道铺设宽度为600mm。

3. 坡道

处理高差可用坡道或台阶，由于台阶不利于轮椅通过，因此可以考虑同时设台阶和坡道，为使轮椅等人力车安全便利攀登，也应设置坡道，最大坡度为6%，坡度超过此限处，须设两面扶手或至少有一面扶手，也需要采用人力推行。2001年春节期间，北京对几家商场坡道使用率进行了调查测试，结果表明使用坡道者99%为健康人，这说明设置残疾人坡道也为健康人提供了方便（图3-52、图3-53）。

图3-52　无障碍专用坡道（图片来源：聂婧怡 绘）

1）坡道尺度

坡道始末端大于180cm，最大纵向断面坡度小于5%，必须设高差时，纵向断面坡度≤8%，当纵向断面坡度为4%~3.5%时，边缘要有保护，以防轮椅轮子掉下去而且至少设单面扶手，始末端扶手应水平延长30cm,中间尽量不断开。

对借助拐杖等可以行走的台阶，要求踏步宽度35~50cm，踢步10~16cm，踢脚部分小于3cm，梯段宽度大于90cm，起始点宽度不小于120cm，水平休息台两侧设扶手，并注意照明设计（表3-5）。

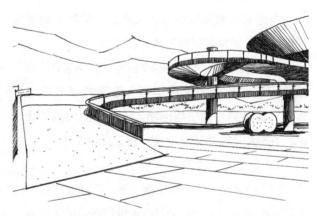

图 3-53　巴西国家现代艺术馆入口坡道——行动无障碍设计（图片来源：聂婧怡 绘）

坡度尺寸与适用场合　　　　表3-5

坡道名称	坡度尺寸	坡道宽度（mm）	适用场合
单面坡	不大于1：20	不小于1200	十字路口、街角和绿化带缘石开口处
三面坡	不大于1：12	不小于1200 上口不小于2000	人行道转角处及主要道路交叉口、路段中人行横道处
扇面式	不大于1：20	下口不小于1500 上口不小于2000	人行道转角处及主要道路交叉口、路段中人行横道处
全宽式	不大于1：20	不小于1200	街坊路口和庭院入口两侧的人行道
平行式	不大于1：20	不小于1200	适用于有特殊要求路段的人行道处
组合式	不大于1：20	不小于1200	适用于有特殊要求路段的人行道处

2）坡道设计要点

（1）坡道应设计成直线形、直角形或折返形，不宜设计成圆形或弧形。

（2）坡道的两侧应设两面或单面扶手。

（3）坡道的坡面应坚实、平整、防滑。

（4）坡道侧面凌空时，在扶手栏杆下端宜设高度不小于10cm的坡道安全挡台。

（5）当坡道的水平投影长度超过900cm时，应设中间休息平台。

（6）坡道起点、终点和中间休息平台的水平长度应大于150cm。

4. 道路辅助设施

1）路面中的排水沟辅助设施钢制网状地沟盖不得突出路面，并注意构造细部处理以免卡住轮椅的车轮或盲人的拐杖等辅助器械，空隙宽应在2cm以下。

2）道路铺装时要注意路面应尽可能地铺得平坦一些，砂石铺地等凹凸多的铺设不利于轮椅的通过；如果路面有横向坡度，轮椅就难免要蛇行。

3）为给残疾人、老人等行走困难者提供方便，在步行道路区域设置休息场所，一般在城市步道中每间隔200～300m，设置一个休息场所，也可为其他行人使用。

4）在城市交通设施中，街桥、高架桥、地下铁道、地下人行道等作用越来越大，同时给残疾人的通行也带来越来越现实的困难。为方便他们的上下，国外已经开始附设轮椅专用的多种升降设备。在我国某些城市的重点街区和繁华地段，街桥和地下通道必须附设可供人力推动的轮椅坡道。这不仅利于残疾人也利于自行车和行人通过。

5）通常坡道两侧设有两面或单面扶手，扶手高度大人80cm为宜，幼儿60cm为宜，二者同时设置。为便于使用，应距墙面至少3.5cm，扶手半径为3.5~4.8cm为好。扶手断面宜圆滑，避免碰伤，为利于视觉障碍者使用，可在扶手处设盲文说明。

5. 专用停车设施

轮椅使用者或拐杖使用者只使用上肢就可驾驶小汽车，因此他们外出时依靠汽车的情况较多，需要在所有的建筑周围设置可供弱势人群使用的停车场。

1）停车位置

（1）尽可能在距离出入口不远的地方，设置残疾人可使用的上下车位置与停车位。

（2）应在一般的停车场内设置残疾人专用的车位或残疾人优先车位。

（3）可供轮椅使用者使用的车位面积，应该充分考虑当车门全开状态下，可以安全地从轮椅上换乘到汽车上的宽度。另外，重度残疾人需要考虑护理人员的空间，所以专用停车位至少需要3.3m×5m的尺寸。

（4）轮椅在靠近汽车时，轮椅应与汽车在同一高度，不要有高低差。

2）周围道路情况

（1）为了便于轮椅通行，车位通往目的地的道路设计为水平或坡道。

（2）在设计停车场内的步行过道时，要注意确保驾驶员能够看清过往的行人及轮椅使用者。通常轮椅使用者的高度较低，有时驾驶员通过反光镜也难于发现，在移动车的后部不宜设置通道。这一点对于幼儿也是同样重要，否则在停车场内玩耍奔跑，容易有危险。

（3）设置汽车不能越过的有车轮卡的安全通路，安全通道的有效宽度为轮椅使用者与步行者可以错身的120cm以上为宜。

（4）设计步行通道时，通道路面要抬高一些，通道上加上遮挡雨雪的屋顶或雨篷更好。

（5）在设计从残疾人专用的停车场和地下停车场通往目的地的通路上，需要在交通流线的处理、升降设备的设置、残疾人用厕所的设置等多方面进行精心的设计。

3）专用停车位的标志

残疾人专用车位与一般停车场车位应区分开，

在铺设的地面上应涂有标志或另设标志，其字体大小应该确保在驾驶室内也可以看清的程度。

三、行为障碍与无障碍设施设计

（一）无障碍设施的适用群体

轮椅使用者在移动时要求具有更多的空间与一些特殊的方式，而无障碍设计的基本数值是以轮椅使用者要求的数值为准，这个数值对其他残疾人可以说几乎都是有益的。

上肢残疾者是指一只手或者两只手以及手臂功能有缺损的人，动作不能顺利进行。他们在生活中会遇到诸多不便，例如各种设备的细微调节困难，高处的东西不好取，普通的健身器材对假肢手的人来说不方便把握等。

步行困难者是行走起来困难，或者行走时有危险的人，包括多数的老年人、临时伤残者或带假肢者等。他们弯腰、屈腿有困难，改变其站立或者座位的位置都很不容易。他们平时的活动要使用拐杖、平衡器、连接装置或者其他的辅助装置，才能达到行动的目的。

视觉缺陷在生活适应上所造成的困难，较诸其他感官缺陷的人而言，受到的影响较大。他们可以凭借记忆通过盲杖找到去处，但是横穿公共空间，反复转换方向的话，就会发生定位困难。

大多数听觉障碍者利用辅助手段可以恢复一部分听觉，完全的听觉缺陷者为数很少。他们用哑语或文字等手段可以进行信息传递，但是，在遇到突发危险或发生灾害时，信息就不方便快速传达。

老年人随年龄增长，身心机能减退，其行为出现综合性障碍，如需使用拐杖、助听器等。儿童由于认知能力较差，其行为也受到限制，在外出活动或游玩时容易发生危险，故也被包含在弱势人群之列。

无障碍设施设计依照行为障碍方式的不同，分为行动无障碍设施设计、视觉无障碍设施设计和听觉无障碍设施设计三类。

（二）行动无障碍设施设计

行动无障碍设施设计主要适用于肢体残疾造成行动不便或由于临时性生理行动功能丧失而障碍行动的人，分为轮椅使用者和拐杖使用者两类，其中有的还需要他人同时看护。

对于轮椅使用者来说，问题的焦点在于是否有足够的空间供轮椅通过、回转，周边设施的配置、地面的高度差和地面的平坦与否，景观设施的高度等都会对轮椅的操作产生影响。例如公共厕所应确定厕间满足轮椅的转向、置留有充分空间，同时在另一侧墙壁上设有把手或吊有拉手，以便于残疾人挪位时使用；厕间的平面选型和开门位置都要满足轮椅转向和够取动作的需要；公用电话亭的平面尺寸和电话机位置要为轮椅进入、转向、使用留有活动余地，电话听筒、按号盘、投币口的最大高度不超过1.2m。电话装置的高度一般与轮椅座位视平线相等。

对于拐杖使用者来说，爬楼梯是极为困难的，需尽量避免或改善这种情况。楼梯和坡道一定要安装扶手，地面也需要重视防滑的设计。像砖块、沙子及圆滑石头铺砌的路面一般容易使人绊倒、滑倒，但地面也应保证有一定的粗糙度，以使轮椅的轮子、拐杖等能贴紧地面而不易于滑动。

（三）视觉无障碍设施设计

视觉障碍类型主要指视觉完全缺陷（盲人）、视弱或色弱及狭窄等视觉方面有障碍的人。视觉障碍者无法像正常人一样完全凭借记忆往返通过行为空间，因此设计时要考虑景观设施布局的合理性以及造型功能的简单直接。例如喷泉、座凳、垃圾箱、电话亭等，对于弱视者、盲人来说也可能是一种障碍，在设计时需要特别注意它们的位置摆放。在很窄空间中不宜过多设置设施，人行道上的设施注意不要侵占人行道宽度或安放在盲道上；立体空间竖向设计时，柱子及墙壁上尽量不设突出物，对于空中悬垂物以及旁侧突出物的设置都要在设计中慎重考虑。宜避免有高度差的地板和墙壁突出物，这些容易导致跌撞。

对于视觉完全缺陷者，设计师应充分考虑对视觉障碍者其他知觉方面的利用，如设置触觉方面的扶手（图3-54、图3-55），设置盲道以及声音、温度及气味的变化的设计，或利用声音或花的香味进行引导。较为重要的一点是，如考虑辅助行为的辅助，也要考虑在拐杖接触的范围内设置有效的导向系统。

弱视者在移动及找寻方面有困难，设计师可以用色彩、光源及材质等差异来方便弱视者辨认方向。例如空间构成要简单明快，门、楼梯、坡道等宜使用对比强烈的色彩；标志应注意照明，最好以触觉图案或声音加以强调。步道可以用不同的材料来区别，发挥引导的功能，或扶手可以加上触觉文字来辅助诱导。

地面铺装如盲道采用专用砖铺砌，人行与车行交叉点处进行微高差处理并予以加宽，人行横道可以适当拓宽，以便于行人等待信号。

（四）听觉无障碍设施设计

听觉障碍类型主要分为全聋及需要使用助听器的听力障碍者。

听觉无障碍设施设计主要利用视觉因素来加强信息的传达。例如在一些公共空间的转换处，利用清晰的标识与文字提示，引导听觉障碍者行进，安全通过一些交通路口。

四、公共空间中的无障碍环境

公共空间中的无障碍环境包括物质环境、信息和交流的无障碍环境。物质环境无障碍主要要求城市道路、公共建筑物和居住区的规划、设计、建设应方便残疾人通行和使用，例如城市道路应满足坐轮椅者、拄拐杖者通行和方便视力残疾者通行，建筑物应考虑出入口、地面、电梯、扶手、厕所、房间、柜台等设置残疾人可使用的相应设施和方便残疾人通行等。信息和交流的无障碍环境主要要求公共传媒应使听力、语言和视力残疾者能够无障碍地获得信息，进行交流，例如影视作品、电视节目的字幕和解说，电视手语，盲人有声读物等。

图3-54　带有盲文信息的扶手（图片来源：梁俊. 景观小品设计［M］. 北京：中国水利水电出版社，2007.）

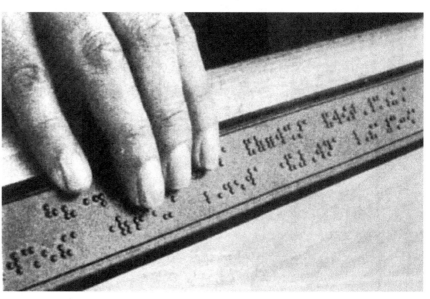

图3-55　扶手背面有盲文指引（图片来源：梁俊. 景观小品设计［M］. 北京：中国水利水电出版社，2007.）

在需要无障碍设计的环境中，必须分析障碍者在特定环境中的各种需求，例如空间需求、伸展需求、运动需求、感官需求、心理需求等。虽然人体工程学理论为设计师提供了一般正常人在各种环境下的数据，但各类残障人士的特殊数据，包括生理和心理两方面，尤其是心理方面的感受与反应，也正日益受到设计师的重视。

（一）步行空间

步行是很重要的行为方式，接触地面状况是直接确保步行行为的重要因素，而步行空间的无障碍设计为人们提供了一个安全舒适的物质环境。

1. 步道铺装要使用防滑材料。在非常光滑的硬质地面上，即使健康人也不易正常行走，特别在雨雪天气，更会带来很多安全隐患。老年人腿脚不好，容易摔跤，特别是使用拐杖的人体重集中在拐杖端部，容易滑倒。

2. 步道宽度要考虑多种行为的需要。例如，有婴儿推车通过时要求道路达到一定宽度，或稍大些的幼儿边玩边走，需要周围的人与之并行加以看护。轮椅和婴儿车拐弯时也需要一定宽度。

3. 视觉障碍者需要地面具有导盲和更多参考物引导，尤其是交叉路口更是如此。

4. 步道高差通常通过坡道及台阶实现。坡度过大时会导致行走的不安全，同时更应该注意季节性雨水或冰冻带来的防滑问题。相对缓坡而言，台阶危险性更大，即使健康人也要小心，因此对于残障人则需要扶手协助。而视觉障碍者不易发现台阶，而且台阶宽度易造成误导和麻烦，这都是设计中需要考虑的问题。

（二）坐息空间

通常来说，坐得高可以看得远，但不稳定。坐得低比较稳定，但又不易活动。老年人长时间坐着或者从较低座位站起来时比较困难，需要扶手的帮助。轮椅使用者可以直接就座，但其他桌子或设施可能因其高度或人坐在轮椅上的高度问题而带来使用的不方便。视觉残疾者不易找到座位，尤其对不熟悉环境更是如此。在一些空间中，婴幼儿常常无合适的座位可坐，如果在成人座椅上爬上或爬下，则很不安全。

五、无障碍设施设计要点

1. 无障碍设计必须服从于整体环境功能使用的需求。

2. 无障碍设施设计在满足使用要求基础上亦需考虑景观特征，如在盲道设计时可以借助颜色来增强景观效果。

3. 无障碍设施设计优先于健康人的空间利用设计，通常健康人也可以利用无障碍设计空间，因此有限尺寸空间中可以采取健康人的下限使用要求，以满足弱势群体为先的原则。

第六节　公共艺术互动观赏设施

绿景、雕塑、壁画、水景都是在自然环境中非常重要的设计元素，为景观场所公共环境增色添彩，静观远观都会有很好的心理享受，在城市中起着美化环境、渲染气氛的作用。在设计时又增加了很多人与观赏设施的互动环节，因此，在观赏的同时，人们可以穿越景观设施，也可以身体触摸景观主体，让人与自然有了更好的连接，在互动中创造新的景观效果。

一、绿景

绿景，顾名思义就是指绿化景观，是人类在享受自然恩赐的同时，主动创造自然的结果。在水泥、柏油或碎石组成的道路中间隔离带或是道路两侧，种植上乔木灌木或者草坪花卉，就能为生硬暗灰的道路增添柔软质感与丰富色彩。不仅缓和司机的视觉疲劳，增强道路沿路的可观赏性，还能起到遮荫、净化空气、吸收噪声、调节人们心理和精神的作用。

道路周围配植的植物还能起到方向引导作用，达到步移景异的效果，在四季变更过程中，为城市道路景观赋予更加丰富的内容。树木、草坪、花卉、水景等配置形成的综合形态，起着对空间的围挡、划分、联结、导向作用，并同周边整体环境呼应渲染（图3-56）。

（一）绿景设计的相关内容

1. 绿景植物分类

绿色植物种类繁多，随着四季的轮回，植物的形、色、香、韵等差异变化，给人的视觉、嗅觉、味觉等感受也有着相应的变化。包括植物色彩、外形、香味、质感、声响、动态和意境等美感元素，不管在空间和时间上，还是在对人的心灵和情绪的

影响上，都为城市植物景观的设计提供了观赏价值。

城市绿色植物按照用途分类，可以分为观赏植物、环保植物、空间隔离植物、绿荫植物和经济植物等，具体作用及用途，详见表3-6所示。

2. 绿景空间的围合方式

城市中的空间利用绿色植物也能达到分隔空间、创造特色空间的效果，特别是植物种类繁多，外貌形态各异，不同形态的组合可塑造出不同的城市绿色景观空间。由绿色景观要素组合构成的城市景观空间，比其他硬质景观要素构成的空间更为柔和、温暖，令人心旷神怡。植物布局疏密有致、高低错落，可以围合出不同的空间类型，主要有垂直围合空间、覆盖空间和开敞空间等。

1）垂直围合空间。叶丛密集分枝低的植物容易形成垂直围合空间，私密性强，给人向心和内敛的感受，能满足人们心理上所需要的安全感。常绿树，例如冬青，能形成周年稳定的闭合效果，而落

图3-56　美国迪士尼公园绿地、水景结合设计（图片来源：景璟 摄）

植物类别、内容、作用和用途表　　　　　　表3-6

类别	内容	作用	用途
观赏植物	观叶植物、观花植物、观果植物、观枝植物以及芳香植物	可观赏城市植物景观，愉悦身心	在公园、风景园林或建筑庭院
环保植物	防风沙植物、抗大气噪声污染植物、抗旱涝灾防火植物、卫生保健植物	保护环境、清新空气	用于工业、仓储、交通或居住隔离带
空间隔离植物	表现形式一般为绿篱或绿墙	分隔空间，为各功能区划分界线	公园、广场等公共空间
绿荫植物	选用树干高大、分枝点高、树冠扩展、树叶浓密的乔木	供遮荫用	植于城市开敞空间或建筑庭院
经济植物	实用型植物	供食用或药用	集中种植于城市或城郊的经济植物园区

叶树则在冬季落叶后形成开敞空间。因此，城市景观垂直围合空间设计要充分考虑植物的叶枝疏密度和分枝高度，选择适宜的植物，组织和设计合理的围合空间，以满足人们的心理需要（图3-57）。

2）覆盖空间。覆盖空间是顶部覆盖、四周开敞的空间类型，主要利用植物浓密的树冠构成的空间。该空间夹在树冠和地面之间，人能够站立或穿行于其中，利用覆盖空间的高度，可形成水平延伸的强烈感觉。覆盖空间的典型应用是为人遮阳的行道树，树冠交接遮荫形成街道"隧道式"空间，增强了道路延伸的运动感。此外借助花架或者廊架，绿藤植物也能够攀爬形成覆盖空间，人可以互动穿越其中。

3）开敞空间与半开敞空间。在开敞空间中，四周外向开敞而且没有隐秘性视线，不受限制是其主要特征，给人以扩散、开阔的心理感受，它是城市空间的重要类型。一般情况下，选择低矮灌木、花卉及地被植物作为绿色景观元素，例如常见的绿地、花园、低矮灌木丛等，这些能完全暴露在天空和阳光之中，并构成景观开敞效果。

半开敞空间即非全方位开敞，其一面或多面受到较高植物的封闭，限制视线的穿透，其他方向完全开放。植物所起的作用一般是分隔空间，作为多个空间的界线，丰富空间类型，塑造多样景观。

3. 绿景对公共环境的作用

不管城市如何发展，建筑和景观环境设施风格如何变化，绿景设计因其具有美化、改善和保护生态环境，以及调节人心理和精神的功能，将在城市环境中占有越来越大的比重。而且经过人工配植的绿色景观是城市景观构成中最广泛、最特殊而又最为亲和的要素，与所在的环境融合，可以起到围蔽、遮挡、划分、联结、导向等作用，在四季轮回变化中，给城市环境赋予不同的容貌和性格，比人工构筑物更富于自然意味，为人创造丰富多彩的生活空间。

1）绿景设计的意境美。人们对于绿色植物带有一定思想感情赋予的意境美，将绿色植物的形象美概念化或人格化，赋予丰富的感情。例如松、柏因四季常青，象征长寿延年；紫荆象征兄弟和睦团结；垂柳依依则表示惜别。借助于植物的意境，可以在城市景观设计中恰当精巧地运用，对环境的品质可起到画龙点睛的效果。

2）绿景设计的生命力。在构成城市景观的要素中，植物具有生命力，随自身的生长周期和季节的变化改变其色彩、体形及全部特征，构成动态景观，能够演绎出无限的生机与美感，使人们感受到

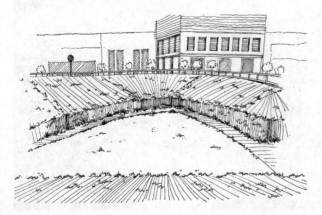

图3-57　比利时植物围合的下沉广场（图片来源：吴思贤　绘）

生命的律动。攀缘植物在缠绕和攀附他物向上生长时，能够覆盖整个建筑立面或者整个廊架，为原本冷冰冰的建筑立面带来绿色生命，并由此吸引绿色昆虫，为环境带来勃勃生机。

3）绿景设计的生态功能。绿色植物具有改善生态环境的功能，它能有效地吸收、过滤、阻挡或吸附汽车尾气以及尘埃等，具有隔声减噪、杀菌消毒作用，被誉为"城市的肺"。同时绿色植物在降低城市热岛效应、调节空气温度和湿度效果上也十分明显，具有隔热保温、防火避灾以及保持水土等生态功能，例如在于光伦先生的著作中记载，在夏季城市气温为27.5℃时，草坪表面的温度只有22~24.5℃。

4）绿景设计的水生立体空间。水生植物根据其与水的亲近程度，可分为亲水植物、浮水植物、挺水植物等。相对于城市中其他静态景观，水是较为活泼的动态景观，水生植物有助于塑造别有一番风趣的城市动态水生环境景观。

（二）树木

树木的造型取决于其树冠，自然生长的树木主要有球形、圆锥形、圆柱形等基本形式，而经过人工修整加工的树木则形式多样，具有丰富的艺术性，若能妥善运用植栽，常常能够得到极佳的视觉与生态效果。树木按生长类型主要分为乔木、灌木、蔓生三种，各类树木由于其树形、习性和特征不同，而置身于多种环境，并表现出各自的配植性格。

树木除了装饰外，也可作为阻隔物用以分隔空间场所，比起人造的阻隔物更有生机，而且带来如鸟类、昆虫类更多物种，增加人们的互动乐趣。而车道两旁的树列，除了具有较强的引导方向作用外，还带来绿意盎然的道路景观，当气候更换时，给行者带来全新的感受。适当的剪枝获得的雕塑般型塑植栽，在广场、庭院、道路、立体交叉入口等地往往成为通行者的视觉焦点，成为地区符号或重要精神象征，为景观增加很重要一笔（图3-58）。

图3-58　雕塑般植物景观（图片来源：景璟 摄）

图3-59　各种攀爬植物绿化建筑（图片来源：聂婧怡 绘）

在新一代生态建筑中，更是积极地使用植栽"还绿于地"，减少人工化的程度。爬满整个墙面或屋顶的藤蔓，不但可防晒、降温，还有强化结构的功能。随着季节的变化，植栽的生长与枯萎期交替，建筑立面也展现了更丰富的面貌（图3-59）。

（三）绿地

绿地又称为草坪，在城市环境中，改善大面积地面的最有效办法就是配植草坪，这种地面的草皮是一种特殊的生态铺装形式，是一种动态的绿色环保手段。大面积绿地具有降低地表温度、调解湿度以及改善生态和视觉等多方面功效，带来场所不同的感受和体验。几何形态的人造道路配合轻柔的绿色草皮，在没有其他设施的修饰情况下，本身就能够营造动人的景观效果。

在绿地的配植设计中，应综合考虑草种的耐阴、耐寒、耐践踏、耐干旱性，以及绿期长短，要因地选材，因果选材，确保人观赏效果。此外，还要考虑日常养护和管理等因素，也直接影响着绿地提高环境质量与发挥生态效益。

绿地的利用应注意以下几点：

1）尽量避免因铺设绿地而禁区通行，还是要从人的行为需要出发，绿地要服务于道路设施。也可以采用草种混播，铺设草种勾缝的石块地面，在路径上配植耐践踏的草种等方式，实现人的行为满足。

2）草如同树木一样，有其色彩、高低、肌理、造型等特点，因此在大面积植草的同时，要注意草种选择上形成对比和过渡，考虑与整体环境、建筑、环境设施、路面的关系，特别在建筑入口等重要地段，需要更好地烘托环境主题，注意绿地丰富是基于环境统一性之上的（图3-60）。

3）绿地与硬质地面，以及绿地与绿地之间的衔接过渡要有明晰的边缘，在可能的条件下，对边缘的线型处理要富于自然流动感和导向性。在需要进

图3-60　铺设草地要考虑与整体环境的关系（图片来源：作者自摄）

行阻隔的草地边缘，最好以矮小灌木代替围栏作为镶边，可以使草地更富于亲切感。

（四）花坛与花架

在现代城市环境中，花坛是庭院、公园、广场、道路中不可缺少的组景元素，对维护花木、点缀景观、突出环境意象有很大作用。花坛主要以花卉为主，但也包含草坪灌木和攀缘植物等作为点缀。

1. 花坛

花坛在环境中可作为主景，也可作为配景，花坛形式与色彩的多样性决定了它在设计上有很大的选择性，良好的花坛设计具有改善和提高环境质量的双重意义。早期的花坛具有固定地点，规则或不规则形状边缘用砖或石头镶嵌，形成花坛的周界。随着时代的变迁和文化的交流，花坛形式也在变化和拓宽，但无论怎样，在风格、体量、形状诸方面与周围环境相协调，才能更好地发挥花坛自身的特色（图3-61）。

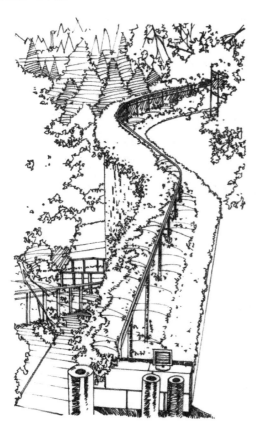

图3-61　带状花坛（图片来源：房瑞映 绘）

花坛本身既能种花植草，也可以配置树木；既能独立而设，也可以与喷泉、水池、雕塑、路灯标识、灯箱广告、休息座椅、建筑墙面等结合。各种花池的制作材料也是多种多样，例如玻璃钢、混凝土、陶瓷、砖材、大理石、花岗石、木材、不锈钢、铸铁等，选择哪一种材料依据花池周边环境以及花卉本身特性来决定。

花坛也有很多类型，选择哪一类型的花坛，需要依据整体环境而定。花坛按种植花木的存活期分为1～2年草花花坛、宿根花卉花坛、种植花木的永久花坛；按平面形状分为三角形、方形、星形、带形等规则几何形花坛以及自由形花坛；按布局分为点式、线式和组团等形式花坛；按照规模和距地高度分为花池、花台、小型花坛等。

1）花池。花池常用于城市公园、城市广场等人群集中的较大型开放空间环境中，一般是近地面栽植花草，占地面积较大，与地坪略有高差，有的稍突出于地面形成地上花池，有的略低于地面形成下沉式花池。而且花池内部种植的花草基本是以平面图案和肌理形式表现的，具有很好的视觉效果。

2）花台。花台突出于地面，是花坛系列中的制高点和视觉焦点，具有较强的地标和导向作用，常用于公园、广场等通道节点的中心或旁侧。花台可为单层台面，一般高度应有1m左右，也可以是利用挡土墙形成多层的立体阶梯状叠合台面，为便于人观看，需要有总限高的适宜尺度感。在节日中，通常在雕塑造型的草泥上植花种草，形成花雕，这也属于花台的范畴。

3）小型花坛。小型花坛可以泛指城市空间中各种观展花草的场地设施，可以高度在40cm左右，或者是在人工砌筑的不明显台地和坡地。花坛的建造施工及管理比较简便，与观赏者最为接近，而且在环境中设计选型也较随机，因此更常见于城市环境。

小型花坛除内部的绿景植物之外，其侧壁或边沿材料也是表现其特征的主要方面。硬质侧壁可采用块材叠砌、树桩、金属、木材板条围合，在边沿处理方面，还可以附加木板和木条垫层供人坐靠，或与休息座椅结合。

4）容器花坛。容器花坛可以放在地上，也可以悬于空间，一般用于需要经常更换内容的场所，例如商业街休息广场、庭院、建筑入口、道路以及节日和展览会布置等。它的最大特点是体积小，可以随时移动和更换，它在空间环境中除有美化装点功用之外，还起到限定、引导、聚焦的作用。

种植容器可以独立而设，也可以排列成行或聚散组合，需考虑到人在地面行走以及仰视或空中俯视的感受而定。容器造型是多样的，但应选择材质细腻、保水和轻便的材料，例如混凝土、塑料、玻璃钢、陶瓷、木板、金属材料等，国外还采用掏空的树干、石块以及便于更换的藤条作为种植容器（图3-62）。

2. 花架

花架是棚架或柱架与植物结合造景的产物，通常顶部为全部或局部镂空，主要供藤蔓类攀缘植物攀爬，供人们消夏观赏，同时还能提供休息与连接功能的设施设计。花架的设置应与引导路线、建立节点及休憩观赏等空间环境需要结合起来，塑造半开敞半私密的环境景观空间。花架具有连接交通及组织游览的功能，此外作为场所景观要素之一，花架自身也成为景观点，同时构成休息场所和观赏空间。

图3-62　自由点缀的容器花池（图片来源：聂婧怡 绘）

花架分类方式有很多，按柱的支撑方式分类，有单柱式、双柱式和圆拱式，按廊顶形式分类，有平顶式、坡顶式、单面坡和两面坡，按垂直支撑方式分类，有立柱式、复柱式何花墙式。

1）花架的基本设计要素。花架主要是由花架顶、花架身、花架基座三部分组成，此外还有花架凳和花架基础种植台等。主要采用木材、金属、钢筋混凝土、砖、玻璃钢、组合材料、玻璃等制作花架，种植台常用砖、混凝土、木等进行饰面处理。

花架的标准尺寸为：高2.2～2.8m，宽3.0m～4.0m，长11m，柱和梁皆选用直径约为10～15 cm的打磨圆木或金属圆柱，立柱间隔为2.4～2.7m，花架的基础埋置深度约为90cm。

2）花架的设计要点。花架是用来欣赏景观的，因此在一定景观空间范围内要开敞，确保周围景观不被阻挡。要设置在连接交通枢纽处，造型灵活，可以组织交通道路成为过渡性观赏空间。花架尺度空间应与场所范围大小和观赏视距相适应，开间与进深相适宜，特别是悬垂类藤本植物藤架，在设计时应确保植物生长所需空间。

花架设计应与所用植物材料适应，种植池的位置可灵活地布置在架内或者架外，也可以结合地形和植物的特征高低错落。花架为了与植物配合紧密，在设计时要注意花架、构件及线脚等细节处理，其装饰外表要适于近距离观赏。木制花架，应选用经过防腐处理的红杉木等耐久性强的木材。

二、雕塑

城市雕塑即公共雕塑，主要是指在景观环境中的雕塑作品，它在丰富和美化人们生活空间的同时，又丰富了人们的精神生活，反映出时代精神和地域文化的特征。城市雕塑分为主题性纪念雕塑和装饰雕塑两种，世界上许多优秀的雕塑成为城市标志和象征的载体，在环境景观中起着特殊而重要的作用。

（一）城市雕塑的分类

1）按雕塑占有的空间形式分类，分为圆雕、浮雕和透雕。圆雕是进行全方位的立体塑造的雕塑，它具有强烈的体积感和空间感，可以从不同角度进行观赏，在阳光的照射下，会产生丰富的光影，因此有很好的观赏效果。浮雕是介于圆雕和绘画之间的表现形式，它依附于特定的立体表面，一般只能从正面或侧面的观赏角度来观看。透雕是在浮雕画面上保留有形象的部分，挖去衬底部分，形成有虚有实、虚实相间的雕塑，透雕具有空间流通、光影变化丰富、形象清晰的特点。

2）按雕塑的艺术处理形式分类，分为具象雕塑和抽象雕塑两种，具象雕塑是一种以写实和再现客观对象为主的雕塑，它是一种容易被人们接受和理解的艺术形式，在城市雕塑中应用较为广泛；抽象雕塑是对客观形体加以主观概括、简化或强化，运用点、线、面、体块等抽象符号加以组合。抽象雕塑比具象雕塑更含蓄、更概括，它具有强烈的视觉冲击力和现代意味（图3-63）。

3）根据景观雕塑在城市环境中所起的不同作用，可分为纪念性雕塑、主题性雕塑、装饰性雕塑、功能实用性雕塑等。纪念性雕塑主要以庄重、严肃的外观形象来纪念一些伟人和重大事件，一般都在环境景观中处于中心或主导的位置，例如城市中心广场或纪念性建筑前，起到控制和统领整体环境的作用；主题性雕塑是指在特定环境中，为表达某些主题而设置的雕塑，主题性雕塑与环境有机结合，能达到表达鲜明环境主题的目的；装饰性雕塑主要是在环境空间中起装饰、美化作用，以美化渲染为主要目的，不强求有鲜明的思想内涵，但强调环境中的视觉美感，与环境协调，成为环境的一个有机组成部分；功能实用性雕塑，这种雕塑在具有装饰性美感的同时，又有不可替代的实用功能，例如在儿童游乐场中，一些装点成各种可爱小动物的雕塑，本身既点缀了环境，具有美感，同时又是儿童的玩具，具有一定的实用功能。

（二）城市雕塑的功能作用

1）主题功能：通过雕塑本身升华景观空间的主题和含义，通过与其他设施。例如喷泉、瀑布、假山、照明、绿化等结合，赋予空间场所文脉和精神。

2）视觉引导功能：通过其造型和体量，形成视觉焦点，引导游览路线。

3）景观功能：以雕塑个体或群雕自身特征作为景观设施元素，成为景观环境文脉组成部分。

4）传承文化功能：以雕塑形式对历史文化典故的内容进行意译，传承文化，成为某一种特定地域的符号，升华地域特征。

5）雕塑式功能：对某些环境设施例如换气塔、游娱设施、服务亭点、标志广告、绿景等，采用雕塑造型，辅之以色彩处理，这是雕塑与城市景观有机结合最为有效和富于潜力的手段。雕塑式的形态，既保留了原有功能，又为环境增加了趣味。

（三）城市雕塑的材料

城市雕塑由雕塑本身和基座组成，过去通常采用竹雕、木雕、钢雕和石雕等形式，现在创作环境宽松了，在雕塑材料方面可以是单一材料，也可以是多种材料组合。除陶瓷、铝合金、不锈钢、塑料、膜、玻璃钢、铁、玻璃等某些现代材料以外

图3-63　道路边的抽象雕塑（台湾）（图片来源：作者自摄）

图3-64　德国慕尼黑办公建筑入口的石材雕塑（图片来源：房瑞映 绘）

（图3-64），也可以运用清水砖、石料、铜铁、水泥等传统材料，还有一些工业和民用废旧物资，包括草、竹、沙、泥、碎石等当地材料，可以随机变换，雕塑形式多样。

（四）城市雕塑的设计要点

1）环境雕塑布局上一定要注意雕塑和整体环境的协调，使雕塑作品与环境结成一体，相得益彰。

在设计时，一定要先对周围环境特征、文化传统、城市景观等方面有全面、准确的理解和把握，然后确定雕塑的形式、主题、材质、体量、色彩、尺度、位置等，并充分发挥个人想象力和创造力，使其和环境协调统一，对环境质量起到一种提升作用（图3-65）。

2）严格把握创作质量和内容，对发展城市雕塑采取少而精的对策，对拟建造的永久性城市纪念性雕塑方案，须进行全面综合的研究论证和模拟实验，而某些小型装饰雕塑，尽量采用当地材料和普通材料。环境雕塑以美化环境为目的，应体现时代精神和时代的审美情趣，因此雕塑的取材比较重要，应注意其内容、形式要适应时代的需求，不要过于陈旧，应具有观念的前瞻性。

3）依据景观环境整体规划，根据不同场所空间要求，合理选择地点进行安排。通常通过3个方向来预设雕塑位置和高低，注意设计中视觉变形的校正，由于观赏角度不同而产生仰视、俯视等不同而导致物体的变形，会使各部分比例失调，从而影响观赏效果。

图3-65　华盛顿罗斯福纪念公园雕塑游人互动留影（图片来源：房瑞映 绘）

4）通常城市雕塑体量较大，使用的都是硬质材料，必然牵涉到一系列工程技术问题，一件成功的雕塑作品，除具有独特的创意和优美的造型外，还必须考虑到现有的工程技术条件能否使设计成为现实，否则很有可能因无法加工制作而达不到设计的预期效果。而运用新材料和新工艺的设计，能够创造出新颖的视觉效果，同时加工简单易行，值得推广。

5）注意做好城市雕塑夜间照明设计，最好采用前侧光，一般大于180°角，避免强度相等的正上、正下强光的使用，否则易形成恐怖感觉，同时也要体现雕塑立体感而避免顺光照射以及正侧光所形成的半光半暗的效果。

6）应注重城市雕塑与水景、照明和绿化等配合设计，以构成完整的环境景观。雕塑和灯光照明配合，可产生通透、清幽的视觉效果，增加雕塑的艺术性和趣味性；雕塑与水景相配合，可产生虚实、动静的对比效果，构成现代雕塑的独特景观；雕塑与绿化相配合，可产生软硬的质感对比和色彩的明暗对比效果，形成优美的环境景观。

三、水景

水作为人与自然间的纽带，永远是城市环境中必不可少的要素，静止的水、流动的水、喷发的水、跌落的水，这一切都成为城市景观和环境设施设计中最有魅力的主题。而水景就是利用水作为景观设施元素塑造而成的景观，其中为在水中进行活动而使用的设施称为水景设施。

明代的计成在其《园冶》中就理水设计进行了总结，现在水体景观主要通过喷泉、瀑布、跌水、水池等具体景观设施予以实现。一个城市会因山有势，因水而显灵。水是一切生命的源头，也是人类的摇篮，除其跌宕、流淌、飞溅等动态形式，还借助光反射和天空映照等，给我们展现出无穷变化。阳光照射下波光粼粼的湖面，流动的溪水发出的潺潺水声都能给人温馨、安定、回归自然的感受。即使今天人们有能力在任何地方建设自己的家园，但喜水是人类的天性，它永远是城市环境中必不可少的要素（图3-66）。

图3-66　水是城市环境中必不可少的要素（图片来源：作者自摄）

（一）水景的功能

水景因其特有的瀑布飞泻声、泉水叮咚声，随外部光线而发生变化的波光粼粼，镜面一样的倒影，给人动态的美感。随着围合的形状而呈现自身的形态，有直线形，曲线形，自由混合形，正是验证"水本无形，其器形也"。利用水自身形、声、影、光等特点，能够丰富景观层次，实现山因为水而有灵气，水因为山而长流不息。水还能够调节公共空间舒适度，例如提高湿度，降低温度等，提升环境动态循环。水体还可以实现人们在水上观赏和水上活动空间，构成水景观元素，活跃整个空间氛围。

（二）水景的分类

在城市环境中，喷泉、瀑布和水池往往是三位一体，密不可分的。有的时候是它们同台演出竞相表现，有的时候则突出某个重点，这完全依照设计者的意图及公共空间场所决定。

1. 喷泉

喷泉是利用动力将水向上喷射进行造型的水景，以人工喷泉的形式出现在城市环境中，驱动水流，根据喷射的速度、方向、水花等创造出不同的喷泉状态。不同的空间形态及使用人群对喷泉的速度、水行等都有不同的要求，从而创造出多种多样的水姿，例如蜡烛形、蘑菇形、冠形、喇叭花形、弧线形、泡涌、蒲公英球形以及喷雾形。喷水高度也因此不一，有垂直喷水高达数十米的高大喷泉，也有高约10cm左右的微型喷泉。

喷泉除了在城市广场、公园、街道和庭院起到修景作用外，还以其立体和动态的形象在这些环境中兼具引人注目的地标作用，它所创造的丰富语义是烘托和调整环境氛围的要素（图3-67）。这种功能可以促进水质的净化和空气的清新，进而提高环境的生态质量。

喷泉与瀑布、水池本来就是一个整体，这是喷泉最常见的结合方式。除此之外，在城市环境中，喷泉还可以与许多环境设施结合，例如雕塑、断墙、阶梯、灯柱等。近年来，音乐喷泉与声控喷泉也越来越多，有些城市还将动态雕塑等现代艺术和机械技术运用于喷泉设计之中，引起了市民的兴趣和好奇。

1）喷泉分类。按喷水储水面的藏露分为旱喷和明喷，旱喷是喷头及储水池全部隐藏于地面之下，地面同时可以作为活动场地使用的一种喷泉（图3-68），明喷是指喷头和储水池全部暴露的喷泉，在不喷水时管道可能影响景观效果；按喷泉形态及构成要素可分为，模拟花束莲蓬的自然仿生基本型，瀑布、水幕、连续跌落水等人工水能造景型，与雕塑、纪念小品相结合雕塑装饰型喷泉及音乐程控喷泉等；按喷泉水景效果形成因素可以分为，射流喷泉、膜状喷泉、气水混合喷泉和水雾喷泉等。

2）喷泉功能作用。喷泉可以形成动态景观，丰富公共空间的层次关系，并从视觉上引导游览路线，同时具有一定的景观主体参与性，人们可以进入水帘，穿过旱喷区域，同时可以调节景观环境，特别是空气温度和湿度。

图3-67　爱沙尼亚酒店广场喷泉（图片来源：景璟 摄）

图3-68　旱喷设计（图片来源：梁俊. 景观小品设计 [M]. 北京：中国水利水电出版社，2007.）

2. 瀑布跌水

瀑布通常指自然形成的和人工建造的立体落水，由瀑布造成的水景有着丰富的个性和表情，散落、片落、线落、坠落、级落等，加之水量、流速、水切的角度、落差、组合的方式和构成等综合作用，使瀑布产生各种微妙的变化，传达给人不同的感受。

通常情况下，由于人们对瀑布的喜好形式不同，而瀑布自身的展现形式也不同，加之表达的题材及水量不同，造就出多姿多彩的瀑布，跌水就是一种常见的呈阶梯式跌落的瀑布。尽管人们对城市的噪声深为不快，但对瀑布落水之声却感觉舒适，即使是远处传来的声音，也使人联想到水的亲近和欢快。

目前，国内外对瀑布的设置与设计也越来越重视。从狭窄的街道角落到城市落水广场，从立体构成到平面表现，从人工水池设施到自然水道，瀑布在各级城市环境中扮演着重要角色，向人们的生活进行多样的渗透。

1）瀑布的形式。瀑布按其跌落形式分为滑落式、阶梯式、幕布式和丝带式等多种，并模仿自然景观，采用天然石材或仿石材设置瀑布的背景和引导水的流向。为了确保瀑布沿墙体、山体平稳滑落，应对落水口处山石作卷边处理，或对墙面作坡面处理（图3-69、图3-70）。对高差大、水量多的瀑布，若设计其沿垂直墙面滑落，应考虑抛物线因素，适当加大下面水池的进深。对高差小，落水口较宽的瀑布，如果减少水量，瀑流常会呈幕帘状滑落，要注意在瀑身与墙体间做好预防措施。

图3-70 斜坡瀑布（图片来源：金涛 杨永胜. 居住区环境景观设计与营建［M］. 北京：中国城市出版社，2003，1.）

2）瀑布设计要点

（1）先要考量和确定瀑布的形式和效果，根据实际情况确定瀑布的落水厚度，为保证水流的平稳滑落，须对落水开口处作水形处理。在高差小的瀑布落水口处设置连通管、多孔管等配管时，较为醒目，设计时可考虑添加装饰顶盖。

（2）为强调透明水花的下落过程，在平滑壁面上作连续横向纹理（厚1～3cm）处理，如采用平整饰面的白色花岗岩作墙体，因墙体平滑没有凹凸，使游人不易察觉瀑身的流动，会影响观赏效果。

（3）要注意控制瀑布的规模、高度，并把握设置地点的整体环境。在校园和居住小区这样较安宁的环境中，要讲求瀑布的小巧、精致和趣味性。

（4）应慎重对待瀑布的选型和规模，片面追求气势磅礴和规模宏大易造成基地空间尺度的夸张。在开放空间有限的中庭或居住区的中心地带不宜设置较大规模瀑布，尤其落差较大的瀑布，这不单是可能扰民，还因其落水的抛物线和风吹作用都需要设置更大的水池。

（5）如在水中设置照明设备，应考虑设备本身的体积，将基本水深定在至少30cm左右。

3. 水池

在城市景观中，水池有很多种，从富有代表性的自然式池塘养鱼池，到各种广场常用的倒映建筑

图3-69 美国罗斯福广场瀑布（图片来源：聂婧怡 绘）

物的几何形观赏水池，还有美化景观用水池及儿童游乐场中的涉水池等。在设计水池时，应注意掌握好主景石、水面、地面三者间的衔接联系，其附属设施有汀步、池岛、池内装饰、喷泉瀑布等，水池设计的基本要素为材料、色彩、平面选型、其他水景组合等。

1）水池分类

水池依照功能可以分为池塘、观赏水池、养鱼池、涉水池等。园林中的池塘通常被设计成心形或云形，尽量使岸线曲折多变，在感觉上缩短与岸边的距离，与瀑布、溪流一样，还有石桥、汀步、踏步石等；养鱼池的池壁与池底不要有凹凸，应保持平整，以免伤到鱼，必须安装过滤装置，确保水质清洁，池壁与池底的颜色应采用黑色，用以衬托鲤鱼的鲜艳多姿（图3-71）；涉水池可分水面下涉水和水面上涉水两种，都应设水质过滤装置，保持水的清洁，以防儿童误饮池水，水面下涉水主要用于儿童嬉水，其深度不得超过30cm，池底必须进行防滑处理，不能种植苔藻类植物，水面上涉水主要用于跨越水面，应设置安全可靠的踏步平台和汀步，并满足连续跨越的要求。

水池按照水景中的平面构成要素，主要分为点式、面式和线式三种。点式指最小规模的水池和水面，例如饮用和洗手的水池、小型喷泉和瀑布的各

阶池面等，常用在庭院、广场、街道中，尽管面积有限，但是它在人工环境中起画龙点睛作用，能使人感到自然环境的存在；面式水池指规模较大，在空间中起到相当面积控制作用的水池，可以单一的池体出现，也可为多个水池的组合，为了衬托出水的欢快清澈以及瀑布和喷泉的造型，池底面通常选择较艳丽的色彩或装饰图案；线式水池，又可以称为水道，可以置于广场、庭院之中，处理成直线、曲线、折线和曲水流等形式，主要以线型的细长水流为主，以加强其线型的动势并将各种水面（水池、喷泉和瀑布）联结起来，形成有机的整体。

2）水池设计要点

（1）首先确定水池的用途，是观赏、嬉水、还是养鱼。如为嬉水，其设计水深应在30cm以下，池底作防滑处理，注意安全性，而且因儿童有可能饮用池中水，因此尽量设置过滤装置。池底要考虑防滑、防扎，并加强对池底的清扫管理。对池底和护壁均作防水层，以免渗漏。养鱼池，应确保水质，水深在30～50cm，为解决水质问题，除安装过滤装置外，还务必作水除氯处理。

（2）池底处理：如水深30cm的水池，其池底清晰可见，应考虑对池底作相应的艺术处理。浅水池一般可采用与池床相同的饰面处理，或贴砖处理，普通水池常采用砾石饰面或嵌砌卵石的处理。瓷、砖石料铺砌的池底要安装过滤装置，否则存污后会很醒目，铺砌大卵石虽然耐脏，但不便清扫。各种池底都有其利弊，需要根据公共空间需要进行选择和设计。

（3）设置水下照明：配备水下照明时，为防止损伤照明器具，池水需没过灯具5cm以上，因此池水总深应保证达30cm以上，水下照明设置尽量采用低压型。

（4）水池的防渗漏：水池的池底与池畔应设隔水层，如需在池中种植水草，可在隔水层上覆盖30～50cm厚的覆土再进行种植。如在水中放

图3-71　日式庭园风格养鱼池（图片来源：聂婧怡　绘）

置叠石，则需在隔水层之上涂一具有保护作用的灰浆。

（5）池岸必须作圆角处理，铺设软质渗水地面或防滑地。

（三）水景设计要点

设计水景的同时，为美化景观，加强人的亲水性和安全性，水滨和水岸的设计与水景设计同样重要。

1. 水景尺度设计

水景的尺度设计包括三方面内容，环境空间与水景的尺度关系、水景要素间的尺度关系、人与水景的尺度关系。水景与周围环境的尺度决定它与环境的整体协调和对比关系，水景要素间的尺度决定它们之间整体配合能否达到预期的衬托效果，水景与人的尺度，通常表现在人能触及的水景部分，例如高度、深度、平面比例等能否让人有亲近感、舒适感。

水景的尺度宜"小"不宜"大"。大水体的养护困难是设计师在设计之初没有考虑到的，而且大水体往往让人有一种敬而远之的感觉，而没有想亲近的感觉；而小水体不仅容易营建，更重要的是小水体更易于满足人们亲水的需求，更能调动人们参与的积极性；而在后期养护管理中，小水体易于养护和治理。

2. 水景形态设计

水景形态宜"曲"不宜"直"，此原则指的是水体最好设计成曲的，师法自然，这样的水景更易于形成变换的效果，更易于设计成自然的曲水效果。

3. 水景光影设计

在设计时水景始终要处于阳光的映衬之中，充分展现水的造型、水的运动及重点水花造型的方向角度，水景周围树木和建筑的落影、水景设施本身的阴影以及水面的倒影也是设计者推敲、利用的方面。夜晚的灯光设置也可以营造出变幻莫测、多姿多彩的效果。平静的湖面或水池均可反射周围的景象，因此，对水面旁的景物进行打光可以与水面形成动人的风景。面对瀑布、喷泉等水景，常用的手法是从下部打光，彩色的光会随着水体状态的变化，形成如梦如幻的光环境。

4. 水景的亲水设计

让人们近水、亲水是使水景更具吸引力的最佳方法之一。水有一个很重要的特征就是可以触摸到、感受到，现代城市中也尽可能创造亲水环境使人们观水获得不同的心理感受的同时，把手伸进水中或者光着脚丫在水中徜徉，有时还互相打水仗，进而充分地享受水所带来的乐趣。

第七节 公共艺术娱乐健身设施

公共艺术娱乐设施满足人们休闲、嬉戏的需求，锻炼人的心智与体能，使人们的生活质量得以提高，是人们生活中不可缺少的内容。尤其在公园和居住小区环境中，娱乐设施可以给儿童带来欢乐、创造性的开发以及协调能力的培养，它在无形中培养儿童的创造能力和协调能力，使成年人也可以从一些综合性的游戏设施中得到身心的放松，生活积极而健康。

一、儿童娱乐设施

儿童娱乐设施是居住区和公园景区等景观设施系统的重要组成部分（图3-72），据调查，3~14岁儿童在户外活动率，冬季每天为33%，春秋季每天为48%，夏季可达90%。在供儿童游乐的设施器具中，要不断增强儿童"触"的感受，因为儿童是处在多种感觉体验的动态环境中，触觉感受作为感知的重要途径，可以增强对环境的体验，加强人与环境的互动探索。通过孩子在游戏场中翻、转、点、触，培养了儿童动手与动脑能力，唤起了对世界更真实、亲近的体验。

图3-72　芬兰儿童娱乐设施设计（图片来源：景璟 摄）

（一）儿童娱乐设施设计要素

1. 儿童娱乐设施构成及尺寸要求

常用的儿童娱乐设施的材料有钢材、木、竹、玻璃钢、石、植物、绳、网等，要求地上部分形态丰富多样，色彩鲜艳，边缘做好圆角处理，地下部分要非常牢固，防止发生意外。

住宅庭院内的幼儿游戏场受到场地限制，可以设置在住宅之间的庭院中，为6周岁前儿童使用约15×15m²的场地，铺设部分沙坑地面，安放座椅供家长看管孩子时使用，就可以成为规模最小的儿童活动场地。占地不受场地限制，可以结合绿地综合布置，面积约为1000~1500m²，布置在较大的居住小区或公园景区，可安置简易的游戏设施，例如沙坑、秋千、攀登架、跷跷板等小型设施，也可设游戏墙、绘画用的地面、墙面或小球场等。

2. 儿童娱乐设施环境的基本要求

娱乐设施的环境应当是空气污染小而且清洁卫生的，能避开寒冷的北风，阳光充足、明亮，同时，与主要交通道路保持一定距离，确保安全感，成人也可参与其中。从安全防范的角度出发，游乐场的环境还应具有一定的开阔性，便于陪伴儿童的成人从周围监护儿童安全。

3岁以下的幼儿，需要家长的保护，至少应设供幼儿玩耍的沙坑，其次可配备滑梯、秋千等可动

玩具。4岁以上的儿童已经可以利用各种游戏设施与同伴携手游戏，还常设置一些将攀登架与滑梯等组合起来的组合式设施。学龄儿童和少年多喜爱乒乓球、足球等球类运动，因此，以学龄前儿童为主要对象的儿童公园中，除安装各种场地所需的游乐设施外，面积较大的儿童公园还可添置供孩子们玩球的广场，以及涉水池、溪流等嬉水设施。

总的说来，儿童游戏场所应设的基础设施有草坪、铺装路面和软性地面、沙土和水，有条件的场地还可安设附属的游戏设施，例如秋千、滑梯、转椅、攀登架、跷跷板、木马、单杠等。这些设施的内容与造型尽可能多样一些，以提高儿童游戏的兴致和促进孩子攀、爬、立、跳、转等的全面运动。在用地比较紧张的城市居住小区中，可以安设适于儿童多种活动的组合式游戏设施，废旧轮胎和绳网也可作为孩子们的游戏用具。

在看护目光可及范围内，还可设置藤架、花架、和供保护人休息用的座椅等。既可将年长孩子隔离开，又可为幼儿及家长遮荫蔽阳，游戏区内还需设置栅栏、车挡、饮泉、路灯等设施，为游戏设置安全及服务保障。

3. 儿童娱乐设施分类

不同年龄组的儿童，其活动能力和内容不同，同一年龄组的儿童，其爱好也不尽相同。儿童游戏场要为他们设计有特点、符合儿童活动规律的内容与形式。根据不同年龄儿童的活动特点，儿童游戏场可以分为以下几类：

1）儿童娱乐设施按体量规模分为小型娱乐设施和大型娱乐设施，小型如沙坑、涉水池、滑梯、网跳、秋千、爬杆、绳具、转盘、迷宫、爬梯，大型娱乐设施如摩天轮、飞机等较为复杂的设施。

2）按服务用途分为益智游戏设施、健体设施和娱乐设施。

3）按设施材料分为以下六种：金属游戏设施、木制游戏设施、钢筋混凝土设施、橡胶游戏设施、水泥游戏设施和塑料游戏设施。

　　4）按设施组合方式分类

　　（1）直线组合式设施：是最简单的组合方式，将秋千、垂直爬梯等组合在一起共用水平横梁，形成直线的连接方式。

　　（2）十字组合式设施：将横梁制作成十字形，将爬梯、秋千、吊环、单杠等进行组合，两端可设置滑梯或滑杆。

　　（3）方形组合式设施：在矩形框架内，组合各种儿童游戏设施，如在框架一端制作滑梯，另一端制作压板，在左右横梁上制作秋千，还可以在攀登架上组合滑梯。

4. 儿童娱乐设施位置选择

　　1）位置选择在有树木遮荫的地方，周围最好有一定面积的亭廊、休息座椅和草坪，以供儿童活动休息和家长的观望，确保娱乐设施要在监护人易看到的视野范围内，具有看护游戏儿童的最佳视点位置。

　　2）安全性：儿童娱乐设施不能靠近车道，周围应有防护绿篱，地面不宜太硬。

　　3）集中性：可以将相似活动性质的各种设施集中布置，不同性质的设施可分散或分类布置，需要有较宽敞的活动面积，在公共的儿童游戏场，应把适于不同年龄儿童特点的幼儿和少儿活动专场进行区分。

　　4）隔离性：儿童游戏场需要与外界进行分隔，形成相对封闭的袋形空间，这不仅可以减少场地内外的互相干扰，也可以保证玩耍中儿童的安全，要与成年人活动的场所，如篮排球等剧烈运动的活动场地隔离。

　　5）儿童游戏场和游戏设施设计要与地域整体环境结合，其选址和入口形式要与整体环境关系相协调，要充分利用场地绿化和地形地貌等自然条件，处理好游戏设施的造型和色彩对整体环境的美化作用，各个儿童游戏场所和设施间的统筹搭配关系，与周围住宅的合理距离关系，与汽车干道及公共交通的关系等。

（二）儿童娱乐设施的基本类型

　　儿童娱乐设施的基本类型包括沙坑、秋千、跷跷板、攀爬墙、攀爬架等，此外还有模拟各种动物的交通工具、弹跳床及电动木马等，柔软的草坪也是儿童进行活动的良好场所。布置游乐设施时，要充分考虑各种游戏项目的运动轨迹，各项目设施的相互位置关系，以确保儿童安全。

1. 沙坑

　　在儿童游戏中，沙坑既是一个与大地亲密接触的场所，又是一个有助于提高创造意识、体验群体活动的场所，它是儿童游乐场中必不可少的设施，儿童们玩沙会感到轻松愉快，在沙地上，儿童可堆筑自己想做的东西，它属于建筑型游戏（图3-73）。沙坑可以设计成各种形状，常用的有方形、矩形、多边形、圆形、曲线直线组合形。从使用和美观考虑，拐角部分最好做成圆弧形。

　　沙坑设计时应注意以下几个方面：

　　1）规模较小的公园通常设置一个可同时容纳4~5个孩子玩耍，确保每个儿童游戏占用面积至少约1m²的沙坑，坑中应配置经过冲洗的精制细沙，坑深为30~40cm。

　　2）在大沙坑中可将沙坑与其他设施结合起来，进行多种多样的游戏，但是安放时既要考虑儿童的运动轨迹不受干扰，又要确保坑中有基本的活动空间。

图3-73　小区沙坑设计（图片来源：聂婧怡 绘）

3）可在沙坑四周竖砌10～15cm的路缘，一般用混凝土或人造水磨石制成，也可选用木制路缘石或橡胶路缘石，防止沙土流失，或地面雨水灌入。起到栏沙作用的同时，也要考虑儿童坐靠和跨越行为，不宜太高。

4）沙池最好设在向阳处，既有利于儿童健康，又可给沙土紫外线消毒，应经常保持沙土的松软和清洁，定期更换沙料。

5）沙坑旁应设置庇荫条件，例如花架、绿荫树，便于夏季消暑庇荫。

2. 滑梯

滑梯是一种结合了攀登和下滑两种运动方式的游戏设施，在游乐场所有设施中利用率最高，它可以促进幼儿及儿童的全身心发育，孩子们非常喜爱。

为了增强孩子游戏过程中的喜悦感，滑梯通常设计为上下起伏的波浪形或改变滑行方向的曲线型和螺旋形，制作材料可用金属、木材或钢筋混凝土等，整体形状可塑成不同的形态（图3-74、图3-75）。

供3～4岁幼儿使用的普通滑梯滑板，标准倾角为30°～35°，高1.5～2m，高3m左右的滑梯就可以供十岁左右的少年使用了。滑板宽度通常为40cm左右，两侧立缘为18cm左右，便于儿童双脚制动，中间不设凸起物，宽度较大的滑梯可供几个儿童并行滑下。攀登滑梯的梯架倾角一般为70°左

右，宽度约40～100cm，双侧设扶手栏杆，转换休息平台四周设置80cm左右高的坚固防护栏杆，以防儿童坠落。

在设计过程中，要注意以下几点：

1）滑板下端要固定好，板末端承接板的高度约20cm，确保儿童双脚能够完全着地为宜，且着地部分地面应采用类似沙坑的软地面。

2）滑板材料一般选用不锈钢、人造水磨石、硬质塑料等，并应保持平滑，若选用不锈钢材料，要考虑夏天温度问题，因此设置滑梯时应注意地点与朝向。

3）可以设计各种色彩鲜艳的异形滑梯，增加趣味性。

3. 秋千

秋千在儿童游戏设施中利用率也很高，在木制或金属架上系二根绳索，下面栓上一块木板，儿童利用脚蹬板的力量在空中前后摆动，乐趣无穷。秋千通常可分为两大类：有幼儿园的板凳式和座椅式的安全型秋千，还有大龄儿童使用的普通型木板秋千。木板宽度约为50cm，架高2.5～3m，板高距地面35～45cm，除铁制秋千外，还有木制秋千和轮胎秋千等。

秋千设计时，要把握好以下几个要点：

1）设置秋千时，应考虑秋千踏板的摇摆幅度、飞荡幅度、运动轨迹等因素，在两侧空间关系上，

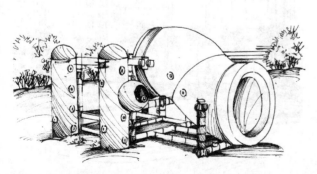

图3-74　独特的滑梯设计（图片来源：聂婧怡 绘）

图3-75　儿童滑梯成为空间艺术的组成部分（图片来源：王忠. 公共艺术概论［M］. 北京：北京大学出版社，2007，12.）

注意与其他设施的合理组合，充分注意安全，秋千的吊链、接头等配件，应选用抗断裂强度高的可锻性铸铁产品。

2）通常在铁制秋千周围应设置高约60cm左右的安全护栏，并保留充足空间。

3）秋千下及其周围地面应采用土、沙等柔性铺装，防止儿童跌伤，由于秋千下地面呈凹势，易积水，需设置雨水管排水或铺设橡胶网垫等辅件防积水，确保孩子们能够在雨后马上使用秋千。

4. 跷跷板

跷跷板是常见的起落式运动设施，两端可乘坐单人或双人，通常采用木材或金属材料支架，木质压板。压板的水平高度约60cm。左右起高约90cm，落高约20cm，端部着地点的设计应十分注意，以免砸伤腿和脚。如果将支点提高，则成旋梯，儿童可站立，手握梯把，上下起落（图3-76）。

跷跷板设计要点：

1）普通双连式跷跷板的标准尺寸，宽1.8m，

长3.6m，中心轴高45cm。

2）跷跷板下应放置废旧轮胎等设备作缓冲垫。

3）跷跷板周围较为危险，应设置沙坑或做柔性铺装。

5. 游戏墙

为适合儿童的兴趣与爱好，可设置各种形状的游戏墙，墙上布置大小不等的圆孔，供儿童钻、爬、攀登、窥望，锻炼儿童的体能并增加趣味性，促进儿童的记忆能力和判断能力（图3-77）。墙体可设计成几组断开的墙面，也可设计连成一体的长墙，墙面可以有图案装饰，也可以做成供儿童在上面画画的白墙面。

游戏墙的设计要适合儿童的尺度，一般为高度1.2m以下的矮墙体。游戏墙能起到挡风、阻隔噪声扩散的作用，其位置可选择在儿童游戏场的主要迎风面或对住宅有噪声干扰的方向上。游戏墙可以分隔和组织空间，为不同年龄组的儿童形成各自小空间，互相活动不受干扰。有的游戏墙还可以做成适合儿童绘画的墙面，引导和培养儿童的艺术爱好。为了儿童安全，避免受伤，墙体顶部应作圆弧处理，墙下则要设置沙坑或做柔性铺装。

迷宫也是游戏墙的一种形式，墙与曲折的道路综合组成迷宫图案。迷宫设计要吸引儿童去探索，有时需强调迷宫的出入口，儿童走进迷宫以后，由于迷途而提高兴趣。

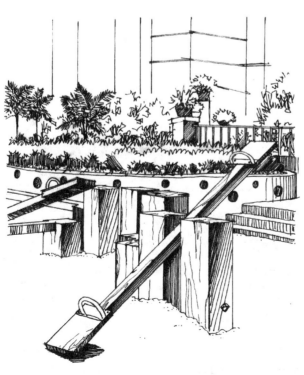

图3-76　小区中的跷跷板（图片来源：聂婧怡 绘）

图3-77　儿童游戏墙设计（图片来源：房瑞映 绘）

图3-78　攀登架设计（图片来源：黄磊昌．环境系统与设施·下·（景观部分）[M]．北京：中国建筑工业出版社，2006.）

6. 水池

规模较大的儿童游戏场可布置浅水嬉水池，水与沙同样都深受儿童喜爱，儿童自幼酷爱玩水，对水有亲近感。从生态环境的角度来考虑，水可以提高小环境的湿度，尤其在炎热的夏天，嬉水池不仅供儿童游戏，也可以改善场地的小气候，起到降低气温和增加湿度的作用。

嬉水池平面可选用各种形状，也可用喷泉、雕塑加以装饰。常用有两种，一种水池深度一致，约20~30cm，另一种池边浅，池底逐渐坡向中央，可以修成各种形状，也可以用雕塑装饰，或与喷泉相结合形成嬉水喷泉。嬉水喷泉水位较低，水池较小，适合低龄儿童玩耍，且因水不断流动而不易受到污染。池附近应设休息凳，可以将高度不一、水深不同的嬉水池结合在一起，分年龄组设置，使儿童分区活动互不干扰，而且不会有危险。嬉水池每天必须清洗一次，每周须换水一次。

7. 攀登架

攀登架一般常用木杆或钢管组接而成，儿童可攀登上下，并在架上做各种动作，是锻炼身体的良好设施。常见的攀登架每段高约50~60cm，由4~5段构成框架，总高约2.5 m左右，可设计成梯子形、圆锥形、圆柱形或动物造型，可设计成组接

的元件，方便安装（图3-78、图3-79）。从安全考虑，架下应设置沙坑或其他柔性铺装，以防止儿童在攀登架上跌落，发生意外。

8. 其他儿童游戏设施

1）混凝土组合游戏器具

用组合起来的竖立和横放的混凝土预制品，例如管材、道牙、混凝土砌块和铺装材料，组合成房屋、拱券、城堡、迷宫、斜坡、踏步等各种游戏用具。儿童有创造性地进行各种方式的游戏，如登高、攀爬、钻洞、跨越、滑行等。为了安全，必须把所有构件的边缘都处理得较为光滑，还必须注意

图3-79　芬兰攀登架设计（图片来源：黄磊昌．环境系统与设施·下·（景观部分）[M]．北京：中国建筑工业出版社，2006.）

防止儿童从1m以上高度坠落，或从坡度陡的混凝土踏步上滑下的可能。

2）废物组装游戏器具

利用废旧物品制作成游戏设施，利用工业废品，例如旧电杆、旧轮胎、下水道管、电缆滚轴等，将其设置成简单的游戏设施，既可以降低游戏场的造价，又可以充分发挥儿童的创造力和想象力。

（三）儿童娱乐设施设计要点及原则

1. 为了使用上的安全及便利，游戏设施应考虑儿童的人体尺寸、动作尺寸范围、体重等相关科学数据，即设物应按照人体工程学的原理与统计资料加以设计，例如儿童攀爬的高度、脚能抬高的尺寸、手握铁管的径粗等，同时注意设施构架的稳固性及其边角的处理。所挑选的游戏设施，既要求安全，又兼具舒适与美观，其色彩也应与周围环境相协调，能经受阳光和风雨的影响而不褪色。同时要兼顾无设施空地的安全防护性。

2. 在设计这种游戏器具时，要考虑适于儿童的活动方式。构筑物的造型设计应考虑能保持清洁，避免有易积水的凹面，必要时要留有泄水孔便于排水，以免积水引起器具的损坏。选择材料耐久、安全、稳定，并便于维护、修缮及管理的设施，例如木制设施，应由具有一定耐久性木材或加压注入无害防腐材料木材制成（图3-80）。

3. 设施设计要符合儿童行为、心理、生理要求，具有一定的冒险、超越、征服、好奇的感觉，可以锻炼孩子的听觉和视觉等感官部分，同时锻炼孩子耐性、精神松弛，能够进行思考、判断、独立和责任的部分，自由地发现和创造游乐的方式，提供儿童在游戏中幻想或扮演不同角色的机会，从而激发他们的想象力和创造力。

4. 进行游乐场选址和布置设施时，既要注意满足日照、通风、安全的要求，又要注意尽量减少儿童嬉戏时产生的嘈杂声对周围环境的影响；儿童游乐场周围不宜种植遮挡视线的树木，应保持较好的

图3-80 小区中的木质滑梯设计（图片来源：房瑞映 绘）

可通视性，便于成人对儿童进行目光监护；设施的布局应考虑儿童的运动轨迹和运动特点，设法使他们能够在有限的范围内获得最大的活动空间。

5. 安全性是游乐设施设计的首要问题，因此，设计过程要经过详细的观察和试验，在结构、材料、造型等方面应尽可能做到绝对安全。例如，一些供攀爬的设施，可以选用软质材料，如橡皮轮胎、木料、绳索之类软性的材料，在形体上避免棱角，转角处进行倒角处理，以避免儿童在游玩时碰伤，降低其危险性（图3-81）。儿童游戏场位置或出入口设置要恰当，避免交通车辆穿越影响安全。

6. 游戏区内容易发生跌落事故的游戏设施下方地面，应采用松土、软性塑胶地面或局部草坪，避免幼儿自设施上坠落跌伤，还要注意沙坑、秋千下地面等特殊场地的排水问题。

7. 虽然游戏设施的主要功能是游乐，但是它们与其他景观设施一样，都是构成城市环境的主要因素。因此，游戏设施不仅要有本身的形态美，也要与所在的游乐场所、公园乃至城市的环境具有整体协调性。

二、成人娱乐健身设施

现代健体设施是供成年人露天健身和娱乐的小型简单设备，占地面积少，人的运动幅度适中，老少皆宜，一举多能，收到很好的效果。现代健体设施不仅设置于体育场、学校校园，在住宅区、办公区、城市绿地中也常见，为人们工作之余休闲运动提供了条件。几种健身设施设置在一起，也就是一组抽象的线型雕塑，成为城市环境中引起锻炼兴趣、增加景观美感的环境设施。这些实用美观的健身器材已出现在城市街头。

成人娱乐健身设施的尺寸设计需要符合人体工

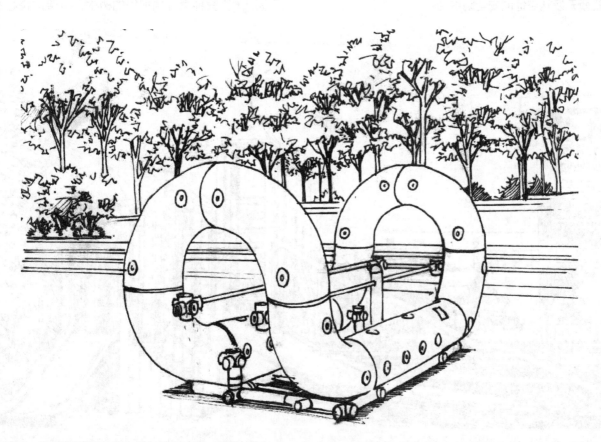

图3-81　圆润的造型增加了安全性（图片来源：聂婧怡 绘）

学的要求，依照成年动作行为幅度而设定，其造型要优美、简洁、实用，地上部分要确保使用过程的安全和可靠，地下部分更要确保牢固和耐久。常用钢架、木板、玻璃钢、绳、网等耐久性好的材料。

　　成人娱乐健身设施分为小型和大型两种，小型的有随时可供健身的压腿、锻炼胳膊、腰等身体部位的器材，其简单易加工，占地小，可批量布置于景观环境中，其无噪声影响，路边环境空间、广场边缘、游园一角皆可安排；大型的娱乐设施宜集中布置，例如网球场、篮球场、乒乓球场等运动设施。

　　成人娱乐健身设施具有如下特点，首先造型独特，色彩明快，具有景观装饰功能；健体设备中引入了多种便捷的健体内容，具有多样性特点；健体设施可因时因地因人而设，例如室外绿地、城市广场、居民小区，甚至街道一角等多种户外环境中均可设立，有很强的随机性；除了健身外，还具有休息、娱乐、导向、互动等多功能性。

　　成人娱乐健身设施选址方面要求易于到达，且与其他安静的户外活动隔有一段距离；不宜建在居民住宅附近，以免影响居民休息；可成片集中布置，形成公共健身娱乐设施景观带。

　　成人娱乐健身设施在设计时要充分考虑成年人人体工程学活动行为尺寸要求，遵循安全原则和成年人审美情趣，根据设施的简易与安全度要求及活动人数有机布置，满足群练和单练要求，场地还要开阔，有很好的视野范围。

第八节　公共艺术照明设施

　　公共艺术照明设施主要是用于各种活动场所和游览场所的夜间采光与装点环境的照明灯具，它强调的是功能性与装饰性的统一。随着城市生活内容的丰富，公共艺术照明设施的质量引起多方重视，路灯、广场灯、园林灯，以及建筑立面照明、雕塑

照明、喷泉水池照明等，各式各样的灯光和照明交织在一起，勾勒出丰富的城市夜景，照明与灯具共同表现出赏心悦目的公共环境（图3-82）。

　　公共艺术照明设施是通过人工光源对城市景观环境的再塑造，是灯光艺术与技术相结合的产物，是城市文化和精神的再现。就功能而论，可分为道路照明、景观照明和装饰照明，道路照明就是为交通和城市某一开放空间照亮，是城市道路景观中重要的分划、引导因素，是道路景观设计的主要内容。景观照明就是把景观设施空间照亮，而装饰照明则以为场所创造环境景观气氛为主。本节将就公共艺术照明设施部分进行深入探讨，从而更好的发挥照明调节情绪，塑造空间的能力，并寻找如何利用光为现代人营造一种全新的生活方式。

图3-82　即体现功能性又体现装饰性路灯设计（图片来源：聂婧怡 绘）

一、公共艺术照明的光源特点

照明设施由电光源、灯具、灯杆、基座和埋设基础等五部分组成。光源把电能转化成光能，常用的光源有白炽灯、卤钨灯、荧光灯、高压水银灯、高压钠灯和金属卤化物灯，照明设施材料包括铁、钢、玻璃、木材等。

光源具有色温和显色性两个独特属性，直接决定了公共艺术照明设施的适用场所。选择光源的基本条件是亮度和色度，合理的光亮程度是影响物体亮度重要因素，一定范围内照度增加，视觉效果也相应提高。例如道路照明光源要求功率大，灯型也较大，多采用光效高、寿命长、效果好的高压钠灯或高压汞灯，一般不用白炽灯；而庭院式灯光源接近日光，多用白炽灯或金属卤化物灯，白炽灯光效低，可满足某种朦胧意境，但使用期限短，金属卤化物灯光效高、使用期长但造价高。

光源种类及适用场所详见表3-7所示。

光源种类及适用场所　　　　表3-7

种类	颜色	特点	适用场合
白炽灯	黄白色光	使用寿命短，带有温暖的感觉	门廊、庭院
三荧光灯	白色、黄白色	寿命长，耗电较少	门廊、庭院
水银灯	白色光	寿命长，对绿色显色效果好，常用作聚光灯、投光灯	杆灯、庭院灯
卤灯	暖白色光	寿命短，显色指数高，光效高	庭院灯
金属卤化物灯	粉色系白光	寿命长，光效高、造价高	高杆灯、低杆灯
高压钠灯、高压汞灯	桔黄色系光	属高效节能型光源，寿命长，显色差	道路照明、生态照明

二、公共艺术照明方式分类

公共艺术照明设施根据照明需要共有3种方式：一般照明、局部照明、混合照明，其特征详见表3-8。

表3-8

照明方式	含义	特点
一般照明	考虑整个照明场所空间，不顾及局部场所特殊需要	一次性投资少，照度均匀
局部照明	为突出某一景点、景区或某一单体景观建筑时所采用的照明	这种照明对局部照度、光源色彩及照度方向都有要求，但通常在照明统一规划时已统一安排考虑，从整体而言不可以只有局部而无一般照明
混合照明	一般照明和局部照明共同组成的照明方式	对照度各方都有特殊要求，场所宜采用混合照明，一般照明照度常不低于混合照明总照度的5％~10%

此外，按照明布置形式分为点式、线式、面式，其中点式是照明局部景点，线式是照明呈线形布置，面式是照明呈片、呈面重点布置突出景区；按照明对象分为：路灯、庭院灯、草坪灯等。

三、公共艺术照明设施功能及布置原则

公共艺术照明功能包括以下三个方面，创造明亮适度的空间环境，提供方便、安全的夜间公共活动空间；与景观点相结合，创造新型光照景色，例如灯光音乐喷泉等，满足夜间游览及节日庆祝活动等要求；满足安全防护保卫要求。

公共艺术照明布置需要遵循以下原则，水银杆灯的布置，一般视其在公共空间中的作用而定，如作为安全照明，其布置的标准间隔为20~40m，如作为入口的导向照明，多以10~20m间隔为准；庭院灯一般按5~10m的间隔布置，低矮的草坪灯一般以3~5m的间隔布置；树木照明一般使用多台聚光灯从左右两侧布光，如采用1台投光器，一般常采用树下垂直向上照明方式；在草坪、雪景中既可采用水平布置光源的方法，表现庭园空间开阔，也可像月光投射一样，从空中投光照明。

四、公共艺术照明设施设计要点

1）照明设施在布置上，最主要是根据人群活动的范围与动线，依其活动强度，决定整体的照明需求。需要仔细评估和确认，否则容易造成某些区域因灯具间彼此相隔太远而亮度不足，有些区域则光照过强，令人感到不舒适，很容易造成使用者活动时的困扰以及不安感。

2）造型设计部分，要配合四周环境，避免自身造型过于突兀，影响景观效果。如何与四周景观设施彼此联系又各成系统，安装系统有序是设计过程中需要考虑的问题（图3-83）。

3）在公共空间中，视觉是从一个场所到另一个场所，因此人眼适应性是设计需要关心的部分，要保证照明均匀，如反复变化就会产生视觉疲劳影响观赏效果，因此，在满足景色需要的基础上，应调节不同环境中亮度均匀程度。

4）尽量避免眩光影响，当由于照明亮度分布

图3-83　德国莱茵河畔独特的护栏照明（图片来源：鲍诗度著. 城市公共艺术景观［M］. 北京：中国建筑工业出版社，2006.）

不当或亮度变化幅度太大，造成观看物体时人感觉不通透或视力减低的光照情况发生时，将影响光照主要效果。要通过正确设计照明灯具的最低悬挂高度，并及时调整光源方向到最佳，同时选择发光面大、亮度低的照明灯具，以减少眩光情况的发生。配置光源时，应避免使光源直接进入视野范围，为避免产生侧面眩光，或选择可控制眩光灯具，或挑选合理的布光角度。

5）道路弯道地段应布置于弯道外侧；交叉节点地段应布置于转角附近；对于直道部分可依路幅宽度大小在双边布置、单边布置或交错布置，当路宽小于7m时可单边布设。

6）在管理维护上，要定期检修保养，为维持照明的亮度，灯泡、灯管或灯罩也应定时清洁维护，确保照明品质，并且要提供使用者或大众方便报修的机制。

7）节能设计是很需要关注的部分，以经济、简洁、高效为原则，现在利用太阳能的公共艺术照明设施设计进入了实用而普及的阶段，利用白天储蓄的电力，供晚间使用。此项技术尤其可大力推广在位于郊区的地景上，可减少传统发电远距离传送电力所需的设备成本。

五、公共艺术照明设施的类型

（一）道路照明设施

道路照明是城市环境中反映道路特征的照明装置，在城市照明中数量最多、占地面积最广，并占据着相当的空间高度，排列在城市广场、街道、住宅区和园林路径中，为夜晚交通提供照明之便，是公共艺术照明设施中很重要的一个部分（图3-84、图3-85）。道路照明本身沿路成线状排列，因此也是公共空间中重要的分划和导向因素。

1. 道路照明基本设计元素

道路照明中，灯杆和灯具的布光角度决定了照明的范围，灯杆是灯具的支撑体，在某些场所，建筑外墙、段壁、门柱也可以起到支撑灯具的作用。可以根据环境场所的配光要求确定灯杆的高度和间距。

路灯一般采用镀锌钢管，底部直径ϕ160～180mm，高为5～8m，伸臂长度为1～2m，灯具仰角常采用0°、5°和10°。道路照明选择光源的基本条件就是亮度和色度，目前国内在道路照明上使用最多的电光源是白炽灯、高压汞灯和高压钠灯，具有价格便宜、使用方便、发光效能高以及使用寿命较长的优点。

道路照明灯具的分类有以下几种情况，按用途可分为功能性灯具和装饰性灯具两大类。功能性灯具要求光的利用率得以提高，眩光也受到限制，配光符合道路照明要求，常用在一般道路、大型广场、停车场及立体交叉场所等照明场所；装饰性灯具一般采用装饰性透光部件围绕光源组合而成，并适当兼顾效率和限制眩光的要求，一般多用于庭院、商业街道的照明、人行道等艺术效果要求高的照明场地。按灯具的光强分布分类，道路照明灯具可分成截光型灯具、半截光型灯具及非截光型灯具三类，具体参见表3-9所示。

图3-84　英国多佛海滨广场照明设计细部（图片来源：景观设计［J］．2011，09.）

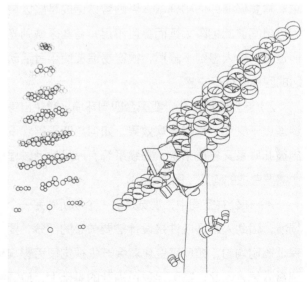

图3-85　英国多佛海滨广场照明设计细部大样（图片来源：景观设计［J］．2011，09.）

灯具种类、特点及应用场合　　　　　　　　　　　　　表3-9

灯具种类	最大光强方向	特点	应用场合
截光型灯具	0°～60°	获得较高的路面亮度与亮度均匀度，但道路周围地区较暗	高速公路或市郊道路
半截光型灯具	0°～75°	对水平光线有一定程度的限制，同时横向光线也有一定程度的延伸，有眩光但不太严重	城市道路
非截光型灯具	无	眩光严重，但看上去有一种明亮感	车速较低的街道、公园、景区道路

2. 道路照明灯具常用材料

1）壳体：壳体的常用材料是铝、玻璃钢，两者质量轻、耐腐蚀、强度比较高且适合于大批量生产，差别在于玻璃钢比铝还要轻，但刚性和散热性能不如铝；而且铝可以铸造成各种复杂形状，而玻璃钢只能压成比较简单的形状。有时壳体还可以用薄钢板制作，其优点是机械强度高、成本低，适合大批量生产，缺点是对表面的防腐处理要求高。

2）反光器：为了提高反光性能和耐腐蚀性、耐磨性和可擦性能，可采用高纯铝来制作反光器，但它比较软，为了提高铝的强度，有时在高纯铝外面再套上一层普通铝（图3-86、图3-87）。还可以在玻璃钢、塑料或其他金属上镀上一层铝来做反光器，但不太经济。

3）透光罩：根据不同道路照明灯具的要求，有多种材料可供选择，常规道路灯具透光罩多用耐热有机玻璃制作，它透光性能好，无论是在太阳或灯泡的紫外线辐射作用下都不易变色，耐化学作用性能好，具有合理的抗冲击程度；泛光灯的透光罩多用钢化玻璃，是因为泛光灯一般采用的光源瓦数比较大，灯具尺寸有限，光线又往往过于集中，罩子内表面温度比较高，有机玻璃一般经受不住，因此只能选用耐热性能好的钢化玻璃，钢化玻璃还有一个特点，就是破损时形成的碎块不易伤人；有些场所还可用聚碳酸酯做透光罩，它的最大优点是机械强度高、耐热性能好；缺点是在紫外线辐射作用下会改变颜色，而且价格高。

4）密封圈：为了使灯具密封得好，从而达到较高的防尘防水级别，壳体和透光罩的接触面，除了

图3-86　铝质反光器（图片来源：景璟　摄）

加工要精细，保证不留明显的空隙外，还要采用质量好的密封胶圈。此外，透光罩和壳体之间的连接扣也很重要，其质量好坏会直接影响到灯具的密封性能。

3. 道路照明灯具分类

由于灯杆所处环境的不同，对照明方式以及灯具、灯杆和基座的造型、布置等也提出不同的综合设计要求，以路灯的高度为主要依据对其进行分类：

1）低位置路灯：灯具位置在人眼的高度之下，高度约30～120cm，它一般设置于宅院、庭

图3-87　带反光板的路灯设计（芬兰）（图片来源：景璟 摄）

园、散步道等较为有限的步行空间环境，被专业人士称为庭院灯。此类灯具可独立设置也可与防护柱结合而用，它表现一种亲切温馨的气氛，以较小的5～10m间距为人们行走的路径照明。埋设于园林地面和踏步中，或嵌设于建筑入口踏步和墙裙中的灯具也属此类路灯的特例，其间距以3～5m为宜。

2）步行和散步道路灯：灯杆的高度在2.5～4m之间，灯具造型有筒灯、横向展开面灯、球灯和方向可控式罩灯等。高度在2.5m左右的路灯一般以10～20m间距设置于道路的一侧，可等距排列，也可自由布置，这类灯具和灯杆造型应有个性，并注重细部处理，以配合人在中、近视距的观看效果。

3）普通干道和停车场路灯：灯杆的高度在4～12m之间，通常采用较强的光源，间距选择20～40m。这种路灯的灯具设计要考虑控制光线投

射角度，以防对场所以外环境造成光的干扰，在强调入口的导向作用时，其间距可为10～20m。

4）专用灯和高杆灯：专用灯指设置于工厂、仓库、操场、加油站等一定规模的领域空间，高度在6～10m之间的照明装置，它的光照范围不局限于交通路面，还包括场所中的相关设施及夜晚活动场地。高杆灯也属于领域照明的装置，它的高度在20～40m之间，照射范围要比专用灯大得多，一般设置于站前广场、大型停车场、露天体育场、大型展览场、露天市场、立体交叉区等处。

（二）景观照明

景观照明主要用于庭园广场、游览步道、绿化带等场所，其高度通常为2m左右，草坪灯主用于草坪，植物或小型广场地面部分照明，灯高70～100cm，也可以采用地灯，贴于地面上，但要注意安全、防护景观环境照明设计。

景观照明通常采用低压配电系统，为保证景观效果，采用电缆线在场地埋设的方式，路灯线路长度控制在1000m以内，依照公园、绿地、广场等景观环境的平面总体规列图及景观效果图进行灯具选择和安装布置，以确保照明质量。常用钢筋混凝土灯柱、金属灯柱、木制灯柱等，基座常选用石材、混凝土和砖块等（图3-88）。

1. 景观照明灯具选用原则

景观照明灯具选用应依照使用环境条件、光强分布、限制眩光等要求，选用效率高、维护方便的类型。

1）正常情况下宜选用开启式灯具，方便省电。

2）潮湿或特潮湿的场合可选用密闭型防水灯或带防水防尘密封式灯具。

3）可按光强分布特性选择灯具，例如灯具安装高度小于6m时可采用深照型灯具，在6～15m时，可用直射型灯具，灯具上方有观察对象时需用漫射型灯,对于大范围照射则采用投光灯等高强度灯具。

4）选用草坪灯时要服从景观环境整体照明及夜间效果规划，可依据植物景观设计及广场空间整体灵活布置，要求选择体量小能隐藏光源避免干扰的草坪灯，一般使用白炽灯或紧凑型节能荧光灯，既节能又有足够亮度且照明柔和（图3-89）。

5）应保证有恰当的照度。据园林地段的不同，有不同的照度要求，如出入口广场等人流集散处，

图3-88 西安大雁塔景区传统石灯（图片来源：景璟 摄）

图3-89 掩映在植物中的庭院灯（图片来源：作者自摄）

要求有充分足够的照度，而在安静的散步小路则只要求一般照度即可。整个园林在灯光照明上，需统一布局，以构成园林中的灯光照度既均匀又有起伏，具有明暗节奏的艺术效果，但也要防止出现不适当的阴暗角落。

6）保证有均匀的照度，首先灯具布置的位置要均匀，距离要合理；其次，灯柱的高度要恰当而且同样。灯具设置的高度与用途有关，一般高度6m左右，而大量人流活动的空间，园灯高度一般在4~6m，而用于配景的灯，其高度应随意而定，有1~2m的，甚至数十厘米高的不等，而且灯柱的高度与灯柱间的水平距离比值要恰当，才能形成均匀的照度。

2. 景观照明设计原则与要求

1）景观照明要服从公共空间的统一规划设计，充分强调规划的主要景区和干道，主要依照照射对象的质地、形象、体量、尺度、色彩及周围整个景观环境关系等因素，选择各种照明手法，其中泛光灯的数量、位置及投射角是影响照明效果的关键。夜晚公共空间细部的可见度则主要取决于亮度，因而泛光灯可根据需要，进行距离调整，对整个物体而言其上部平均亮度为下部的2~4倍时可使观赏者产生上下部亮度相等的感觉。

2）不宜泛泛设置照明，而应利用不同照明方式设计出光的构图，结合景观的特征，以充分显示环境景观的艺术效果，例如轮廓、体量、尺度和形象。

3）灯光方向和颜色方面，选择上应采用照明的位置能便于通电，可看清环境景观的材料、质地和细部。例如某些阔叶树种如白桦树和垂柳等对泛光灯有良好的效果，白炽灯则可增加红、黄色花卉的色彩，而汞灯使树下和草坪的绿色鲜明夺目。

4）在水景照明处理方面根据所要求的效果来设计，对周边环境照明，可以投射到如被灯光照亮的小桥、树木或建筑，使其投射水面，呈现一种梦幻

图3-90　中国台湾瀑布假山景观照明（图片来源：金涛　杨永胜.居住区环境景观设计与营建. 北京：中国城市出版社，2003，1. ）

般的意境（图3-90）。而对瀑布和喷泉等动态水照明，则需要灯光透过流水并置于水平面之下，以形成水柱的晶莹剔透、闪闪发光的感觉。水下设灯具照明时应注意其隐藏，以免影响视觉效果，一般以水下30～100cm为好。水下色灯常用红、黄、蓝三原色，其次用绿色。

5）彩色灯光的使用要注意和自然景观的协调，在特殊需要时可有限度地使用，同时注意灯具自身对景观效果的影响，因此不管白天或夜晚都应避免照明设备干扰，要进行隐藏或装饰，尤其是对电线及供电箱等设备的处理。

（三）装饰照明

装饰照明在现代城市夜景中已经成为越来越重要的内容，它用于建筑立面、园林树丛、桥梁和城市装饰设施中，其主要功能是衬托景物、装点环境、渲染气氛，有时兼具道路照明的作用，从而形成引人注目的亮区，也成为吸引夜晚游人的聚集点。

最近几年，随着城市景观的发展和能源的充足，新的装饰照明灯具应运而生，例如光纤维、导光管、三基色灯等，这些层出不穷的新灯具、新光源出现在城市夜景中，都在为人们创造舒适、愉快、兴奋的工作和生活环境，成为城市照明景观设计的目标。

装饰性灯具一般采用装饰性透光部件围绕光源组成，并适当兼顾效率和限制眩光的要求，讲求光环境的整体塑造，同时也要注重各个部分或区域的自成体系，互补共利，彼此协调。在同一区域内，场所的面、形体及细部是灯光塑造的不同素材，可以根据被刻画物特点采取单项和综合办法。良好的灯光设计构思和创意，从被照物体的特点、材料、外观等到灯具光源的位置、角度和强度都要缜密考虑，是一个反复比较和改进的过程。在装饰照明中，要避免产生眩光，选择恰当的高度和角度，使发光源置于产生眩光的范围外，或将直接光源加乳白灯罩等办法换成散射光源。

1. 装饰照明的分类

根据装饰照明灯具的不同设置方式和照明目的，可将其分成两类，隐蔽照明和表露照明。隐蔽照明是将其光源埋设和遮挡起来，只求照亮、衬托景物的形体和内容。例如园林树丛草坪中的埋设灯具和某些低位置灯具，应尽力避免突出自身的造型和光源所在位置，只需勾画出环境的特征；而表露照明通常以单体或群体表现，形成夜晚独特的灯光景观，例如园林中的石灯，水池中的浮灯，商业建筑立面和地面的发光板，某些灯光雕塑、灯光喷泉及造型艺术等。环境中的单体表露照明，除突出表现环境气氛外，还应注重灯具及支撑体的艺术造型，如果是群体，则以整体造型和色彩组织为主。

2. 装饰照明应用

装饰照明一类是应用在建筑立面的装饰照明，还有一类是应用在景观装饰场所照明。在道路沿线建筑形体照明中，要充分利用建筑物的线条、形状特征及周边环境特点，创造出良好的艺术气氛，灯具布置要找出建筑物的有利特征及理想的画面角度，在夜幕降临时形成一幕幕动人的画面。而景观装饰场所照明，既有照明的功能又有点缀装饰城市环境的功能，因此，要保证晚间游览活动照明需要的同时，又要以其美观的造型装饰环境，为城市景色增添生气。绚丽明亮的灯光，可使城市环境气氛更为热烈和生动，欣欣向荣而富有生气，柔和轻松的照明则会使城市环境更加宁静舒适和亲切宜人。装饰照明广泛用于城市装饰设施中，例如喷泉水池、雕塑、花坛、踏步、防护栏和防护柱等，使其具有很好的单体形态美，创造更美好景观环境。

04

Design Drinciples of Landscape Facities

第四章

景观设施的设计原则

第一节　以"人"为设计的核心

作为人类生活和活动不可缺少的物质形式，景观设施服务于人，它所体现的价值最为重要的就是以人做为设计的核心。强调以人为中心，努力通过设计活动来提高人的生活和工作质量，以"人"为核心是设施设计的一条基本原则。人作为空间的主体，在使用景观设施的过程中，其行为、心理都直接与周围的空间环境发生着这样或那样的联系。人性化原则的设计充分考虑到人的行为习惯、人体的生理结构、心理状况、思维方式，设计中的合理性是对人心理、生理、精神需求的尊重和满足，是对人性的尊重。

这种设计不仅表现出设施的技术与工艺性良好，还体现出整个设计与使用者生理及心理特征相适应的程度。人们会被适合自身需要的设施所吸引，那些适宜使用的个性化设施，在尺度、形状、特征上明显地与它们要服务的目的相适应。所以，我们不仅是设计一个"物"，而应从中看到"人"，考虑到人的使用过程和将来的发展。

一、符合人体的尺度

人体尺度是景观设施设计所要遵循的最基本的数据。不同年龄、性别、地区、民族和国家的人体有不同的尺度差别，人体尺度是达成景观设施功能合理的重要参照。景观设施的服务对象是人，在室外空间中使用的频率很高，与人体的关系也十分密切，因此，必须从使用者的实际要求入手，以人体尺度为主要切入点，仔细研究设施的用途、材料、细部处理等方面，根据不同的受众有针对性地提出特定的解决方案。例如设计儿童游乐设施，就要针对这一特殊的群体研究其行为模式和爱好，以儿童的人体尺度和心理特点为主要设计依据。除了设施个体强调其在使用过程中的安全性以及合理性外，还必须根据设施的使用要求，在其周围留有充分的活动空间和使用余地。其造型及布置方式，都必须符合儿童的人体工学，这些问题都需要进行科学合理地解决。例如秋千座椅的高度既要合理，同时，由于秋千有前后摆动的特点，所以，在布置时，还必须考虑到这个摆动区域的尺度。如图4-1，成人和儿童的饮水器高度的差别来自于二者之间的身高

图4-1　成人和儿童的饮水器高度的差别来自于二者之间的身高特点（图片来源：孟姣　绘）

特点；如图4-2，垃圾投放口的高度要根据人手的高度进行设计。在公共空间中，座椅的高度大约在30~50cm之间，低于或高于这个范围就不太舒适。图4-3中的座椅是结合植被坛进行设计的，人们通过自身的感知判断它除了维护树木的作用外，还具备能够提供给人"坐"的尺度和形态。

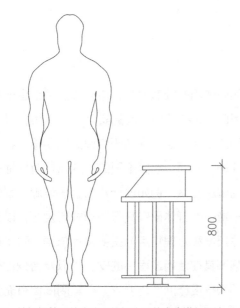

图4-2　垃圾投放口的高度要根据人手的高度进行设计

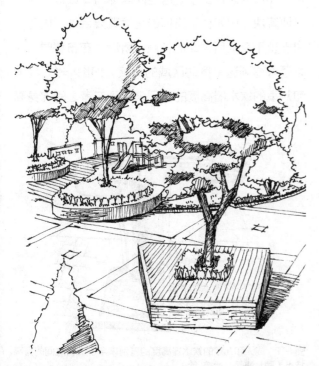

图4-3　结合植被坛设计的座椅（图片来源：张文炳 绘）

最优美的景观设施造型，也要体现"物为人用"的思想。那些符合人使用的个性化的景观设施，它们在尺度、形状、特征上明显地与它们要服务的目的相适应。

二、符合人的行为特点

人们每天的室外活动都离不开周围的公共空间，这些环境为人们的日常交流提供了一个空间载体。而布局其中的景观设施供人们使用与观赏，当人们累了的时候可以在公共座椅上休息，热了在亭子中乘凉，不同的活动方式影响和指导着景观设施的设计，另一方面，它们设计的合理与否直接关系到人们对空间的利用和交往的效果。所以，如果要深层的研究景观设施功能合理性还必须了解人的活动方式，综合考虑各种自然因素、社会因素和人为因素才能形成宜人的空间环境。

（一）人在公共空间中的活动方式
人是社会的一员，人们之间要进行信息、思想和情感沟通等各种公共的社会交往，这种交往大多是在公共空间中进行的。正是人们对空间需求的公共性决定了室外公共空间的存在与发展，公共空间为人类生活的各种行为提供必须条件，具有与人行为相关的物质属性。丹麦城市设计家扬·盖尔在《交往与空间》一书中将人在公共空间中的活动分为三种类型，即必要性活动、自发性活动、社会性活动（图4-4）。必要性活动包括人们在日常生活中不可缺少的活动，例如上学、上班、候车、出差等，是每个人都会不同程度参与的活动，具有一定的规律性、方向性与目的性。由于这种活动带有不由自主性，参与者基本没有选择的余地，因此室外环境对这种活动影响不大。自发性活动与人的自身情感联系密切，是人们在感觉外部条件适宜、天气和地点都具有吸引力的条件下才出现的意愿，例如散步、晒太阳等。大部分户外娱乐活动基本属于

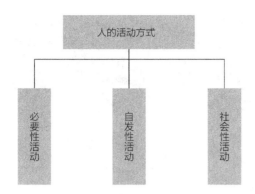

图4-4 人在公共空间中的活动类型（图片来源：孟姣 绘）

这一范畴，这些活动有赖于外部的物质条件。社会性活动有赖于他人的参与才能实现，包括两人以上的群体在公共空间内产生的各类活动，例如集会、聊天、做游戏等。这三类活动基本概括了人们在室外的全部活动方式。人是属于社会而不是封闭的个体，所以社会性活动是最主要也是最普及的活动方式。这三种活动也并不是相互割裂、独立存在的，有时候可以发生转换。例如当一个人最初是独自散步或行走在上班的路上，在一个适宜的空间中和一个熟悉的人或因某种共同的事件而联系在一起的人进行交谈，那么，这个人由原来自发性活动或必要性活动变成了社会性活动。

无论是必要性活动、自发性活动还是社会性活动，它们不同的目的决定了人们对室外场所依赖性的不同，在城市外部环境设计中应针对不同类型活动提供不同的环境设施。人们创造环境的意义不是单一地提供一个空旷的区域，而是将环境建成一个复合的系统。例如公园不仅仅是一片有着树木花草的场地，公园中的树阵、花坛、座椅、雕塑等可以为使用者提供更多使用功能，为人们之间的见面聊天、散步、游戏等各种活动提供便利，吸引人们将更多的生活细节放置在这个公共空间中完成。例如在确定一个场地提供景观设施之前，要定位它是用来满足人的哪种活动方式，是散步休闲还是读书学习，是游戏娱乐还是健身锻炼，根据场地的功能指导景观设施在环境空间中的设计与布局。

从上面的论述中我们知道，人们的活动在许多情况下是多元的。例如，校园的广场不仅具有集会、通行、举办活动的用途，还有停留、休憩等综合的物质功能，这些用途在环境与人的具体生活结合后才会表现出来。这就要求功能的组合整体化，使景观设施与人的互动关联进行综合化处理，使人的物质需求得到充分全面的满足。

（二）人们在公共空间中的行为习性

人类在长期与环境的交互作用中，为了适应外部空间环境下意识地采取某种行为，并不断重复这种活动模式，久而久之成为人的行为习性。了解这些将会对景观设施设计有着非常重要的帮助。

1. 抄近路或选择直线性道路

当人们在户外为了某一预定目的需要穿越一定的空间时，可能有好多条道路可以到达目的地，但只要不存在障碍或其他原因，人们总是趋向选择最近的路径，即大致成直线向目标前进（图4-5），许多外部空间设计中经常采用直线形作为道路规划设计的主题（图4-6、图4-7）。当然在满足散步、闲逛、观景的区域，可以把道路设计的蜿蜒曲折，增加行走的趣味性和空间的景观性。

美国迪斯尼乐园是世界上特大型游乐园，它以设施完美和设计的精巧著称于世。当年在主体工程

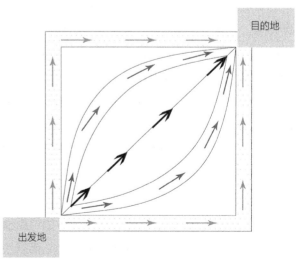

图4-5 人们总是趋向选择最近的路径，即大致成直线向目标前进

竣工之际，它的设计者，世界著名的建筑大师格罗皮乌兹为连接景点与景点之间的路径费尽心思。在受到法国葡萄园农妇"投币后自由采摘"的启发，撒上草种对游人开放。过了一段时间，在景点与景点之间，游人踩出了一条条道路，格罗皮乌兹依照这些路径设计出了景点之间的道路，他的这一设计获得了当年美国园林艺术最佳设计奖。

　　抄近路习性可以说是一种泛文化的行为现象，存在于不同背景、地域、年龄的群体中。在设计时要充分考虑人的这一习性，借以创造丰富和符合人性的环境。如果在环境空间的抄近路属于不合理的行为，可设置矮墙、绿篱等障碍阻止这种行为的发生。

2. 靠物和靠边

　　当人处于一个空间时，并不是对这个空间中的任何位置都有良好的接受性。观察表明，人总是偏爱逗留在空间中的柱子、树木、花坛等附近，喜欢在墙边、护栏等有边界的地方休息、散步。用环境心理学的术语来说，这些依靠物能够形成对人的吸引半径。图4-8中靠近绿地而设置的亭子，虽然起不到遮阴避雨的作用，但对人们来说，却是心仪的停留处。从交往的需要来说，依靠一个具有标识性的柱子或其他东西可以确定与他人的约会地点，容易发现对方。在一个开敞的广场，如果中间没有特殊的景观物，人在广场中停留时多半自然聚集在广场周围，一般不会逗留在广场中央无依靠的地方。根据人的这种活动特点，应在这些空间的周围设置袋状的活动场所，并设置相关的公共设施，既吸引过往的行人逗留，又可以随着人流参与活动。如果周围缺乏供人自然逗留的地方，即使行人众多，也只能成为穿行的过道。这反映出人的边缘性行为特点。人类在空间中习惯于寻找依靠物、处于边缘地带，心理学家分析这可能源于人的安全性需要，人们依靠在这些物体旁边降低了在空间中的"孤独感"，从感觉上获得了一种庇护感和隐蔽性。而且还可以规避一些突发的状况发生，例如快速奔跑的人

图4-6　沈阳万科新里程景观设计（图片来源：杨亚宁 绘）

图4-7　直线型道路（图片来源：当代德国景观设计盘点 [M].曲方舒译. 北京：中国电力出版社，2007，02. ）

图4-8　靠近绿地设置的亭子（图片来源：吴思贤 绘）

与快速行驶的车辆的冲撞。并且边缘位置面向中间是视野开敞的地方，可以领略到其他更富有公共性的活动，这样的位置具有一定的私密性和领域感，为人们营造了从一个小空间去观察更大空间，有利于防卫的安全氛围。

尺度大的空间比小的空间需要更多的类似依靠物的设置，例如树木、水景池、雕塑等。因为一个尺度较大的空间可以对进入它或在其间闲逛的人产生巨大的压力，而且，如果在这个空间放置一条小长椅，对比之下这个空间似乎更加骇然不可亲近，坐在这个长椅上的人只会感受到他与整个广场的关系。然而，如果我们在靠近长椅的地方设置一棵树、喷池或一个装饰屏障，整个空间似乎被依靠物隔断成较小空间，人因此也会变得更加愉悦、放松。一个试图表现神圣、庄严的空间对依靠物的设置就要相对减少。

3. 观景与观人

人喜欢观看美好的景物而让自己的心情放松并获得快乐，一个景色优美的公园对于人们生活的调节作用是显而易见的。其实，"人"也是景观中的重要构成因素，"人和景"构成了观景的内容，观景的人在一定程度上也在观人，看人的同时也被人所看，这种行为反映了人对于信息交流和了解他人的需要。"人看人"的概念由共享空间的创始人波特曼提出，他重视人对环境空间产生的情感上的反应和回响，手法上着重于空间处理，倡导把人感官上的因素和心理因素融化到设计中去，创造一种人看人的和谐环境的氛围。他的"建筑是一种大众艺术，建筑是为人而不是为物"的思想有力地说明了他对创造供人们交流休息活动的场所的追求。这种"观人与被观"的理念也同样适用于外部环境人们的行为习性和心理需求。通过看人可以了解到流行款式、社会时尚和大众潮流，人对于信息交流、社会交往和社会认同的需要。通过被人所看，则希望自身被他人和社会所认同。也正是通过视线的相互接触，加深相互间的表面了解，为寻求进一步的交往

提供了机会，从而加强了共享的体验。研究证明，在不同群体中，看人与被看存在明显的差异，在中青年群体中喜欢看人也同样注重被看的感觉；老年人更多地是看人看景，并不重视被人所看；儿童对外界的感知力稍差，往往忽略看人的感受，而是更为主动地表现自己，以引起别人的注意被人所看。

基于人在进行公共交往时的视听要求，小型公共空间两端之间的距离不宜大于30m，长度方向则可以略长一些，因为，处于这个距离，刚好能辨认一个人的年龄、性别、动作、脸部，满足了观景与观人的需要。因此，一些小型公共广场和小游园受到人们偏爱的原因，除了具有亲切与安全的优点外，这类场所具有适宜的人看人的尺度也是其中一个原因。

（三）人际交往的空间尺度

在社会性交往中，人们常常根据事件、人物、场景的不同，自动地调整着彼此之间接触的空间尺度，无论陌生、熟人还是群体成员之间都保持着一种自我适当的距离。日本的环境心理学家把它称为"心理的空间"，人类学家霍尔则称之为"空间关系学"，并在《隐匿的空间》一书中根据人们熟悉和亲近的程度，在各类活动中保持的距离，定义了一系列的交往尺度。人与人之间的距离反映出所采取的交往方式。

1）密切距离：0~0.45m，这种空间尺度作为父母和子女、恋人之间的距离时，由于距离较近，人的各种感知变得非常清晰，并且触觉成为主要的交往方式，常常用于爱抚、体贴、安慰等强烈的感情体现。有时这种距离还出现在身体密切接触的体育竞技摔跤格斗中，双方之间是被动的接触，这只能说是一种不带感情色彩的近距离运动项目而已。密切距离出现在不同的场合会产生不同的心理反应。例如在一个人流量较少、空间开敞的公共场所，如果一个陌生人无缘无故地走到你面前45cm以内的距离，一般会引起你严重不安或猜疑，人们

会采取避免眼神注视、微笑等来表示你的警惕和不满，从而取得心理的平衡。但在一个集市或狭窄的人行道上，陌生人身体之间通常会保持一臂的距离，如果出现拥挤等外在因素的影响，即使有人无意间碰到你，一般也不会介意。

2）个人距离：0.45~1.20m，可以用一臂长来形容这个距离。处于该距离范围内的双方都能够清楚地觉察到相互之间的信息传递，是亲朋好友之间进行各种活动的距离，适用于亲属、师生、密友等促膝谈心或日常熟人之间的交谈。这种距离在保持双方亲近感的同时还具有一定的个人空间。

例如在公共场所中，一个双人椅的长度大约是1.2m左右，这种设计决定了人们的距离，如果椅子上坐着一个陌生人，那么剩余的空间也很难被选择再坐。如果是1.5m左右的三人座椅，已经有两个人使用，一般很难再有第三个人坐。这主要是由于之间的距离超出了个人距离，使人感觉不安和尴尬。

3）社会距离：1.20~3.60m。从亲密距离、个人距离到社会距离，人们之间的空间尺度逐渐增大，由视觉提供的信息逐渐减少，其他感觉也变得微弱，人们相互的触觉接触已不可能。这种距离一般存在于同事之间、一般朋友之间、上下级之间进行日常交流中。这一距离在室内外的空间中会出现不一样的反应，在室内空间，即使熟人在这一距离出现，坐着工作的人即使不打招呼继续工作也似乎不为失礼。反之，在室外空间中，熟人出现在这一距离内，如果不打招呼会产生误会，这是由于相对于较开敞的外部空间对比使这一距离变近的缘故。

4）公共距离：3.60m以上的距离，是演员或政治家学者与公众正规接触或彼此毫不相干的人之间的距离。在讲演、集会、讲课等大型室外活动，由于距离较远，基本不能察觉细微的感觉信息，双方之间是一种单向交流。

人们之间的距离在不同的年龄段和性别之间还有差异。例如儿童在相互接触中，年龄越小的人际距离越小，大约在青春期开始时显示出类似于成年人的空间行为标准，到了老年，人际距离又显示出缩小的倾向。男性和女性的人际距离也不同，由于女性有合群的社会倾向，两位女性接触要比两位男性保持更近的距离，男性更注意与同性别的人保持一定的距离，性别不同时所保持的距离比性别相同时更近。除此之外，友谊和人际吸引的程度也会使人保持更小的距离，当人们所感觉到彼此间的相似性时会促使他们的身体相互靠近。人格相似的个人之间比人格不同的个人之间更加靠近，或年龄接近、兴趣相同、来自同一地方都会促使人们具有共同的兴趣和话题而彼此接近。

人类的空间行为具有某些共性，也存在跨文化的差异，这种差异对人们空间行为的影响也应引起我们的关注。霍尔指出，在地中海文化中（包括法国、阿拉伯、南欧、拉丁美洲人等），习惯使用极近的交往距离甚至频繁的身体与目光的接触，显示出极大的密切性；而在北美和北欧文化中（如德国、英国、美国），则喜欢较大的交往距离和个人空间，一般很少对他人使用非语言的密切行为，美国在空间行为方面的亚文化差异也相当复杂。

三、人的感觉与体验

人与景观设施建立起认识活动的联系是从感觉开始的，通过感觉能够了解公共空间的大小、规模以及客观存在物的形状、颜色、气味、质感等各种属性。心理学家指出，感觉是意识和心理活动的重要依据，平时人们主要依靠视觉感知环境信息，在视觉感知的同时，视、听、嗅、触等其他感觉也同样发挥着重要的作用。不同感觉的共同作用使我们体验到一个丰富多彩、变化多端的大千世界。

1）视觉：我们在平时生活中至少有80%以上的外界信息经视觉获得，视觉是人类获取外部信息最为敏锐的重要感觉器官。由于光作用于视觉器官，眼睛所感受到的形象经视觉神经系统加工后便产生视觉，感知到外界物体的大小、明暗、颜色等信息。公共空间的直观形象是视觉所捕捉的重要信息。扬·盖尔在《交往与空间》中提到社会性视距，据考证，在500～1000m的距离内，人们根据背景、光照、移动可以识别人群，在100m内可以分辨具体的个人，在70～100m可以确认一个人的年龄、性别、大概的动作。在30m可以看清面部特征年龄和发型。在20～25m大多数人能看清人的表情和心绪。扬·盖尔是从人体尺度为基础探讨视觉的距离，实际上，20～25m的距离与人们能够识别具体环境空间的距离是一致的。当人和环境相距20～30m时能够把具体的景观设施从背景环境中脱离出来，看清造型、色彩、质感等。据研究，当人观察一个街景时，往往中景是注意的焦点，注视程度随距离增加而渐渐减弱，并且具有连续性。对于广场而言，视线多集中于中景或近景处的狭窄地带，围绕中心来回摆动，具有动态的性质，对于尺度较大的物体，例如建筑，视觉主要沿线条和外轮廓线进行，并多停留于檐边、入口和形体突变部位。

　　人们并不是对所有出现在视觉中的客体都能一览无余的接收信息，对一些无关的东西可能相对模糊甚至"熟视无睹"，未被意识到。所以，只有对那些能够吸引注意力的对象才会用心去看，这些对象才能被清晰地反映出来。人们在一个公共空间中需要找到一个停顿点和关注点，往往缺乏停顿点的空间会引起视觉疲劳，于是一个空间中的景观会成为视觉积极捕捉的对象，所以如何根据人的视野范围组织景观，根据不同视距把握设施的造型、色彩等细节是应该考虑的问题。一个空间中的客观事物是否引起人的注意，一方面取决于人自身的状态，另一方面更为重要的是取决于刺激物的特点。在人潮入流，车行如织的街道空间中，一个色彩鲜明的标识是能够很容易引起注意的。

　　2）听觉：在视觉器官的工作中,由于有眼肌的

动觉参与,才能有关于物体的大小、远近的视知觉。相比视觉而言，听觉接受的信息要少的多，除了盲人用声音作为定位的手段外，一般人仅用听觉作为语言交往、相互联系和洞察环境的手段。我们生活的环境中有令人心烦的噪声也有动人心扉的音乐，有车马喧嚣也有鸟语虫鸣。我们都有这样的体会，当从嘈杂的闹市忽然进入一处宁静的公园，声音的动静明显对比所留下的特别深刻的印象。在设计中可以充分利用听觉的特殊性，通过声音的巧妙利用获得某些特殊体验，有力地表达环境的不同性质、烘托出不同的气氛。例如在一处幽静的空间内设置喷泉，优美的水流声不但能够吸引人们的注意力，成为人们视觉探索的听觉引导，还能成为日后人们对这一处空间引发记忆和联想的源泉。优美的声音还能成为掩蔽噪声的"屏障"，例如临近闹市的水景设计对水流声音的大小做合理的设计，就可以起到闹中取静的作用，为行人的休息和私密性的活动提供一处人性化的空间。

　　3）触觉：触觉器官遍布我们的全身，像皮肤位于人的体表。人们依靠表皮能感受冷、热、痛、光滑、粗糙、大小、形状等多种感觉，通过接触感知肌理和质感也是体验空间环境的重要方式之一。在空间中人们不仅通过视听感受空间和景观，活动的需要还必须与景观设施进行近距离的接触。例如座椅的温度和舒适度都通过人们的触觉系统被人们感知到。在游乐设施的设计中，对于触觉的研究十分重要，人们与游乐设施之间的亲密度致使对触觉要求比其他设施都要高。特别是对于儿童来说，由于他们的触觉非常发达，创造富有触觉体验、既安全又可触摸的设施环境，具有重要的意义（图4-9）。他们的游戏空间最好是多样化的，有管道、障碍物、隔板、可移动的物体，以及一切可攀爬的东西，粗糙的和光滑的产生强烈的对比，赋予整个游戏以创造力。

　　4）动觉：动觉是对身体各部位的位置和运动状况的感觉，动觉在人的认识和活动中具有重要

图4-9　儿童游戏山（图片来源：当代德国景观设计盘点［M］. 曲方舒译. 北京：中国电力出版社，2007，02.）

的作用。身体位置、运动方向、速度大小的改变都会造成动觉改变，通过动觉，能使人感知到自己身体的空间位置、姿势和身体各部分的运动情况。在空间环境中，可以通过动觉体验的特殊设计调动人们的兴趣。例如在水中设置的汀步，当人们踩着不规则的水中汀步行进时，必须在每一块石头上略作停顿，以便找到下一个合适的落脚点，结果造成方向、步幅、速度和身姿不停的改变，形成低头看石以保持身体平衡，抬头看景欣赏景色，动觉和视觉相结合的特殊模式。为了增加行走的动觉趣味性，在一些休闲广场或公园中，可以把路面处理成具有高度变化的连续坡面，使人在不断调整行走平衡性的过程中达到特殊的动觉体验（图4-10）。

　　人的感觉通常是视、听、触、动觉等共同作用于客观物象，他们之间相互协调才能完整地反映各种事物的属性，在人的头脑中形成该事物的完

图4-10　高低变化的地面增加行走的趣味感（图片来源：风景园林［J］. 2009，01.）

整映像。景观设施设计必须考虑不同感觉之间的相互影响，正确处理各种感觉的关系才能塑造出良好的空间氛围。在设计中要注意各种感觉之间的相互弥补，例如盲人由于生理的原因对视觉的感觉能力降低或缺失，客体的质感刺激在以他们为受众的设计中显得至关重要，因此一般来说，针对这一群体的设计就非常注重触觉感的强调。针对不同年龄段的设施设计也应充分考虑感觉的差异，儿童视觉敏锐，但认知水平较低，因此在游戏设施设计中就要加强听觉、触觉、动觉等多方位的刺激作为补偿。老年人经常存在实质性感觉障碍，在针对老年人的设施设计中，除了舒适安全性考虑之外，还应该加强明暗、质感、声响等各种感觉刺激。

人的感知次序是不同的。在较大尺度的公共空间环境中常依据视觉、听觉、触觉、嗅觉的顺序来感知环境；在相对较小的环境中则会调整为视觉、触觉、动觉、听觉，伴随着对环境感知触觉、动觉的偏重，在小尺度的室内及园林空间中，则应更加强化设施材料肌理、质感的变化。在条件受限无法创造丰富的视觉形象时，可按照重要性等级加强其他感觉信息作为替代，以形成丰富多样和易识别的设施环境，从总体上改善人对公共空间与设施的体验。

四、通用设计

人性化已成为景观设施设计的一个重要原则，并且在设计中对于特殊群体的关注也成为人性化的一个重要衡量标准。特殊群体指的是指老年人、儿童、残疾人等。老年人或儿童由于年龄因素，残疾人由于身体缺陷造成了能力的不足或生活的困难，这部分特定的人群具有和其他社会成员不同的生活方式、工作和时间安排，并且他们占整个社会构成比例相对较小，所以在一些涉及公众利益的设计中，常常被忽视与边缘化。以人为核心的设计强调

对所有人的尊重，其中当然包含着关怀弱者的含义。1981年的"国际残疾人年"指出："一个排斥病弱者及残疾人的社会将是一个最脆弱的社会"。具有人文精神的景观设施设计体现在对于特殊群体的关怀上，其中最为重要的一点就是接纳他们，而不是忽视他们，特殊群体在设计中越来越受到重视。

"无障碍设计"理念在20世纪70年代提出，主张从关爱人类弱势群众的视点出发，为保障残疾人、老年人等的安全通行和使用便利，首先在都市建筑、交通、公共环境设施设备以及指示系统中得以体现，例如步行道上为盲人铺设的盲道，为乘坐轮椅者专设的公用电话等。这一理想目标推动着设计的发展与进步，使设计更趋于合理、亲切、人性化。无障碍设施的初始目的是为使用者提供最大可能的方便，满足那些弱势群体的使用需求，但是在实际生活中发现，无障碍设施并没有像想象的那样起到帮助他们的作用，相反，还表现出一定的负面效果。这部分人在受到礼遇的同时，也明显感受到了被与正常人区别对待的自卑心理暗示。例如无障碍厕所设计，残疾人在使用时可能会在潜意识里产生被人怜悯与轻视的感觉。并且，即使平时厕所空闲，正常人因为担心被误解也不愿意去使用。无论是残疾人还是老年人，他们都期望获得平等的对待。因此，越来越多的人们认识到它的局限性。

近年来兴起的"通用设计"是在"无障碍设计"的基础上逐渐发展起来的，但它与"无障碍设计"最大的区别是：设计的最终目的是为所有的人，尽最大可能面向所有的使用者。设计不仅要满足正常人的使用需求，而且也同样考虑到特殊群体的需要。通用设计的理念从根本上维护了个人的内心自尊，减轻了特殊群体使用时的心理负担，更好地诠释人性化的设计观念，营造出一个充满爱与关怀、切实保障人类安全、方便、舒适的现代生活环境。

第二节　体现审美的价值

具有审美意义的艺术主要有两大类：一类是雕塑、绘画、工艺美术品等不受功能制约的具有独立性的艺术欣赏品；一类是实用与审美相结合，包括建筑、景观设施、家用电器、交通工具、日用品等在内的受功能效应制约而又以美的形象来体现的造型物。公共空间中的景观设施是一种有物质功能与精神功能的产品，它在满足使用功能的同时，又具有满足人们审美心理需求和营造环境气氛的作用。对于当代景观设施来说，功能的体现已不是唯一的目的，美感也成为设计师的追求。

一、景观设施的审美价值

审美是人类掌握世界的一种特殊形式，指人与世界形成一种无功利的、形象的和情感的关系状态。审美是人们对一切事物的美丑作出一个评判的过程，是实施体验的主体对客体的刺激产生的内在反映。主体并不是凭空臆造，而是需要在外界环境的刺激下体现出来，是以公众个性化的方式参与其中的事件。对同一客体，不同的主体会产生体验的差异性，同一主体对同一客体在不同的时间、地点也会产生不同的体验情感。

景观设施具有艺术性的品质，单有功能合理而缺乏艺术美的景观设施只能作为普通的器具使用。传统设计关注了人在生理和安全等方面的低层次需求，而美感设计将这种关注扩大到对消费者的自尊及自我价值实现等高层次精神需求的思考。当今，人们的生活观念正发生着改变，生活的目标不能简单地用物质的数量来描述，而变成一种探讨体验的过程。景观设施设计关于审美的目标和价值就是为人们提供使生活更丰富的体验过程，这种过程通过视觉信息，激发人们愉快的情感，使人们得到美的体验。

景观设施的外观是最能产生视觉效应和审美体验的因素。构成景观设施的因素有很多，包括形态、色彩、材料等，但形态最能直觉地传递美的信息，美观的景观设施通过一定的艺术法则构成完美统一的形体。也就是说，景观设施的艺术形象能够体现功能、材料、结构特征和工艺技术水平，除了满足使用功能、结构合理、便于加工外，还能满足人们视觉上的审美要求。功能是目的，材料和结构是手段，而美的造型是建于二者之上的综合体，是最后的视觉结果。一件好的景观设施，应该是在外观形象的统领下，将其使用功能的完美结合。为使设施具有体验价值，最直接的办法就是增加某些感官要素，从视觉、触觉、味觉等方面进行细致的分析，突出设施的形象特征。重视对人的感官刺激，加强设计的感知化，因为越是充满感觉就越能够调动起公众对景观设施的记忆和回味。

二、景观设施设计的审美法则

景观设施造型法则是创造美感形式的依据，是艺术原理在景观设施设计上的直接应用。艺术原理是人类经过长期的实践，针对自然和人为的美感现象加以分析和归纳而获得的共同结论，也是概括提炼的艺术处理手法，适用于所有的艺术创作。景观设施是艺术领域中一部分，由于审美标准含有浓厚的普遍性，只要能充分把握共同视觉条件和心理因素，就能衡量相对客观的审美价值。虽然这些艺术原理并不是绝对规律，但它具备了人类审美的共同要素，学好、运用好它们是景观设施艺术设计的基础。当然，景观设施又具实用的属性，并受到使用功能、材料、结构、工艺等具体因素的制约，因此在运用这些艺术法则的同时，应遵循不违背材料的特性和结构的要求，不违背使用功能的实用性和工艺技术的可行性等原则。

景观设施设计是通过点、线、面、体、色彩、肌理、质感、装饰等要素按一定的方式构成的，在构成过程中，要巧妙地运用艺术上的构图法则及形式美的一般规律进行综合处理，才能构成完美的形象。

（一）比例与尺度

任何形状的物体，都具有长、宽、高三维方向的度量。我们将各方向度量之间及物体的局部和整体之间形式美的关系称之为比例，良好的比例是获得物体形式上完美和谐的基本条件。景观设施造型的比例具有两方面的内容：一方面是景观设施整体的比例，它与人体尺度、材料结构及其使用功能有密切的关系；另一方面是景观设施整体与局部或各局部之间的尺寸关系。和比例密切相关的特性是尺度，比例与尺度都是处理构件的相对尺寸。比例是一个组合构图中各个部分之间的关系，尺度则是在不同空间范围内，景观设施的整体及各构成要素使人产生的感觉，是其整体或局部给人的大小印象与其真实大小之间的关系问题。

景观设施的尺度必须引入衡量单位或者陈设于某场合与其他物体发生关系时才能明确其尺度概念，最好的衡量单位是人体尺度，因为设施为人所用，其尺度必须以人体尺度为准。因此，景观设施尺度并不限于一个单系列的关系，一件或一组景观设施可以同时与整个空间、彼此之间以及与使用景观设施的人们发生关系。但超过常用的尺度可用以吸引注意力，也可以形成或强调环境气氛。图4-11，荷兰鹿特丹剧院广场上造型特殊的灯柱，像

图4-11　荷兰鹿特丹剧院广场上的灯具（图片来源：文增著，林春水. 城市街道景观设计［M］. 北京：高等教育出版社，2008，06.）

一架架颜色鲜明的"起重机"，其超大尺度成为广场上令人瞩目的景观。

（二）统一与变化

从变化中求统一，统一中求变化，力求变化与统一得到完美的结合，是景观设施设计中贯穿一切的基本准则。统一是指性质相同或形状类似的物体放在一起，造成一种一致的或有一致趋势的感觉；而变化是指将性质相异的要素并置一起，造成显著对比的感觉，例如大与小的对比、横与竖的对比、虚与实的对比、材料质感的对比、粗与细的对比、色彩明与暗的对比等。统一与变化是矛盾的两个方面，它们既相互排斥又相互依存。统一能够使景观设施系列设计的整体达成和谐，形成主要基调与风格，但过分统一会使人感到呆板、单调乏味。变化则产生刺激、兴奋、新奇、活泼的生动感，但变化过多又会造成杂乱无序，刺激过度的后果，只有做到变化与统一的结合，才能给人以美感。

景观设施设计由于功能要求及材料结构的不同导致了形体的多样性，在体量、空间、形状、线条、色彩、材质等各方面都存在差异。因此，它的统一性从本质上讲是以一种理性的组织规律在形式结构上形成视觉条理，要求不同线条、形状、色彩、材料质地、结构部件等服从于同一基调和格式，这些不同的组成部分按照一定的规律和内在联系有机地组成一个完整的整体，各要素之间互相协调、呼应、融洽，造成具有一致趋势的感觉。对称、均衡、整齐、重复、调和、呼应等都近于统一的要求。要注意的是，在设计中，不但要求单件景观设施本身要统一，也要考虑一组景观设施之间以及它们与空间环境之间的统一。如图4-12，设计者从温婉美丽的西湖水中得到灵感，以"水波"为形式主题设计了杭州西湖岸边的休息椅，无论是设施自身还是设施与环境之间都达成统一。三个休息椅是以柔美的曲线作为母体而形成统一的艺术语言，但三个座椅又有所不同，在造型设计中，在不破坏

一感和静态感比较强，可以用于突出主体、加强重点、给人以庄重和宁静的感觉"。^①对称可使景观设施统一，均衡可使景观设施变化。

对称的形式很多，在景观设施造型中常用的有以下几类：

（1）镜面对称：是最简单的对称形式，它是基于几何图形两半相互反照、均等。这两半彼此相对地配置同形、同色的形体，有如物品在镜子中的形象一样，镜面对称也称绝对对称。如果对称轴线两侧的物体外形相同，尺寸相同，但内部分割不同则称相对对称。相对对称有时候没有明显的对称轴线。

（2）轴对称：是围绕相应的对称轴用旋转图形的方法取得的。

（3）旋转对称：是以中轴线交点为圆心，图形绕圆心旋转，单元图形本身不对称，由此而形成的二面、三面、四面、五面等旋转式图形即旋转对称。

用绝对对称、轴对称和旋转对称格局设计的设施，普遍具有整齐、稳定、宁静、严谨的效果，但如处理不当，则有呆板的感觉。对于相对对称的形体，则要求利用表面分割的妥善安排，借助虚实空间的不同重量感、不同材质、不同色彩造成的不同视觉力来获得均等的效果。

均衡是非对称的平衡，指一个形式中的两个相对部分不均等，但因量的感觉相似而形成的平衡现象，从形式上看，是不规则有变化的平衡。在景观设施造型过程中，左、右、前、后各部分之间的轻重关系或相对重量感都遵循力学的原理，以平静安稳的形态出现。各部分的重量关系必须符合人们在日常生活中形成的均齐、平衡、安稳的概念，它要求在特定空间范围内，使形体各部分之间的视觉力保持平衡。均衡有两大类型，即静态均衡与动态均衡。静态均衡是沿中心轴左右构成的等质等量的对称形态，具有端庄、严肃、安稳的效果；动态均衡是不等质不等量非对称的平衡形态，动态均衡具有

图4-12　休息椅（图片来源：王昀，王菁菁. 城市环境设施设计［M］. 上海：上海人民美术出版社，2006，01.）

整体的基础上恰当地利用差异把它们组织在一起加以对照和衬托，在整体风格的统一中求得变化，使这一组设施更加生动、鲜明、富有趣味性。

（三）对称与均衡

对称与均衡是指空间各部分的重量感在相互调节之下所形成的静止现象，在视觉上，不同的造型、色彩、和质感等要素有不同的重量感，将这些感觉保持一种不偏不倚的安定状态时，即可产生平衡效果，它是自然界物体遵循的力学原则。事物运动是动力与重心两者矛盾的统一，对称与均衡是这种运动形式升华的一种美的法则，是统一与变化"适度"的一个方面。"对称与均衡容易吸引人的注意力使视线停留在其中心部位，它的安定感，统

① 南舜熏　辛华泉. 建筑构成［M］. 北京：中国建筑工业出版社，2003：93~94.

生动、活泼、轻快的效果。对于不能用对称形体安排来实现均衡的景观设施，常用动态均衡的手法达到平衡。动态均衡的构图手法主要有等量均衡和异量均衡两种类型。等量均衡法是一种静态均衡形式，采用对称中求平衡的方式，通过各组单体景观设施或部件之间，局部的形与色之间，自由增减，把握图形均势平衡，使其上下左右分量相等，以求得平衡效果。这种均衡是对称的演变，在大小、数量、远近、轻重、高低的形象之间，以重力的概念予以平衡处理，具有变化、活泼、优美的特征。异量均衡法是一种动态均衡形式，形体无中心线划分，其形状、大小、位置可以各不相同。在景观设施造型的构图中，常将一些使用功能不同、大小不一、方向不同、组成单体数量不均的体、面、线和空间作不规则的配置。这种异量均衡的形式比同形同量、同形异量的均衡具有更多的可变性和灵活性。在形式上能保持或接近保持均等，在不失重心的原则下把握力的均势，在气势上取得统一而相互照应的稳定感，能给人一种玲珑、活泼、多变的感觉。图4-13中室外灯具为人们的夜生活带来了方便，但在白天就暂时失去了照明的功能作用，突出显示出来的是其特有的装饰美感。图中的灯具运用形式美的手法，灯头采用的左右不对称分布，获得均衡的活泼与灵动。

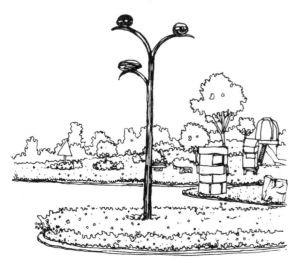

图4-13　室外照明灯具（图片来源：孟姣 绘）

（四）协调与对比

协调与对比是反映和说明事物同类性质和特性之间相似和差异的程度。就景观设施造型设计来说，它的内容主要是功能，其造型必然要反映功能特点。而景观设施不同的使用功能决定了本身含有很多差异性，反映到造型上就必然会呈现出各种差异，协调和对比能够运用这些差异性来求得景观设施造型的完美统一。把造型诸要素中不同造型之间的显著差异性的要素组织在一起，其差异会在对比中显得更加突出，反之，如果将对比差异较小的各部分有机地组织在一起，会产生协调感。协调与对比是统一与变化法则的具体应用手法，二者是相辅相成的，在应用时要注意主次关系。

在景观设施造型设计中，几乎所有的要素都存在对比因素。景观设施设计中造型的协调与材质、色彩的对比运用，各部分的体量、空间、形状以及色彩、质感等要素基于统一的手法下，通过缩小差别程度，寻求同一因素中不同程度的共性，把对比的部分有机地结合在一起，以达到互相联系，表现共同的性质。当然，在具体设计时，往往许多要素是合在一起不可分离的。如线、形和形体是组合在一起的，而色彩则跟随材质也是一体的。一个好的造型设计总是将这些可变的造型要素进行综合考虑，才能取得完美的造型效果。

图4-14-1中公共座椅形态设计选取的是正方体，整体造型达到了协调，但黑白两种色彩形成了较强的对比；图4-14-2中地面铺装与座椅有明显的相同之处，即在平面图上都是方形，但二者又有质的不同：铺装是平面的，座椅是立体的，这种处理手法调动着观者和使用者的视觉兴趣；图4-14-3中设计独特的石质座椅在长短、大小、高矮、肌理等多个方面建立对比关系，在体现形式美感的同时，又满足了不同人群的需求。图4-14-4中景观墙通过中间的镂空部分形成了虚实对比，前方的球体和墙体形成方圆对比。

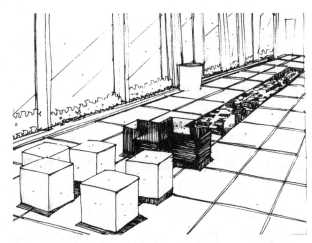

图4-14-1　色彩对比（图片来源：孟姣　绘）

图4-14-2　二维与三维对比（图片来源：孟姣　绘）

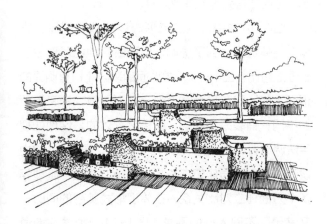

图4-14-3　大小、肌理、高矮等对比（图片来源：孟姣　绘）

图4-14-4　虚实对比（图片来源：谷川真美. 公众艺术［M］.
上海：上海科学技术出版社，2003.）

（五）重复与韵律

　　重复与韵律是自然界事物变化的现象和规律，也是变化与统一法则的一种艺术处理手法。重复是产生韵律的条件，韵律是重复的艺术效果，韵律具有变化的特征，而重复则是统一的手段。在景观设施造型设计上，韵律的产生系指某种图形、线条、形体、单件与组合有规律地不断重复呈现或有组织地重复变化，它可以使造型设计的作品产生节律和畅快的美感，起到增强造型感染力的作用。其表现类型有反复及渐变两种。

1. 重复

　　重复是指相同或相似的构成单元作规律性的逐次排列。相同单元的反复产生统一感，相似单元的反复形成统一中的变化，相异的单元交互排列，则构成交替反复的模式，可导致变化中的统一。它不仅是统一与平衡的必要基础，而且也是和谐的主要因素。在景观设施造型中重复是由构件排列或装饰手法等形成。

2. 韵律

　　韵律是任何物体构成部分有规律重复的一种属性，韵律形成的是一种有起伏、有规律、有组织重复与变化的美感。世间万物的运动都带有韵律的关系，例如波涛起伏、白天黑昼等都是一种富有韵律感的自然现象。把构成景观设施的形、色、线有计划、有规律地组织起来，并符合一定的运动形式，例如渐大渐小、递增递减、渐强渐弱等有秩序按比例地交替组合运用，就产生出旋律的形式。

3. 韵律的形式

　　韵律是艺术表现手法中有规律地重复和有组织地变化的一种现象。这种重复和变化常常会使形象生动活泼并具有运动感和轻快感。无论是造型、色彩、材质，乃至于光线等静态形式要素，当在组织上合乎某种规律时，在人们视觉和心理上都会引起律动效果，这种韵律是建立在比例、重复或渐变为基础的规律之上的。韵律按其形式特点可分为连续的韵律、渐变的韵律、起伏的韵律、交错的韵律等多种不同类型。

　　1）连续韵律：由一个或几个造型要素，按照一定距离或者排列规则连续重复出现，形成富有节奏的韵律。这种韵律形式在景观设施设计中应用较广，或利用构件或通过色彩的排列取得连续的韵律感，由单一的元素重复排列而得的是简单的连续韵律，显得端庄沉着。由几个造型元素重复排列可得到复杂的韵律。图4-15-1是连续韵律在个体设施上的体现,亭廊石柱以及顶部木质构件不断的重复，取得轻快、活泼、丰富的艺术效果。图4-15-2是多个单体设施的重复排列形成连续韵律。

图4-15-1　连续韵律通过个体设施上的体现（图片来源：孟姣 绘）

2）渐变韵律：在某一造型要素连续重复排列的
过程中，对其特定的变量进行有秩序、有规律的渐
变，形成富有变化的韵律。图4-16-1的标识设计不
断重复同一造型元素——方柱体，并随地形的坡度
进行高矮的变化，体现出律动的美感。图4-16-2公
园内水景，通过模仿地形等高线所形成的弯曲、渐
变的叠水形式。

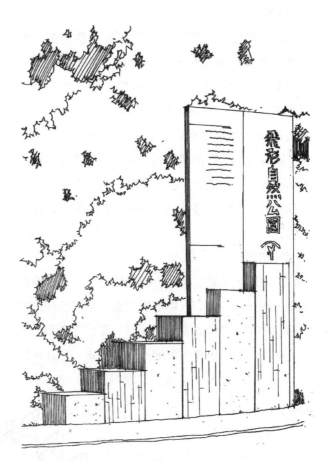

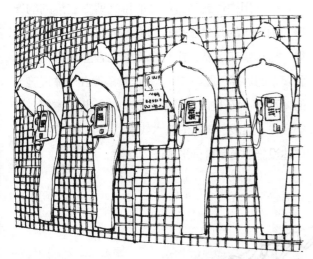

图4-15-2　连续韵律通过多个设施重复排列来实现（图片来源：
孟姣 绘）

图4-16-1　高矮变化产生渐变韵律（图片来源：张文炳 绘）

图4-16-2　面的大小变化产生渐变韵律（图片来源：孟姣 绘）

3）起伏韵律：将渐变的韵律再加以连续地重复，就形成起伏韵律。起伏韵律具有波浪式的起伏变化，产生较强的节奏感。如设施造型中起伏的边线装饰，构件的组合高低错落排列，地形的起伏变化都是起伏韵律手法的运用。图4-17-1，植被坛在水平方向上作起伏变化；图4-17-2，植被坛在垂直方向上作起伏变化。

4）交错韵律：设施造型中连续重复的要素按一定规律相互穿插或交织排列而产生韵律（图4-18-1、图4-18-2）。

图4-17-2　垂直方向上的起伏韵律（图片来源：孟姣 绘）

图4-17-1　水平方向上的起伏韵律（图片来源：金涛. 园林景观小品应用艺术大观1［M］. 北京：中国城市出版社，2003，12.）

图4-18-1　体现交错韵律的阶梯（图片来源：景观设计［J］. 2011，06.）

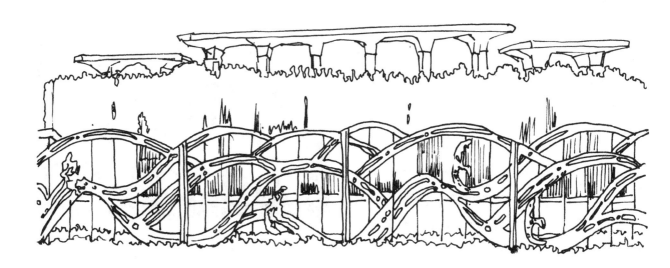

图4-18-2　体现交错韵律的护栏（图片来源：孟姣 绘）

可以看出，韵律手法的共性是重复和变化，通过起伏和渐变的重复可以强调变化，丰富造型形象，而连续重复和交错重复则强调彼此呼应，加强统一效果。不管是统一与变化抑或是对称与均衡、协调与对比、重复与韵律，它们都是相互密切联系的，常常是以相互制约、相互补充和转化的状态出现。

（六）错觉与透视

眼睛是人们认识世界的重要感觉器官之一。它能辨别物体的外部个别特征，例如形状、大小、明暗、色彩等，这便是视觉。视觉是人体生理机能的重要感觉器官，是接收形象信息的主要途径。将视觉与其他感觉互相联系起来，就能较全面的反映物体的整体，这就是知觉。在实际生活中，由于环境的不同以及某些光、形、色等因素的干扰和影响，加上心理和生理上的原因，人们对物体的视觉会产生偏差，这就是视差。人们对物体所获得的印象与物体实际形状、大小、色彩等之间有一定的差别，产生对物体知觉的错误，这就是错觉。错觉是因视差而产生的，它会歪曲形象，使造型设计达不到预期的效果。视错觉的表现有两个方面：一是错觉，二是透视变形。

1. 错觉现象

错觉造成人们对一些景观设施所获得的印象与实际形状、大小、色彩等有一定的差别，而透视变形也影响到设计与实际效果之间的差距。因此在学习造型构成法则时，必须了解错觉的一些特殊规律，在设计中加以纠正或利用。

错觉的现象主要反映在以下几个方面。

1）线段长短错觉。由于线段的方向和附加物的影响，同样长的线段会产生长短不等的错觉。

2）面积大小的错觉。由于受形、色、位置、方向等影响，相等面积的形会给人以大小不等的感觉。

3）分割错觉。同一几何形状，相同尺寸的物体，由于采取不同的分割方法，会给人以形状和尺寸都发生变化的感觉。一般来说，采用横线分割显得宽矮；采用竖线分割显得高瘦；分割间隔越多，物体则显得比原来宽些或高些。

4）对比分割。同样的形、色，在其他差异较大的相同形、色的对比下，使人们产生错误的判断。

5）图形变形错觉。由于其他外来线形的相互干扰，对原来图形线段造成歪曲的变形感觉，例如原来平行的一组平行线，在外来线形的干扰作用下，造成不再平行的错觉；与正方形对角线平行的各线段在受到间隔的水平线段和垂直线段的干扰下，原平行线产生不平行的奇妙变化。

2. 错觉运用

在景观设施造型设计中，为了达到理想的视觉效果，必须对人的视觉印象进行研究，注意了解和认识错觉现象，掌握和运用错觉原理，根据需要有意识地对错觉加以利用或纠正来达到预期的造型艺术效果。通常采用"利用错觉"和"矫正错觉"的方法。

1）利用错觉：前面介绍的部分错觉现象的表现形式，都可以在景观设施设计中加以利用。如图4-19，"云门"是位于芝加哥千禧公园的巨大雕塑，已成为芝加哥新的城市地标。"云门"的主体造型类似于一个椭圆，主体高约10m，宽13m，重100t，由168块不锈钢钢板焊接在一起。如果看它

图4-19　芝加哥千禧公园雕塑"云门"（图片来源：http://i.syd.com.cn/content/2011-08/15/content_25719323.htm）

的分量和尺度会让人感到非常的沉重和压抑，但由于设计者利用了不锈钢材能够镜像外界的特性，将周围的天空、树木、楼房映入其中，把自己虚化成一滴轻盈的"水银"，在这种错觉下，人们已经感受不到它原来庞大的体积，周围的空间也显得开阔自然。

　　利用不同方向的线分割后，常使相同高度的景观设施显示出了不同高度的感觉。图4-20中的立撑从左到右，高度的感觉逐渐降低，宽度的感觉随之逐渐增加；图4-21中的管状形体由于直径的不同会产生壁厚的差异。再如两个面积相等的形体表面，由于木纹方向的干扰，纵向木纹显得略高，横向木纹显得略宽。在景观设施设计中可利用这些错觉，

将两个面积和形状相同的形体表面，竖向采用竖向木纹，横向采用横向木纹，使高的更高，宽的更宽，可以加强、扩大对比效果。

图4-20　座椅立撑从左到右，高度逐渐降低，宽度的感觉随之逐渐增加（图片来源：胡天君. 家具设计与陈设［M］. 北京：中国电力出版社，2009，08.）

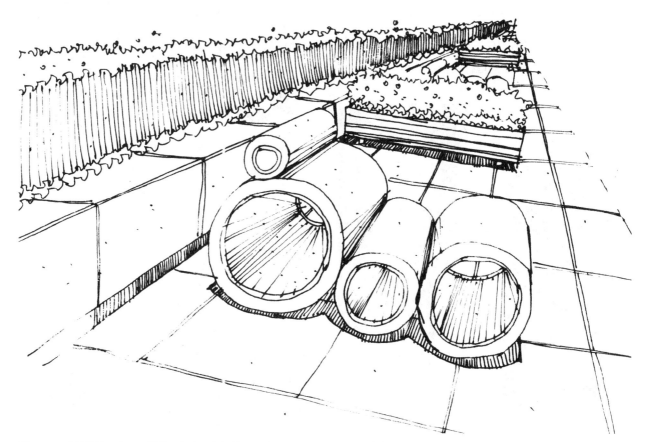

图4-21　座椅管状厚度是一样的，但由于直径的不同产生了壁厚的差异错觉（图片来源：孟姣 绘）

2）矫正错觉：人们在实际中看到的景观设施形象通常都是在透视规律作用下的效果，因此，应对可能出现的透视变形或其他视觉错觉，在设计时事先加以矫正。我们可以看出图4-22的标识设计中间的凸形由两块木条并在一起，这是因为在竖向分割的设计中，通常将中间部件尺寸加大，以避免等分尺寸产生中间缩小的感觉。又如色彩的明暗能够产生物理效应，相比而言，明度高的色彩感觉轻，明度低的色彩感觉重。图4-23的标识设计充分利用了这一点，把上部的颜色处理的较之下方明亮，这样看起来，整个形体显得较为轻盈。

3. 透视利用

景观设施有一定的体量，而人的视线有一定的高度和角度，因此看到的实际物体都是带有某种角度和一定高度的透视形象，在设计时可考虑这种透视变形并事先加以利用和矫正处理。

图4-24中灯具在设计时事先考虑到透视竖向变形的因素，下部分割的尺寸要比上部的长一些，以减小竖向透视变化，增强灯柱的稳定感。

如图4-25所示。广场上灯塔的高度大约21m高，形体较大。由于人的视高远远低于灯塔的顶部，该灯塔设计强化透视感，从下到上逐渐缩小，加大了实际透视尺度。由此降低了体积带来的压抑感，灯塔变得挺拔高耸，看上去却比较舒适，效果较好。

图4-24　装饰性灯柱（图片来源：孟姣 绘）

图4-22　标识设计a（图片来源：日本标识景观编委会. 景观小品［M］. 刘云俊译. 大连：大连理工大学出版社，2001，03.）

图4-23　标识设计b（图片来源：日本标识景观编委会. 景观小品［M］. 刘云俊译. 大连：大连理工大学出版社，2001，03.）

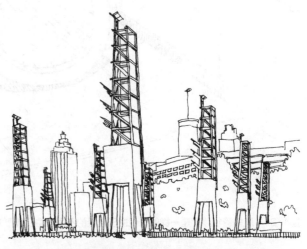

图4-25　广场上的灯塔（图片来源：孟姣 绘）

图4-26中当圆柱直径与方材边长相等时，由于断面形状不同，对零件的感觉也有一定的影响，其大小效果不同。方材往往比圆柱显得粗壮，这是因为方材在透视上的实感是对角线的宽度，而圆柱却是直径。采用方材柱型零件，易求得平实刚劲的视觉效果，而采用圆柱形零件则更能显示挺秀圆润的美感。图中的灯具为了避免方材的透视错觉，将方材的正方形断面直角改为带内凹线的多边形，以减少对角线的长度，改变透视形象，使其具有圆柱的圆润感。

图4-27中的标识是由一组柱形几何体组合而成。如果这一组形体高矮一致，与我们的视平线相当或略高的情况下，那么，由于遮挡作用，后面的

部分就几乎看不见，造成了透视的遮挡现象。为了矫正这种透视，该设计进行必要的调整，将标识的前部构件适当放低，使后面的结构能够显露出来，获得良好的观看效果，也避免了因透视遮挡后的比例失调和不稳定。

以上的例子为我们提供了一定的思路和方法，但这种透视的利用与纠正并非绝对的原则。因为在公共环境中，由于观察距离的变化导致视角的变化较大，人的视点非常的自由灵活，随活动不断变动。在某一角度看，景观设施的造型是完美的，从另一角度看，景观设施造型的透视变形也可能不甚理想，因此还需综合其他的因素统一考虑，以获得良好的实感效果。

图4-26　标识的断面直角设计为带内凹线的多边形，使其具有圆柱的圆润感（图片来源：孟姣　绘）

图4-27　标识设计（日本）（图片来源：日本标识景观编委会. 景观小品［M］. 刘云俊译. 大连：大连理工大学出版社，2001，03.）

第三节　营造空间环境的整体性

在系统化的公共空间环境中，景观设施设计是对特定环境进行的有意识的改造行为，按照人的需求所创作的设施对一个具体的环境而言就像是一个入侵者，如果不经过系统化的设计，这些带有较多人为因素的设施就有可能与环境格格不入。所以，除了考虑如何让设施在提供给现代人方便与舒适的同时，还应注意它们与环境之间的平等对话，与整体环境——包括物质环境和人文环境保持协调关系。

一、景观设施的共性与个性特征

不论哪一种景观设施，都有着自身鲜明的性格特征，每个景观设施都有自己的"个性"。不同的设施具有不同的特征，这种不同的特点就是景观设施个体所具有的个性。公共环境中的设施丰富多样，对于个性化的创意一直是设计师孜孜以求的梦想，如何创建一个不同于其他公共环境的特色也是设计师所面对的重要课题。在许多优秀的设计中，个性化的艺术品往往令人难忘，保持某种程度自我独立的部分，往往成为空间中突出艺术化共性的重要契机。例如在空间设计中，富有个性的雕塑、亭廊、水景等能够使环境更加鲜明生动，展现出环境的艺术魅力。有个性的景观设施可以赋予环境不同的视觉感受，提升特定环境中景观设施的艺术品位。

在景观设施的设计中，个性化的存在需要以共性为基础。虽然景观设施是以不同的形式存在于整体环境之中，但它们不能独善其身，还应注重"共性"与"个性"的统一。阿恩海姆在《艺术与视觉》中认为："一个部分越是自我完善，它的某些特征就越易于参与到整体之中，当然，各个部分能够与整体结合为一体的程度是各不相同的，没有这样一种多样性，任何有机的整体都会成为令人乏味的东西。"在一个统一整体的环境系统中，富有个性的形态固然可以打破单调以求得变化，但共同的属性

却可借和谐而求得统一，这两者都是不可缺少的因素。就像在音乐中，通常是借某个旋律的重复而生成主题，这不仅不会感到单调，反而有助于整个乐章的统一和谐。在环境中，人在感受秉承着个性特征的个体的同时，如果它们之间具有共性特征，就会使景观设施的特点得以视觉强化，这种视觉上的强化产生出的形态节奏感，让人体悟到"个性"和"共性"两个方面在景观设施形象上的连贯性和独特性。当这种形式在整个环境中得以体现的时候，所具有的个性特色也就更加凸显出来。这样，每一个设施不再是孤立的，而是一个连续统一中的单元，它需要同其他要素进行对话，从而使自身的形象完整。

景观设施作为环境中有组织的个体，它的特性是由空间系统的整体性所决定的，因为完整的形式是一种空间环境中相关物体的具体存在。我们需要注意的是，进行整体性设计，不是只关注单个设施在形式美法则上的效果表现，也不仅仅是关注设施之间的变化组合。因为从功能方面来说，设施形态中的任何一个整体或局部的形式处理，不应该只是服从于某个局部的悦目或美观的需要，而是为了整体地求得使用者的知觉理解。一个构件的美观决不仅仅取决于它是否具有美丽的形态和另类的风格，而是意味着形态的局部与整体在知觉运动中的正常状态。存在于系统化环境空间中的设施，其形态、位置、材质等因素在人的需求范围内都会在环境中体现出存在的必要性，以强化艺术系统的整体性质。因此，在设计中，任何形式都是功能和艺术形态共同组织和构建的结果，缺一不可。在不同性格或不同功能设施存在对比的情况下，把握设施之间以及与环境之间的关系，就容易达到和谐统一的效果。对于设计师而言，当他们从单体的形式创新逐步转向对于整体艺术语言的关注，原来个人化的风格自然成为空间系统的有机部分。设计师的自在情绪也就转化为空间系统中的自觉意识，潜在地支配着公共艺术的创作风格。

二、景观设施设计与周围环境的整体性设计

（一）相似的造型元素

心理学家考卡夫指出：假使有一种经验的现象，它的每一成分都牵连到其他成分，而且每一成分之所以有其特征，即因为它和其他成分具有关系。由于这种关系，当景观设施本身的造型和环境中的其他造型具有相似性元素的时候，就极为容易引起人们对其所具有的关联性的视觉认知，并做出它们之间具有相同属性的判断，产生较为强烈的整体意识。如果在颐和园游览，你就会发现，几乎所有游廊的漏窗都不相同，但是它们的位置相同，高度相当，大小相当，只是形态细部有微妙的差别，这就是在变化中求统一、在统一中有变化的形态整体性之美，这种形态的整体性能明确地表露出设计者的造型理念，使参与者能够体悟到设计带给人的审美情趣和视觉体验。图4-28-1是美国某国际象棋俱乐部室外环境设计，其源自国际象棋的灯具造型充分体现了该场地的特性，其硕大的体量不同于我们常见的照明灯具，图4-28-2是其中几个灯具的细节特征。虽然这些灯具变化多样，各不相同，但风格却极为相似，我们可以从图4-28-3所显示的灯柱立面上，清楚地觉察到它们之间不同和相似的造型特点——相似原则表达了变化下的统一。

一般来说，建筑、亭台楼阁这样的构筑物，因其体量较大，常常被视为这个环境中的主角，如果

其造型有较为明显的特色，那么这种个性就会主导并影响着这个环境的氛围。其他的景观设施设计如雕塑、座椅、标识则可以依据主角的形态特点进行相似性设计，诸如沿用同一个几何形母型或文化符号，通过形似性达成环境系统的整体感。图4-29中建筑45°的墙体，与坡度的电梯一起形成了这个空间的"动感"效果，标识设计巧妙地借用了这一特点，也出现了度数相同的切角，既加强了标识的独特性，又与建筑物、环境之间潜在地发生某些内在的联系，从而产生视觉上的连续性与整体感。

景观设施相似性的设计还表现在一个层面，那就是对物质环境、形式意义及其内在复杂性进行诠释，采用有机的、综合的设计方法揭示出自然的本质，自然的流露使艺术更贴近人。现代社会与现代设计，人们崇尚自然和生态的设计理念，追求自然

图4-28-2 美国某国际象棋俱乐部室外灯具局部造型（图片来源：George Lam，美国景观［M］. 出版社：Pace Publishing Limited，2007，06.）

图4-28-1 美国某国际象棋俱乐部室外环境设计（图片来源：George Lam，美国景观［M］. 出版社：Pace Publishing Limited，2007，06.）

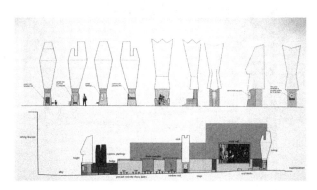

图4-28-3 美国某国际象棋俱乐部室外灯具设计立面图（图片来源：George Lam，美国景观［M］. 出版社：Pace Publishing Limited，2007，06.）

的形态和自然的永恒，作为现代景观设施设计，不是永无休止地往自然界里添加人为的主观制作物，而是应该引导人们感知世界的真实面貌。大自然是最为高明的设计者，自然的设计结构甚至比人类的更为有效、更富有美感。千变万化的自然物象用自己的形体语言述说着自身不同的特征，设计者可以从美的自然形态中获得启示。作为设计师，应懂得顺应自然界的属性，去建造人性的回归之路，植被、泥土、岩石、水体甚至阳光经过设计师的双手揉捏塑造，都能够创造出新的艺术生命。东方"人性与自然调和共生"的理念，反映出"天人合一"的理想，并且，"师法自然"一直就是中国艺术的基本法则。在江南的园林中，堆叠的山石造景，将自然界的峰峦叠嶂浓缩于有限的空间中，成为具有咫尺山林的野趣，达到"以小见大"的艺术效果，让人感受到一切都是那样的自然、放松。在自然界很常见的生机勃勃、交错生长的树木，整齐地排列、规律地生长；我们都可以从自然的地形地貌、山石河流、生物形态中感受到自然形式的魅力所在。图4-30中日本雕塑家真板雅文就曾运用抽象的手法创意了一棵树木的形态，放置于一片树林之中，呈现出极具生命活力的造型特征。如果说图4-30的相似还是较为抽象的话，那么图4-31中左边的雕塑就是模拟了右边自然生长的树木，我们似乎只有通过眼

睛认真观察或用手触摸材料的质感才能分辨真假，近似真实的形象幽默巧妙地使之和周围的环境融为一体。人工物试图在与自然对话，和自然达成一

图4-30　雕塑：闻风树（图片来源：竹田直树. 世界环境城市雕塑·日本卷［M］. 高履泰译. 北京：中国建筑工业出版社，1997，06.）

图4-29　标识设计（日本）（图片来源：标识·日本景观设计系列3［M］. 苏晓静，唐建译. 沈阳：辽宁科学技术出版社，2003，10.）

图4-31　雕塑：细胞分裂—平行移动（图片来源：竹田直树. 世界环境城市雕塑·日本卷［M］. 高履泰译. 北京：中国建筑工业出版社，1997，06.）

体。地表形态是景观设施设计中强烈的视觉要素，因此，模拟自然起伏变化的人造地貌会使人感觉处于一种生态化的自然环境之中。例如，城市的水景设计一般采用几何形式，人工痕迹相对比较明显。图4-32中的水景池岸处理，就像天然形成的湖泊沟壑，特别是水中石头的放置更加突出了这种氛围，呈现出一种规范、健康、秩序、稳定的生命状态，整个设计透露着宛若天成的自然气息。

设计者必须熟悉自然的各个方面，对任何一块土地和景观设施存在的区域，都力图在自然的基础上寻找到一定的规律。只有保持这样的意识，我们才能发展一系列的和谐关系。在人与自然的亲近对话之中，设计融于自然，暗含自然的本质，将人工物自然化，在自然和人工制品之间制造一种形态的连续性，让人感觉它就是自然的一部分，是有机的。

（二）界面之间的过渡与渗透

不同界面之间的过渡与渗透可以缓和设计要素之间的对立感，从而体现出景观设施设计的整体性特征。

界面可以是环境中不同方位的空间，或者是一个空间平面或相邻空间里的不同色彩，也可以是不同材质的材质界面等等。在环境系统中，我们把承载水体、植物绿化、人工铺装的地面看作是处于一个平面里的地表界面，把景观设施等竖向元素看作垂直界面。一般来说，环境中的地表界面以它们所特有的形态相互渗透和融合，这种渗透和过渡，是人工形态和自然形态的一种融合，模糊了界面之间的个体性、独立性，丰富了形态的视觉层次，使地面形态达到一种整体的、生态的整体环境。

从某种意义上讲，地表界面处理得当，可以为景观设施的布置提供一个具有整体感的场地。地表界面和垂直界面之间也需要系统的规划才能达到整体环境的融合，因此，无论是亭廊、水景池、绿地还是公共座椅、雕塑等都在起着界面过渡和渗透的作用。如图4-33。在亭廊的布局方式里，临水建亭是常用的设置手法，就平面位置而言，临水建亭多三面临水或四面环水，三面临水时，一面与岸基相连，四面环水则成为湖心亭，通过景桥与湖岸相

图4-32　水景（图片来源：李沁，生态造景［M］. 大连：大连理工大学出版社，2005，09.）

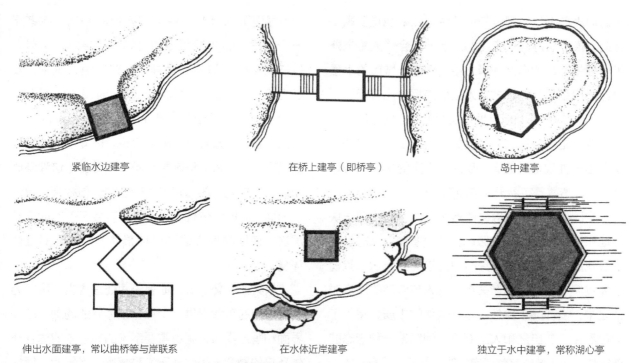

紧临水边建亭　　　　在桥上建亭（即桥亭）　　　　岛中建亭

伸出水面建亭，常以曲桥等与岸联系　　　在水体近岸建亭　　　独立于水中建亭，常称湖心亭

图4-33　临水建亭示意图（图片来源：金涛．园林景观小品应用艺术大观3［M］．北京：中国城市出版社，2003，12．）

连，为人们创造了独特的休息和欣赏水面景色的空间。在这里，亭廊和水体的互相穿插流动加强了地表平面和垂直界面之间的联系，其中以曲桥与岸相联系的水面建亭是界面融合较为灵活、密切的一种方式。

（三）空间的开敞与流动

空间是虚空的"体"，空间的形是由其周围物体的边界所限定的。空间的形往往不像"体"那样明确，尤其一些开敞的不规则的空间，其渗透和流动性更强。空间的相互渗透是环境流动空间的造型方式，可以达到似隔非隔、若隐若现、虚中有实、实中有虚的艺术效果。例如经常在环境中出现的栏杆，具有防护和分割空间的作用，所选样式应与环境协调，增加自然环境的整体性。特别是通常在草地和花坛边缘所设置的护栏宜矮，其纹样以简单为佳，务求空透，视线不受阻挡。

在实形的墙体上做镂空处理，是流动空间较为典型的设计方式，例如在现代景观墙设计中就经常采用"洞穿"来增强前后空间的流动性与视觉的通透感，如果是比较厚重的墙体，也会由此显得轻盈飘逸。这种形式源于园林设计中的景窗和漏窗，它不仅使墙两边的空间相互渗透，达到似隔非隔、虚实相映的艺术效果，增加空间层次的整体性和视觉上的美感。环境中的观景长廊和现代框架式的亭廊也显示出这种空间流动的特质，空间的封闭程度大大降低，来自不同角度的景色都在空间的引领下贯穿流动。这种镂空的造型还经常应用在标识、座椅、雕塑设计中（图4-34）。景观设施自身形体的"断开"无疑也会显示出这种空间特性，比较图4-35与图4-36，我们能够发现，图4-35的围树椅只是处于这一空间之中，它是一个完全封闭的自合体，并没有和外部空间进行有效的交流；图4-36的公共座椅并不局限于自身的完整性，采取了断开错位的方式，使周围的空间与之充分交融。

除了"镂空"与"断开"形式能够产生空间的流动性，增强景观设施和环境的整体感外，玻璃和

图4-34　标识设计c（图片来源：杨亚宁 绘）

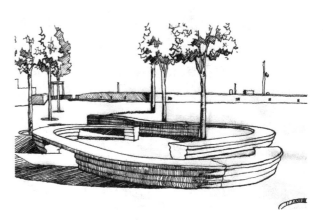

图4-36　公共座椅b（图片来源：杨亚宁 绘）

图4-35　公共座椅a（图片来源：杨亚宁 绘）

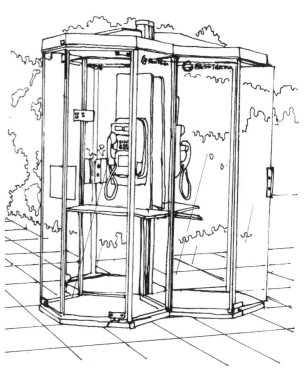

图4-37　电话亭（图片来源：孟姣 绘）

反光性强的材料也会使环境空间得到渗透与过渡。玻璃不对视线形成阻碍，而不锈钢材料能够反映外部环境，虚化自身形体。图4-37中街头一组公用电话亭采用玻璃作为封闭的隔断，其透明的特性不但使原本三位一体的量感大大降低，并且后面的绿化透过玻璃也成为电话亭的有机组成。

（四）装饰元素使景观之间产生延续和关联

景观设施形体上的装饰元素能够增加和环境的整体性联系，使构筑物、雕塑、设施、绿化之间相互联结为一体。

"装饰的一个辅助性功能就是缓和主要设计元素之间、街道与广场之间以及诸如地面与墙面等结构要素之间的转换过渡"。①在设计中，无论是设施还是建筑，都可以结合装饰元素来达到形态的整体性，它可以是在亭廊、座椅、雕塑上采用不同材料制作成图形进行装饰，也可以是地面铺装中诸如由石材、鹅卵石等铺砌而成的图形。一般来说，装饰性元素可以使单纯的设计显得丰富而有变化，当设施形体较为单调空洞时，可以采用装饰性元素来增加视觉层次和趣味性，但应注意立体形态造型和地面铺装图案的联结性，注意装饰元素与环境之间的协调性。地面上的铺装图形能够把立体形态的景观设施有机地联系起来，形态和色彩要考虑环境的整体性关系，天空、水体都应该成为设计中不可忽略的参考元素。阿根廷科尔瓦多市圣马丁广场，用白色的大理石在灰色的地面上"倒映"出大教堂的正立面，从装饰的角度说，地面铺装元素是对建筑立体形态的一种平面的重复再现，地面的图案充实了平面空间，是对墙体造型的一个呼应，使建筑的地面和墙面产生了延续和联系，并达成和谐的一体（图4-38）。图4-39的绿化修剪成了卷曲的造型，鹅卵石铺装图案也与之呼应；图4-40的饮水器造型像涌出的水花，地面铺装也以其俯视的平面图形与之协调。

在不同环境特征下的景观设施需要的装饰效果是不同的，可以是现代的，也可以是传统的，这要针对某一环境来考虑具体的装饰效果。在当代的景观设施设计中，对于历史、民族装饰符号的借用是值得关注的现象。深入挖掘当地的区域性装饰特点与传统文化内涵，或依据当地材料的独特性作为装饰媒介，这些都成为设计的灵感源泉。在我国和日本的一些庭院设计中，喜欢用鹅卵石铺装表现淡泊宁静、悠远的意境。鹅卵石和圆状物的石头，形状饱满、玲珑可爱，外形柔顺是这种形态的主要特征，鹅卵石被大量应用于园林、庭院的小径装饰，可以是抽象的几何形、也可以是具象的形态，独特

图4-38　阿根廷科尔瓦多市圣马丁广场（图片来源：娄永琪　Pius Leuba　朱小村. 环境设计［M］. 北京：高等教育出版社，2008，01.）

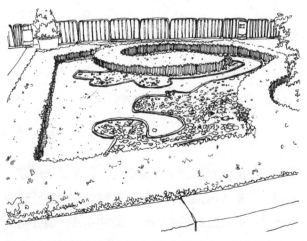

图4-39　铺装图案与绿化造型呼应（图片来源：孟姣　绘）

① （英）克里夫·芒福丁. 美化与装饰［M］. 韩冬青　李冬　屠苏南译. 北京：中国建筑工业出版社，2004：25.

图4-40　铺装图案与饮水器造型协调（图片来源：孟姣 绘）

的材质和装饰把整个环境的质朴旷达表现的完美自然。对传统装饰图形的大小、方圆、色彩等变化要进行选择取舍，往往是借用传统的符号，采用现代的设计手法进行组织变化，形成和景观设施形态统一的设计。在这些装饰细节上，典型图形的选用表达出社会文化价值以及设计师的怀旧情感。体现的不仅仅是新颖的装饰风格，也是景观设施设计师对城市文脉、精神内涵的追问。

（五）"一体化"设计

不同功能之间的景观设施作为一体化设计，会增加设施之间的整体性特征，凸显它们之间相互依赖、共存的特征。

一般来说，一种景观设施只具备一种功能，一体化设计是以景观设施的自身功能为基础而演化出其他的使用功能。例如与廊接合的廊亭；坐凳式的栏杆；兼做座椅功能的植被坛等。研究发现，高度约30cm、宽度约15~20cm的植被坛的台面就能够暗示休息落座的功能。在设计中，如果水景池、护树池的高度能够充分利用这种设计的多维性，那么，既能满足池岸和植被保护的作用，又能作为公共区域的休息之用，个体的形态成为空间中的有机组成部分，将增加环境 景观设施形态内在连贯性。图4-41所示的植被坛的坛边与水景池岸互为一体、不可分离，由于其高度相当，不但起到维护植被和水体的作用，又可以兼做休息座椅，多种功能重合利用。图4-42-1、图4-42-2、图4-42-3是荷兰一所小学的一体化设施，这个独一无二的项目自落成那天起，几乎所有的孩子都为之着迷。整个项目设计的非常巧妙，使人目不暇接。这些直径5cm

图4-41　植被坛的坛边与水景池岸互为一体（图片来源：孟姣 绘）

图4-42-1　荷兰某小学管状设施a（图片来源：httpwww.visionunion.comarticle.jspcode=200706020011）

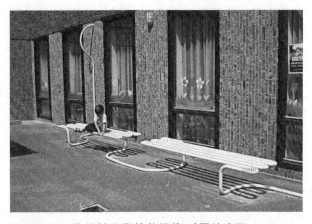

图4-42-2　荷兰某小学管状设施b（图片来源：httpwww.visionunion.comarticle.jspcode=200706020011）

图4-42-3　荷兰某小学管状设施c（图片来源：httpwww.visionunion.comarticle.jspcode=200706020011）

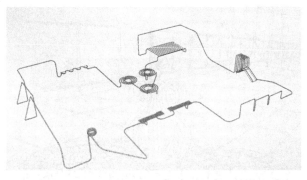

图4-42-4　管状设施的一体化设计示意图（图片来源：httpwww.visionunion.comarticle.jspcode=200706020011）

的管子在校园里变换着各种形状，一直延伸到游乐场中，形成了攀爬结构、座椅区和各种游乐等功能各异的设施。这些管子还穿越墙壁延伸进学校的礼堂，构成了礼堂的舞台，休息区，座椅和幕布滑杆。我们可以从图4-42-1～图4-42-4示意图中可以看出线型的铁管结构把所有的设施都贯串成一体。

一体化设计会提高功能和空间的有效利用，加强景观设施之间的共生关系。从某种意义上来说，景观设施的一体化设计也是创造环境整洁的出发点，在公共空间中，多种多样的景观设施固然能够满足人们方便的使用需求，但如果将它们密集的集中在特定环境中，却会起到相反的作用。这时就应该考虑这种一体化的设计方式，充分考虑一个区域中的雕塑、座椅、卫生设施等物体之间的关系，把它们作为一个整体来设计，它们可以共用某个形态或空间，可以互相穿插互相依存，形成一个不可分割的形态群落。这样既节省了空间，又形成一个整体形态，体现出景观设施设计整体性的理念和思路。

（六）以精神内涵体现与环境的内在关系

景观设施创作的成功之处在于自始至终立足于系统的艺术特征，并首先强调的是空间的精神功能。景观设施是信息源的载体，也是行为活动的关联物，研究整体性除了研究形式的直观感觉，还有客观物质之外的精神境界。景观设施设计是以公共环境作为实现的基础，它的存在是该地区生活方式的一部分，或是社会结构的一个环节，它的内容是公共性的，是开放的、自由的，而不是封闭的、约束的。所以，在设计中，我们应针对这种特定的环境区域去追求景观设施设计个体的创意，体现出形式与意义的连续。当环境与设施的整体因素相关联时，在环境中的景观设施与现存的环境要素进行积极的对话，包括形式上的对话，以及与原有风格特征及含义上的对话，如精神功能表现以及人类自我存在意义的表达等。这种创意要在保持自我个性的前提下，巧妙地在形式上与环境融和，或者可以依据特定区域的文化精神内涵和文化形态符号，来达到景观设施个体之间、景观设施和环境之间的整体性。

05

Trends of Landscape Design

第五章

景观设施设计的时代趋势

第一节　形式的多元化创新

景观设施最根本的目的是设计师创造性地运用艺术的手段，满足公众对物质的需求，体现公共空间民主、开放、交流、共享的精神。伴随着社会发展与时代进步，公众不断变化的审美需求使之演绎出多元化的艺术风格，其设计样式呈现出多姿多彩的景象。这种形式上的多元化创新在当代景观设施设计中折射出与时代精神相联系的趋势。

一、对功能与形式关系的思辨

随着人们审美水平与审美趋向的不断变化发展，对于形式的需求到达了更高的层面，也同时促进了艺术设计对于形式与功能的理性思考。由于艺术设计是一种具有选择性和创造性的活动，有着强烈的功能目的，景观设施的专门化与实用性致使设计师往往偏重于对功能的关注，所以，在设计过程中，产品的功能性体现一直是艺术设计的主导思路。另外，由于功能与实用性关系密切，在此层面上的表达较为直接，并且更具有操控性。相对来说，对形式创新的开发，在成效上则不容易把握。种种因素造成了在以往的设计理念中，景观设施的功能性倍受关注，形式只是处于从属的地位。也就导致了重功能轻形式的误区，最终结果就是景观设施设计长时期处于单调乏味、缺乏创造力的一种状态。

纵观世界设计理论的发展，在后现代主义产生前期，设计也为"功能主义"理论所驱使，其中美国芝加哥学派的沙利文提出的"形式追随功能"成为当时设计哲学的主要观点。认为任何设计都必须充分体现其功能及其用途，其次才是审美。这一关于功能至上的宣言，几乎成为当时现代主义设计哲学的唯一标准，也成为日后德国包豪斯艺术设计教育所尊崇的教义。后来，建筑大师路易斯·康提出"形式启发功能"的观点，成为关于形式与功能的又一论述，他认为"形式含有系统间的和谐，一种秩序的感受，也是一事物有别于他事物的特征所在。形式无形状，无尺寸……，形式不属于风格，设计属于个人"。路易斯·康对形式与功能的理解相比较沙利文来说，带有较强的主观色彩，他认为设计师一旦获得形式的灵感，对于实际功能关系的处理也就水到渠成了。到了后现代时期，解构主义设计则认为：人们常说的功能是理性化的功能，而实际生活中的功能，则是多变的复杂现象，因此需要一种不规则的形式来阐释它，于是他们把"形式追随功能"变成了"功能追随形式"（图5-1）。

在进行景观设施设计时，如何来定位形式与功能之间的关系是把握设计切入点的关键所在，了解和有机地把握二者的关系对于确立设计理念、开阔设计思维有着非常重要的意义。对于现代主义的设计理论，从一定意义来说，形式服从功能是正确的、基本的，但他们对功能性的过分强调忽视了人

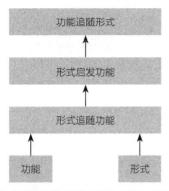

图5-1　形式与功能的思辨（图片来源：孟姣 绘）

的主观体验和感受，因而走向单一极端的客观表现。在此思辨中，虽然对于形式与功能的问题形成了某种较为极端化的认知，但也为设计师客观地认识与体现功能奠定了良好的基础；"启发"论更加体现了对人的关注，鼓励人的参与和创造；从后现代主义设计理论中可以看出，其设计理念首先建立在融功能与形式于一体的审美体系上，认为美是规律性与目的性相统一的自由形式。后现代的"追随"论让设计师更加自信地看到形式美感在设计中的地位，使他们能够探索新的艺术设计的造型手法，追求个性化。从某种意义上来说，"形式启发功能"是对"形式追随功能"的合理补充，"功能追随形式"是前两者对形式意义的更高提升，此时的功能已不是完全意义上的功能，是从属于设计形式的要素，是以审美属性为主体的。这些原创的、多选择的、超越传统思维模式的新观念，从多个角度提出了新问题，启迪我们在体现设计功能性的同时，绝不忽视形式对功能的启发作用。

作为一个设计师，有时候往往被自己既有的世界观和较为固定的思维模式所羁绊，不自觉地圈于功能的束缚而忽视对形式的创新，这就更需要对形式创造力进行深层的开发与拓展。对形式因素的关注并非在设计中着力渲染形式的审美价值而不顾设施的用途，设计师在设计过程中构想出的富有视觉感染力的艺术形象需要以大众需求、实用目的为依据。也就是说，设计者既要尊重设施的独特功能特性，又要突破限制和束缚，敏锐地捕捉

到形式和功能的关系，在此基础上变换并升华二者的互动关系。在设计中要想有所创新，就要打破传统的设计方式，使形式和功能在审美知觉中合为一体。

二、艺术设计风格的启迪

海伦·罗温曾说："本世纪的经历暗示出个人质量，或许整个人类生存都依赖于独创性的思维才华和支配能力，依赖于改造熟悉的事物并给予新的意义，依赖于能察觉到幻想后面的现实和参与大胆飞跃的想象。"社会的发展、科技的进步为设计提供了更多的可能性，新观念、新思维方式和新材料的出现给设计带来契机。人类的需求随着时代的进步而不断的发展，需求的变化不断刺激着创新的欲望，成为设计的永恒动力。设计有着明显的时代性，各种设计风格和流派都是随时代的发展而产生的，每一代设计师都为寻找能代表那个时代的形式进行了多方面的探索，才取得了如此多的成就。不同时期的设计风格、形态样貌反映出特定历史阶段的人类文明与审美价值的取向。

要实现景观设施设计的形式创新，首先应触摸历史的脉搏，从中汲取营养，激发创造灵感。

20世纪是艺术设计发展的高峰期，了解这一时期各种流派的演变和发展轨迹，体味设计家勇敢无畏的反叛精神和追求新异的另类特征，激发景观设施设计进行更广泛的探索具有广泛的现实意义。

风格派是1917年以荷兰为中心发展起来的现代艺术流派，成员包括画家、设计师、建筑师。"风格派"的理论有着深奥的美学内涵，他们抛弃传统的形态特征，排斥一切写实的东西，他们追求造型的普遍性，完全用抽象的比例和构成代表绝对、永恒的客观实际，把几何学看成是造型的基础。不论绘画、雕塑、建筑、家具等等，都是以抽象的几何结构的组合作为设计的基本点。蒙德里安的绘画在造型上仅利用水平直线和垂直线，色彩上仅有红、

黄、蓝三原色和无彩色的黑、白、灰，他认为水平线和垂直性能"使地球上所有的东西成型"，红、黄、蓝三色是"实际存在的颜色"（图5-2）。这种观念很快扩展到家具、室内设计和建筑上，对整个艺术设计领域的发展起到了巨大的推动作用。在设计上，风格派把长、方的几何体作为基本母型，把色彩还原成三原色，界面变成直角、光滑、无装饰。图5-3为典型的风格派作品——里特维德设计的著名的红、蓝椅。以传统的折叠椅子为原型，抛弃了所有的曲线因素，构件之间完全用搭建方式，露出交头，除了框架用黑色之外，其余全用原色。在这个新的组合中，单体依然保持相对的独立性和鲜明的可视性，作品具有明确、单纯的几何形体特征。图5-4是里特维德设计的一所住宅的立面图，我们可以看出，横竖相间、错落有致、纵横穿插的造型造成活泼新颖的建筑形象——是风格派画家蒙

德里安的绘画在建筑立面上的立体化，简洁的平面构成真实地描绘出蒙德里安绘画作品中的三维效果。构成主义在立体设计领域所产生的作用丝毫不逊色于荷兰的风格派（图5-5）。它是1913~1917年在俄国形成的现代主义艺术流派，主要特点是

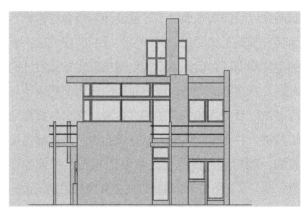

图5-4　乌德勒支住宅立面图（图片来源：http://bbsdown2.zhulong.com/forum/AttachFile/2006/6/3/3529366.gif）

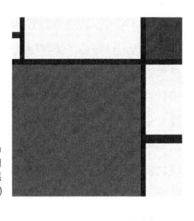

图5-2　风格派绘画作品（图片来源：崔庆忠. 抽象派 [M]. 北京：人民美术出版社，2000，08.）

图5-3　红、蓝椅（图片来源：娄永琪　Pius Leuba　朱小村. 环境设计 [M]. 北京：高等教育出版社，2008，01.）

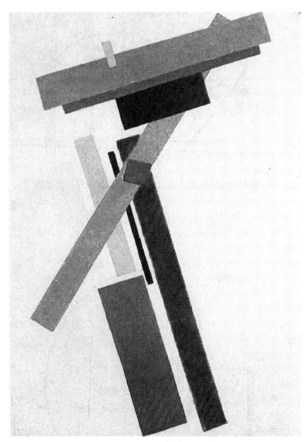

图5-5　构成主义绘画作品（图片来源：崔庆忠. 抽象派 [M]. 北京：人民美术出版社，2000，08.）

采用圆、矩形和直线等几何形态进行非具象的简单造型，在雕塑方面，采用新的材料，用工业熔焊等手段，创作抽象的构成雕塑作品。构成主义者们以抽象的手法，强调对材料进行有机组合的构成活动，注重设计中功能、技术、社会等综合因素的作用，探索创造活动与工业生产之间联系的紧密性、实用性以及新技术条件下产品设计与技术结合的新思路。实际上构成主义开创了设计的实用性这一新的美学观念，对设计语言的创新与现代立体设计的发展具有重要的影响。风格派和构成派都热衷于几何形体以及空间和色彩的构图效果，它们在旨趣上和做法上并无重要区别，从艺术上讲，两派都是抽象的，都对现代建筑与艺术设计起到了积极的作用。图5-6、图5-7是具有构成主义风格的景观设施设计。

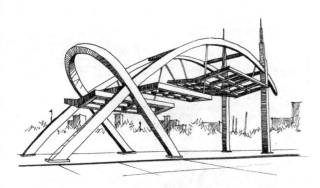

图5-6　具有构成风格的公园入口设计（图片来源：聂婧怡 绘）

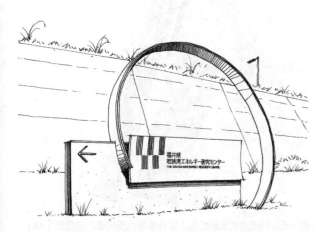

图5-7　具有构成风格的标识设计（图片来源：聂婧怡 绘）

"流线型"在20世纪30~40年代的美国成为一种产品设计时尚，它以光滑、流动的、富于戏剧性的线型变化，形成一种美学风格，代表了一个时代的审美情趣。流线型源于人们对自然生命的研究以及对于鱼、鸟等有机形态效能的欣赏，这些研究被应用到了潜艇和飞艇的设计上，以减少湍流和阻力。虽然最初的流线型设计是基于空气动力学的试验，但后来逐渐发展成为一种纯粹的审美形式追求。30年代中期以后，在美国这种"流线型"成为一种狂热，这种形式不单表现在与空气动力学密切相关的汽车、轮船、飞机等交通工具上，还涉及吸尘器、电冰箱、收音机等家用电器以及建筑、室内、家具和各类小商品的设计上。在欧洲，虽然也流行流线型设计，但设计师却表现出一种非常的理性，他们在追求设计形式多样化的同时，更注重设计的科学性。意大利设计师平尼法里那采用流线造型的西西塔里亚汽车，曾风靡欧洲。在这些工程设计师的作品中，其饱满圆润的形态因科学的严谨极富表现力，流线型有力地综合了美学与技术的因素，它是功能与技术的理性思考和审美情趣的完美结合。可以看出，设计并不是单纯的艺术品，它还需要科学技术的支撑。最初，流线型设计的外型受生产技术和材料以及消费市场等的限制，但经过设计师的精心处理，使功能、色彩、造型、结构和材质等共同形成高效的有机体，发掘出流线型简洁、流畅具有速度感的形式特征，致使这一富含有理性和感性的优美外形给人带来视觉上的享受。也许这正是流线型设计在当时极为受大众欢迎的原因。图5-8、图5-9为受流线型风格启迪的公共座椅和电话亭设计。

20世纪60年代最有代表性的设计风格是波普艺术。当时的人们对造型简单、色彩单调的现代主义设计所呈现出的古板、乏味与冷漠越来越感到厌倦，人们开始希望出现丰富多彩的设计作品。在这种情况下，波普设计应运而生，它首先在伦敦发起，继而很快又波及纽约，并在那里形成燎原之势，对全球产生了影响。波普风格追求大众化、通

图5-8 流线型公共座椅（图片来源：杨亚宁 绘）

俗的趣味，在形式上充满反叛精神。它的最大特点是，利用现实生活中的任何视觉源泉，作为设计的素材和模仿形式，然后采用夸张、变形的手法运用到产品式样的设计中，这些产品形象诙谐、轻松，强调色彩与造型的通俗性、强烈性，大胆采用艳俗的色彩，给人以夸张的视觉效果吸引人们的注意力。波普风格设计主要体现在与年轻人有关的生活用品和活动方面，先是从伦敦街头的服装文化开始，继而影响到产品、广告、包装设计等，并很快就波及其他国家的设计领域，由此出现了许多新奇的设计作品。有时把日常习见物品例如汉堡、汤匙、剥了皮的香蕉等通过夸大比例、改变材质的手法，制作成精致的公共雕塑，安放、耸立在城市广场中，从而改变了这些物品原有的内涵和意义，使之具有了纪念碑性质，让人以愉悦（图5-10）。他们利用非常规的方式、非传统的材料和技术手段进行创新，特别是在利用色彩和装饰形式方面为设计领域带来了一股清新的气息。图5-11具有波普趣味的电话亭设计。

图5-9 流线型电话亭（图片来源：聂婧怡 绘）

图5-10 波普艺术作品（图片来源：http://blog.artintern.net/blogs/articleinfo/sijianwei/221591）

解构主义的产生强烈地震撼着现代主义的理论基础，它的理论依据构筑在德里达解构主义哲学的基础上，从逻辑上否定传统的基本设计原则，其设计建立在对"破碎"和"分解"的意义表现上，强调打碎、叠加、重组，用分解的观念让破碎的元素通过有效的组构，形成一种新的设计表现与美学观念。"解构"是一个高度理念化的过程，"解构"的目的不是为了盲目的破坏，而是为了在局部与局部的"重构"中产生新的意义。解构主义是一场深远的运动，它的目的是冲击已有的观念，不断发现事物和自身新的价值。最早将解构主义理论运用到建筑设计上的是美国设计师弗兰克·盖里，盖里的建筑向来以前卫、大胆著称，作品具有鲜明的解构主义特征，其反叛性的设计风格颠覆了几乎全部经典建筑的美学原则。他认为建筑的完整性不在于建筑本身总体风格的统一，而在于部件个体的充分表达，他的作品基本都有破碎的总体形式特征，但这种破碎本身就是一种崭新的形式。盖里的设计把完整的建筑整体打破，然后重新组合，形成一种所谓"完整"的空间和形态。解构主义从建筑设计逐渐发展到其他的艺术设计领域（图5-12）。这种反常的设计促使我们用怀疑和否定的眼光去看待已有的经验，促使我们去设计思考更标新立异的作品。图5-13摒弃传统的亭子构造方式，有意识地打破主体的完整性，利用顶面与立柱形成的支撑关系，重构了亭子的形态，使之产生出不完整感。这种新的设计语汇和观念摒弃了一切常规的构成方式，流溢出一种新的思考和观念。

高技派是在20世纪70年代从建筑设计开始形成的一个流派，这种风格源于当时的机械美学。高技派运用新科技的多种可能性来创造独具特色的作品，在设计上追求制作手段的尖端性和领先性，追求单纯的机械美和构造美，以突出高科技、高品位为目的，通过高科技手段使作品赋予新的美学含义。高技术风格最先在建筑领域得到充分发挥，其中最为轰动的作品是巴黎蓬皮杜国家艺术与文化中心，建筑家尽可能地将各种设备管件与结构层放置于建筑的立面和可视的空间中，室内暴露梁板、网架等结构构件，依此来强调工业技术与"机械"美感。高技派后来逐渐发展到产品设计、时装设计尤

图5-11　具有波普趣味的电话亭设计（图片来源：杨亚宁 绘）

图5-12　明尼苏达州魏斯曼博物馆（图片来源：http://www.jianzhu01.com/museum1007260230.htm）

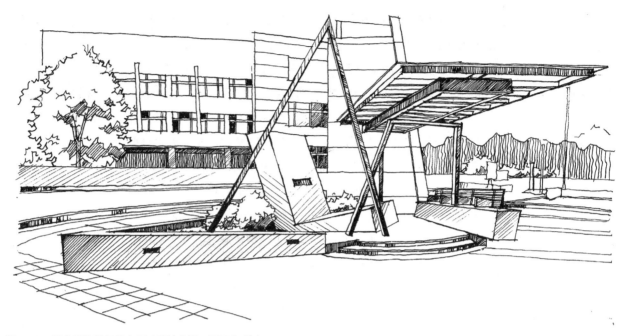

图5-13 具有解构特征的亭子（图片来源：杨亚宁 绘）

其是家具设计方面。新的材料和新的技术造就了新的设计观念和设计语言。现代科技日新月异的发展，给高技派设计提供了越来越多的表现可能，他们采用各种新型高科技材料与技术手段创造出独具特色的作品，体现出一种强烈的前卫意识和创新精神。图5-14是体现技术美感的现代凉亭。

图5-14 体现技术美感的凉亭（图片来源：金涛. 园林景观小品应用艺术大观1［M］. 北京：中国城市出版社，2003，12.）

三、形式创新下的主体与客体

（一）设计师主体意识的提升

　　景观设施作为表达艺术思想的物质媒介一直倍受设计师的青睐，现实世界是设计师创造艺术的天地，设计师是被艺术品所规定的艺术活动部分。为社会创造出符合功能的优美设施形式成为设计师所追求的目标。作为设计师来说，或许更要意识到单纯的功能表现是乏味的，挖掘形式美，才能创造出更为高品质的景观设施，才能符合当代社会不断发展的审美需求。要想实现景观设施的形式创新，必须提升设计师的主体意识，注重自我价值的体现，在设计过程中，将丰富的个人生活体验与审美修养融入进去，才能创造出具有时代感的景观设施作品。主体意识的提升，促使设计者不仅仅是对功能的被动再现设计，而是有意识地强调形式因素的表现力，在一定程度上摆脱客观概念的束缚，增大设施的审美能量，让设计者内在的创造能动性在景观设施表现上物化为多种新的表现形式。

　　创造的含义在于突破旧的事物，在继承和发展的基础上进行创新，以求在功能与形式上更方便我们使用和适应人的审美特点。独特的创意不但能够反映出设计师对景观设施的认知程度，还体现出对生活的观察、体验、理解与思考的不同角度和方法。这种理念使当代设计师以景观设施为创作载体，潜在地注入了设计师一定的主观情感因素，将设施设计置于个人的自觉控制之下。他们从不同的角度调动设计思维、想象活动、心理因素，主动的去探索处理功能、结构、材料等与设施的形式关系。设计师的性格、修养，对形式美的理解和对功能的不同把握，最终可能抛开常态寻求更多的形式变化。这种发自内在的创造力使设施外在表现语言的丰富性会更加深刻，能够准确地揭示出作品内在的精神价值和艺术的创意美感——它以审美属性为主体，并同时对功能做出合理的设计，使形式和功能在审美知觉中合为一体。

设施形式的创新不仅体现艺术家自我意识的表达，而且也体现出设施本身与使用大众的最终对话方式。景观设施表征着设计师对于物质文化和视觉结构的某种希望和理想的变异，充分展示了这种变异的文化和美学逻辑，也昭示出艺术对现代生活方式的反思。设计者在设计中运用可以被观众欣赏的艺术符号化语言，通过种种想法、情感、观念、处境体验等把它凝化为设施形式，表现出景观设施的情感语意。这种含有设计者情感的设计使设施能够形成与民众在精神层面上沟通、对话和共鸣的深层心理基础。这种对话方式通过公众的体验，以设施形式结构与使用者潜在期望的吻合为终极目标。

景观设施是人类精神的物质产品，在创造过程中虽然融入了设计师个人的思想情感，但由于它是经由公众参与、面向社会的艺术，由设计师个人创造、最后形成的作品必然要面对不同年龄、社会层次、不同教育背景的人群，所以它的审美形式体现的不仅仅是设计师个人的观念还反映出社会大众的群体审美情趣。景观设施不是博物馆或展览馆中的纯艺术，它以物质的方式存在于公共空间而服务于社会大众，必须通过公众对设施的体验和评价来验

证设计的合理性。因此，设计师不仅要关注自我情感的表达，还要考虑公众的使用需求和审美观念，通过设施这一特殊的媒介在主体和公众之间架起一座对话与沟通的桥梁。作为对话的发起者，设计师运用为公众欣赏和认同的艺术符号化语言，把种种想法、情感、观念、处境体验等凝化为设施形态，引起大众对设施的关注和喜爱，建立起和大众之间平等互动的对话关系。基于这种关系所进行的设计既能满足大众的审美需求，同时，也使主体有了与大众在精神层面上建立起的深层心理基础。那些在长期传播过程中被转化为公众审美意趣的东西容易被人们认同与接受，而那些过分表达设计师个人意志的设施往往曲高和寡，难以和大众的审美心态与审美层次相调和。

（二）形式创新的客观条件

景观设施设计创新充分反映了变化中的世界，它所存在的空间环境和社会处于永恒的运动中，其本身的时代特征也在不断的发生变化。相对于以往的设计而言，现代景观设施形式创新更加具有开放性和开拓性。在历史与现代交织的多元化年代，景观设施作为公共环境中的一个亮点，有着强烈的现代性和现代品质，它表明了现代设计本身内在的发展规律。

现代设计观念、审美需求以及社会经济与地域文化的影响，为设施的形式创新提供了必要的经济文化条件；新材料、新技术的出现，大大拓展了空间构成的自由度，为各种复杂形态的形成提供了宽裕的设计创意空间，设计师依靠并利用现代的工艺技术向具有丰富视觉感受的审美形态进行着有效转化。在景观设施的形式创新中，材料、结构、技术往往能够给予我们得以充分表达的物质条件，不同特性的材料与构造将会对设施的造型产生重大的影响。当代设计师对材质、结构等方面的理解和驾驭能力已成为设施设计创新的重要契机。

例如在对新材料的运用和处理的过程中，巧妙

地对其加以艺术化处理，把材料的物理效应、肌理效应与形式构成高度地统一，设计出具有独特视觉效果的设施形式。在钢铁、铝合金这种新材料诞生于世之时，制作景观设施主要使用木材和石材。由于钢管具有高强度、可弯曲等特性，适合室外天气和环境条件，设计师利用这种特殊的材料制作出各种各样的设施，完全打破了传统的形象，给人一种耳目一新的视觉感受（图5-15）。另外，相比较以往，生产景观设施的工艺手段也发生了很大变化，非常规的加工工艺能够设计出各种特殊效果，形成独特的"有意味的形式"。此类富有个性的设施加工技术让人体验到一种单纯的技艺手法在发展到极致时所蕴含的征服力。

所以，在景观设施设计中，设计师具备一定的创新意识是根本，但对材料、功能、技术等的综合把握都是构成创新内涵的重要方面。只有在这种整

体认知的前提下，设计师才能展开想象的翅膀，找到突破点，做出与众不同的设计作品。

四、景观设施设计的创新理念

（一）景观设施设计与创新思维

罗丹曾说过："美在于发现，在于创造……"。无论是二维空间的平面设计还是三维空间的立体设计，其共同点都离不开创新思维。古往今来，新的思维、新的创造都成为艺术家们获得成功的最大的快慰，为此，设计家对自己作品付出了孜孜不倦的追求，甚至毕生的精力。创新是发现和创造，是设计的本质属性，虽然不同设计中的创造性因素不尽相同，所占的比例或高或低，但必然发挥着对原创力的推动作用，并最终成为评价设计优劣的基本标准。一件完美的景观设施作品，要表达一种可谓理想的境界，需要设计者具有丰富的艺术想象力和创造力，而想象力和创造力都来源于创新思维。

景观设施的创新与创新思维密切相关，而创新思维在设计中又以设计思维为表征。对于景观设施设计来说，其涉及的内容和范畴比较宽泛，并且每一项具体的内容总是有着特殊的形式限定，这种限定往往受各种因素的制约，或受制于材料、结构，或受制于功能、技术等因素，它必须建立在内在结构的合规律性、功能的合目的性的基础上，因此，科学的本质决定了景观设施设计涉及思维的逻辑定向，它离不开逻辑思维，概念、归纳、推理作为形象设计的检测与评价方法。从另一个方面来说，没有形象就没有设计，设计的造型要求又决定了设计思维的形象思维定向。其中，任何一种思维方式都不能解决一个完整的设计项目。

（二）创新思维的主要表现形式

逻辑思维和形象思维是人类反映客观世界的两种不同的思维方式。逻辑思维的特点是把直观所得到的东西通过抽象概括形成概念、定理、原理等，

图5-15　不锈钢标识（图片来源：杨亚宁 绘）

舍弃了个别的非本质的属性，以抽象的推理和判断来到达论述的目的，从而认识事物的共性，使人的认识从个别上升到一般，并通过一般的形式来反映普遍存在于个别事物中的规律性，这是一种递进式的线性思维方式；形象思维是在艺术创作中普遍应用的、以事物的具体形象和表象为主要内容的思维形式，通过对众多具体形象的积累，扬弃非本质的感性材料，通过想象等心理操作的综合过程，直接推出典型形象来，重要的是创造个性，具有非连续的、跳跃性的非线性特征，它主要把形象作为思维的材料和工具。逻辑思维必须抽象，而形象思维的过程自始至终都不能离开具体形象而存在。作景观设施设计需要综合这两种思维方法，而这两种思维的整合就是设计思维。设计思维中的逻辑性和形象性是密切联系在一起的，它是理性的，又是感性的。设计思维的辩证逻辑，最终指向它的创造性特征。因为对于景观设施来说，它的本质是设计，而设计思维的内涵恰恰是创造性思维。景观设施设计离不开创造性思维活动。一个设计师在设施设计中所表现出的创造力的大小与思维方法有关，设计师一旦囿于客体的概念和表象，创造力就会受到限制。因此，如果想在设计中有所创新，应从旧的习惯和个人知觉的束缚中跳出来，以多元的、多维的空间想象来思考。例如，当我们想到一把椅子时，在人们的脑海中很快浮现出椅子的概念图像：椅子背、椅子面和四条腿。这是一把椅子的通常认知符号。作为一个设计师，如果对椅子的认识被这个认知符号所困惑，就不可能在"创新"这一概念上有所突破。相反，我们如果这样来对待椅子这个概念，就会产生不一样的结果：椅子应该是能够保持人体一个舒适姿势的支撑物，使人的臀部和背部都有支撑点，其基本的功能在于使人的身体能够长久地保持在一种舒适的固定状态。那么，只要能够满足这种功能的任何形态都可以称为椅子。图5-16中的椅子正是摆脱了人们对一般椅子的固有概念，在我们眼前呈现出的是新鲜奇特的效果，它提供

图5-16　公共座椅a（图片来源：风景园林［J］. 2006，02.）

给我们的是对同一事物不一样的视觉经验，这种崭新的视觉经验似乎超越了我们早已习惯的种种感知。

1. 发散性思维

　　发散性思维是创新思维的一种主要表现形式。通俗一点来讲，发散思维就是我们平时在日常生活中所说的"左思右想"、"上下求索"等词的组合。它的最大特点是思路呈立体、多维展开，让思想自由驰骋，通过对信息的分析和组合，将各方面的知识加以综合运用。设计者的思路由一个点向四面八方展开，在思维空间以多重性的重叠方式、交融手法，使大千世界在思维的空间中得以无限联想，来获得立体空间形体的构想最终实现。由于发散思维强调突破常规，不走常路，思考者所采用的是不同于以往的角度和层面去探索各种途径和新方法，所以，最后所得到的答案肯定是多个的，其中可能有一些是别人没考虑到的，这就是有独创性的。所以，发散思维所形成的这种别人没有考虑到的探索结论，自然也就有别于传统、偏离传统、不同于权威，那么，这种结论其实就是我们通常所说的发明和创新。发散思维所带来的直接益处是，有助于设计者摆脱先入为主的成见，不受现有知识或传统观念的局限，突破对事物认识上固有的模式框框，其思维触角立即向四面八方立体地、全方位地打开，而不是仅仅固定在一个点或一条线上。

图5-17这款亭子所具有的特殊形态是颇具创意的，一眼望去，它似乎像树林中的藤蔓蜿蜒缠绕，也似丛林中快速爬行的蛇类动物，它随意的转折似乎又暗合了山体的起伏。设计者以空间结构的组合，把不同类别的物象、有生命或是无生命的意象组织在一个形态上。由于设计的奇特与趣味性，我们既能体悟到亭子的意义所在，又传达出别具一格的美的情趣。主题内容以新的表现形式进入我们的视觉意象之中。

2. 逆向思维

逆向思维是把思维方向逆转，从对立的、颠倒的、相反的角度去思考问题并寻找解决问题办法的思维形式。一般说来，人们学习知识的过程大都是以循序渐进的顺向思维为主，所以久而久之，也就自然而然的形成了以直线性思维为主的思考习惯。而逆向联想思维的实质是打破直线性思维的一般规律，改变人们通常探索问题总是喜欢按照事物发展的顺序来思考的习惯，从相反的方向来认识事物，反其道而行之。有时，当人们在顺向思维的情况下，一时找不到解决问题的好途径时，如果采用逆向思维的方法，很有可能给我们以新鲜的启示或感悟。美国心理学家曾经举过这样的创造性思维的例子，一般人切苹果都是通过"南北极"纵切的，但如果一反惯常的思维，沿着苹果的"赤道"横切，结果发现了一个人们平常见不到的"景色"——一个五角星的图案。逆向思维正是从另一个角度把那些我们感到"极其简单和熟悉而被隐藏起来"（路·维特根斯坦）的事物发现出来并进行表达的创造力。它的目的正是把人的思路引向不引人注意的隐藏的方面，提醒人注意那些表面上不合理的事物中所蕴含的合理因素，从而抓住有创造性的因素。在现代设计中，逆向思维是设计师所钟爱的方法，如果在进行设计时，让思路打破常规、标新立异、与众不同，有意识地摒弃常规和常理，让自己的思路采取和正常思维相悖的方式，往往更容易引起新的思考，就可以取得一种意外的、戏剧性的效果，设计出让人过目不忘的作品。

图5-18中的公共座椅具有让人感觉不一样的外观形式。一般情况下，座椅的靠背只能是垂直向上而不是弯曲水平的，而这个简洁的外形就是逆向思维所得到的设计结果。

图5-17　亭子（图片来源：金涛. 园林景观小品应用艺术大观1[M]. 北京：中国城市出版社，2003，12.）

图5-18　公共座椅b（图片来源：杨亚宁 绘）

3. 联想

联想是人心理活动的一种现象，一般是指具有过去经验和体会的人，在类似或相关的因素刺激下，引起对过去经验的情感反应，它是从一个概念到其他概念，从一个事物联想到其他事物的一种思维方式。这种联想思维方式像一把钥匙，能迅速将人头脑中积累的大量知识、经验、信息和各种记忆唤醒、积聚起来，以设计主题为中心将其编织在一起，成为设计方案的有效积淀和触发设计灵感的契机。联想思维的诱发因素很多，归纳起来主要有：共性联想与对比联想。

共性联想是指通过事物之间某些相通的属性所发生关联，由此及彼的联想过程。善于联想的设计师总能从一件事物想到与之接近的许多事物，然后通过比较、选择，做出合理、有益的判断。对于细心的设计师来讲，生活中的某些事物、成功的作品总能与设计主题存在某种内在的关联。对比联想是指人们对某一事物的感知过程中，所引起的具有与之相反特点事物的联想。它是从看到的事物的性质联想到与之对立的另一种性质，或者从事物的一种属性想到与之对立的另一种属性。在设施设计中，设计师通过对比联想的思考方式往往能开辟设计思路的另一个天地。例如刚与柔、硬与软、光滑与粗糙等形态属性的挪用与拼构，会给设施设计带来更加特殊的视觉创意。

（三）挑战传统艺术设计规范

当代设施的形式创新是对传统设计理念的挑战，是对传统艺术规范和信念的冲击与解构。设计冲破传统设施功能至上、简洁实用的局限，派生出许多新的观念，例如在设计中强调装饰味、幽默感、象征性、隐喻性、解构性等，极大丰富了现代设施设计的表现手法，充分体现了高度发达的现代化社会和开放的思想文化所带来的活力，同时也反映出设计师们大胆的创新精神以及不受传统美学观

图5-19　候车厅（图片来源：金涛．园林景观小品应用艺术大观3[M]．北京：中国城市出版社，2003，12.）

念和传统文化观念制约的特点。富有创新性的设计粉碎了以往为多数人所认可的传统认知和界标。图5-19中盖里设计的候车厅，由彩钢条形成的穹形顶棚和多个竹子般金属柱形成的支撑犹如自然的植物或生物造型，此时候车亭的功能已被强烈的形式所掩盖，完全脱离了人们对设计物约定俗成的概念认知。不难发现这些当代设计师在试图超越与发掘全新的领域进行试验创作，寻找着一种不同于现有观念的创新性表现手法。

这种具有反规范特征的设施设计以奇特的造型与构成关系给人们带来强有力的视觉刺激，彰显出设施的个性特征并使之具有较强的视觉冲击力和识别性。在环境空间中，富于个性的设施能够使环境更加鲜明生动、具有活力，赋予设计深邃、精细、丰富的艺术魅力。人在感受和使用景观设施的同时，具有个性特征的会吸引公众的注意力，产生出较强的识别性特征（图5-20）。并且，城市空间中富有特色的设施设计有助于人们形成特定环境清晰的表象，使人们快速的认知并记忆环境信息，从而识别并确定自身在城市中的方位而不致迷失方向，也同时得到情绪上的放松和心理的安全感。

图5-20　标识设计（图片来源：杨亚宁　绘）

除了强调其景观价值外，还对其地域性、环境效应、象征意义等予以探究，为人们审视设施的意义提供了一种新的审美角度，使设施成为承载着一定文化内涵的艺术形式。

在景观设施设计中，要么其自身的形式具有雕塑感，再者就是借用雕塑组成新的具有景观效果的设施。图5-21、图5-22都是运用了创造性的设计理念，将景观设施当作一种雕塑形式加以表现。图5-23、图5-24是结合了雕塑的水景和公共座椅设计，景观设施的形式艺术语言借助于雕塑获得艺术化的探索与表现。

（四）超越功能的雕塑化品质

设计的价值在于创新，在具有创新性的景观设施设计中，形式因素具有主动积极的意义与超越功能的艺术价值。审美多元化的需求使当代的设施形式因素更具有主动积极的意义，设计师应积极引导人们的知觉去主动体验与把握潜藏于设施表象下的内在性能，有意识使形式表现与人们的知觉印象相吻合，灵活把握形式和功能之间的关系，使景观设施从功能走向艺术化的创新表现，成为具有观赏性的艺术品。

景观设施是在三维空间内占据一定空间位置塑造可视艺术形象的一种艺术门类，在空间性这一特征上，三维体积是一种承担某种思维和观念的载体，它与雕塑以及其他立体设计有着相似之处。设施所具有的抽象几何立体形态特征被当代设计师所重视，他们注重设施在环境中的可观赏性，使设施体现出文化性和精神性的内涵，渐显设施雕塑化的设计发展趋势，它们所具有的立体形态成为设计师运用当代设计语言进行创新的载体。设计师将设施当成一种构成与造型的空间形态加以表现，利用设施的体积感和几何形特点进行凹进、凸现、间隔、断裂、穿透处理，使雕塑的艺术语言在设施形态上得到多样性的探索与表现。具有雕塑化特征的设施

图5-21　公共座椅（图片来源：Jacobo Krauel, urban elements [M]. 出版社：Prgeone, 2007, 01.）

图5-22　标识设计（图片来源：标识——日本景观设计系列3 [M]. 苏晓静，唐建译. 沈阳：辽宁科学技术出版社，2003，10.）

图5-23　与雕塑结合的水景（图片来源：杨亚宁 绘）

图5-24　与雕塑结合的公共座椅（图片来源：Modern Architecture In The Garden［M］. 出版社：Rockport）

第二节　对地域文脉的解读

当今社会，便捷的交通和有效的信息交流，缩小了地域、民族之间在文化上的距离，地球村逐步加深了地域文化趋同的危机。"在这个文化与社会不断趋向同化的年代里，……在系统化的操作方式下吞没了差异性与多元性。当物质发达与社会自由化浮现的同时，这些全球化的力量往往瓦解了传统文化的价值并漠视了过去的一切"①在这种经济和文化资讯的全球化背景下，设计领域也处于一种开放

的状态，各种意识与价值观相互交融、相互影响，致使地方文化日渐趋同，城市历史风貌及其地域文化性格特色逐步消退，人们的传统文化情感陷于失落。这种现象造成的特色危机使人们认识到在设计中体现地域性的重要性，地域文化个性将是未来设计表现的主要课题。如今，在城市规划、景观以及景观设施中强调"地域性"逐步为人们所关注。

城市是文化的中心，而城市环境中的景观设施则是城市文化中的重要组成部分。它是城市地域文化的重要载体，也是城市精神与物质文明的主要表现物。景观设施不仅可表现环境的特色，更是识别空间的重要因素，同时又是环境特性的精神升华。设计有鲜明个性的景观设施，就需把握环境的本质特色，把握环境中的人文气息。将景观设施作为一种象征物，不仅要使其成为城市多元化环境的重要组成部分，与整体环境相协调，更应该成为城市人文精神的集中体现。注重传统与文脉是人类文明发展的必然，是人类进步、生活方式和观念多样化的表现。

一、地域性与地域性设计

地域性主要是指地域与地域之间，或地区与地区之间，由于在自然环境和文化特点方面各自所具有的不同特色。地域性既表明了地域自然环境所具有的特殊性，同时，也强调与特定地区相联系的文化意识形态的独有性。设计中的地域性是结合一个区域在这两个方面的表现，从中获取灵感，寻找现代生活与当地自然条件和文化的契合点，以期在设计中延续和创造地方特色。

地域性设计最早出现在建筑领域。其实，在建筑设计领域的体现并不是当代世界的产物。以西方建筑历史本身的发展为例，无论是哥特建筑还是文艺复兴建筑，都已有融合地方特征的建筑现象存

---

① （英）凯瑟琳·斯莱塞. 地域风格建筑［M］. 彭信苍译. 南京：东南大学出版社，2001：15.

在，构成了那个时代丰富多彩的建筑文化现象。但是，对建筑地域性的自觉意识还要追溯到19世纪，当时英国的园林就是这种寻找地方特征的表现。二次大战后，现代主义的思想与实践在西方建筑界得到了广泛传播，摒弃传统文化、追求先锋性是当时设计界所推崇和遵循的主要模式。一时间，无限蔓延的国际式风格建筑逐渐带来了建筑文化的单一化和地方精神的失落。随着世界各国技术、经济、政治与文化交流的日益频繁，现代主义"国际化"设计趋势所导致的单一性和地方精神的缺失逐渐引起世人的关注，人们意识到这种模式正在吞噬着人类悠久文明的传统文化资源，扼杀着全球文化的多样性和独创性。20世纪70年代起，地域性问题在建筑界逐渐成为自觉和广受关注的课题，而且，对它的讨论超越了西方世界本身，成为一个全球性的问题，触发了设计领域包括景观设计在内的对地域性文化的深刻思考。理论家弗兰普顿曾说："已扎根的价值观和想象力结合外来文化的范畴，自觉的去瓦解和消化世界性的现代主义。"为彰显地方精神而回到自身地域性特色的认识与探索中，以获得创作的灵感或理念，这是不少建筑师所选择的实践途径，这种实践首先是对任何权威设计原则与风格的反抗，它关注建筑所处的地方文脉和都市生活现状。美国建筑师文丘里认为："如果一个复杂的建筑目的携有意义的多个层面，那么，对于建筑师而言，去熟悉要涉及的整个领域内的习俗，就成了关键。"他强调了继承传统和改变文脉的意义，在他的理论体系中，除了倡导继承传统，还提倡注重文脉，在设计手法上任意地从历史中寻求灵感，将历史片断用于建筑设计，在建筑形态中隐含其传统和文脉的译码。建筑师们的实践折射出后工业时代全球范围内对于文明与文化相互关系的种种思考，他们试图从场地、气候等自然条件以及传统习俗和都市文脉中去思考当代建筑的生成条件和设计原则，使建筑重新获得场所感和归属性，所采取的地域性表现策略显现出了极为广泛的灵活性和综合性特征。

艺术家创作的题材、风格是多种多样的，但地域性往往是其设计创作的一个起始点，而对地方精神的关注是当今设计师设计理念上的共同点。建筑设计中地域特色的表现方法，对景观设施创作具有积极的启迪与借鉴作用，定位地域性趋向成为当代景观设施设计所面临的重要课题。

二、景观设施设计的地域性因素

在城市空间中，地域性的景观设施总是建立在独特的文化和自然环境基础之上，联系着一个地区的文化脉特征。"地域性"的内涵和特殊性是多样的、多层面的，许多城市和地区所具有的独特自然景观和地域文化，成为塑造和展现地域性景观设施取之不尽的文化资源，为景观设施地域精神及表现手法提供丰富而醇厚的营养。所以，对于景观设施的"地域性"来说，意味着其设计创作需要在表现形式、物质材料、工艺方法和文化精神内涵等方面进行多维度地思考，建立起与本地区自然和文化元素的内在关联。

（一）自然元素

一个地方特有的自然环境、物种类型的存在和延续，是经过了自然长久地选择与延续的结果，蕴涵着丰富的自然法则。一个地域的自然景观及山水形貌，构成了城市自然的基本格局和总体轮廓线，成为城市地形的韵律变幻的自然美感要素，也是区分于其他城市景观的识别参照体系。这些天然自成的城市景观要素，为景观设施的存在提供了得天独厚的自然条件。景观设施的创作应该在尊重和汲取一个地域的自然特性和特有资源的基础上进行有意识的发掘和创造，结合地形地貌、水体、气候、植被等自然因素，突出地理和气候等条件影响下的地域风格。

景观设施的创作和落实总是与一些特定的自然环境相伴随的，因此地方性的自然元素应该得到设计师的关注。只有如此，景观设施才可能呈现出与自然内在关系的有机性与亲和力。

1．地形地貌

景观设施设计必须遵从特有的自然景观和山水形貌，才能使艺术与自然二者相融，才能与自然景色相映生辉。实际上，对自然及自然精神的依傍与珍爱，是中外古今的优秀景观艺术所遵循的要律，城市景观设施的建设也不可例外。亭廊是我国园林设计中不可缺少的景观元素。我国明末的园林家计成在《园冶》中说："宜曲立长则胜，……随形而弯，依势而曲。或蟠山腰、或穷水际，通花渡壑，婉蜒无尽……。"这是对园林中廊的精炼概括。其中尤以爬山廊与地形结合得最为独特，它顺地势起伏蜿蜒曲折，随地形高低起伏，贯穿于山坡之中，变化丰富（图5-25，图5-26）。图5-27中美国加州的查尔斯顿公园。利用高低错落的植被，把绿化区域设计成一个富有层次的空间。白色亮丽的植被坛勾勒出圆形土丘组成了连贯的有机图形，与附近卡拉维拉斯山形成呼应，人工地形与自然地貌之间建

立的一种连续的视觉关系。

处于不同地形条件下的景观设施，除要充分考虑到环境的特点，与之融合互动外，还要考虑到设施的位置关系。如果在平坦地形的条件下，各景点、建筑等是平面位置上的联系，设施构成中的视觉因素则要考虑如何以平面性布局来组织它们。如果是丘陵和山地复杂的地形区域，设施所处的环境不是在同一维度上。人对环境景观的观察也不局限

图5-25　爬山廊（图片来源：孟姣 绘）

图5-26　现代爬山廊（日本）（图片来源：赵佳璐 绘）

在平面上，人的视角可见范围与灵活性明显增大，与环境相配合的建筑、景观设施艺术的构图不再处处受到视野的限制，景观构图处于动态的变换之中。在这种情况下，要重视垂直布局的规划手法，使地形与景观设施的布局有机地联系在一起。图5-28中位于美国旧金山心脏区的"九曲花街"，其长度虽然不过400m，但由于花街所处地区山坡绵延，有30°左右的陡坡，为防止上下坡发生交通事故，人们修出了8个弯道，特意在弯曲的车道两旁修筑了许多花坛，让车辆绕着花坛盘旋行驶。由于花街陡峻而弯曲，旧金山市还就车辆行驶做出特殊规定，规定行驶车辆必须绕着花坛盘旋行进，不得对花坛造成任何损坏，并且车速必须减至8km/h以下，否则会受到相应处罚。这一路的鲜花选用当地特有的花卉，高低疏密，色彩搭配，四季轮替，保证日日有景、步步有别，与地势、植物的良好结合使之成为当地最吸引人的一条街。

2. 气候

气候具有明显的地域性特征，主要表现在降水、气温、风、光照等方面。这些条件对人类活动产生着重要的影响，特别是对民居的影响较大。我们居住的建筑风格千差万别，造成这种现象有诸多的原因，但气候条件是主要因素之一。降雨多和降雪量大的地区，房顶坡度普遍很大，以加快泄水和减少屋顶积雪。降水多的地方，植被繁盛，建筑材料多为竹木；降水少的地方，植被稀疏，建筑多用土石。气温高的地方，往往墙壁较薄，窗户较小或出檐深远以避免阳光直射；气温低的地方，墙壁较厚，窗户一般较大，以充分接收太阳辐射等。

对于景观设施而言，同样也要考虑到气候的差异性。例如气温常年较低和风沙较大的地区，要适当考虑诸如电话亭、候车厅等采用封闭或半封闭的方式，以给人们提供一个温暖舒适的临时场所。雨水较多的地方，景观设施设计要考虑雨水所造成的侵蚀，例如电话亭的台基可以减少雨水对金属的浸泡伤害。图5-29的悬臂式柱状设计可以保护垃圾箱免受雨水的迸溅，通风干爽。另外，景观设施的色

图5-27　查尔斯顿公园（美国加州）（图片来源：George lam. 美国景观［M］. 出版社：Pace Publishing Limited，2007，06.）

图5-28　九曲花街（美国旧金山）（图片来源：http://www.nipic.com/show/1/73/3544486k6862745d.html）

图5-29　悬臂式柱状垃圾箱（图片来源：孟姣 绘）

彩也受气候的一定影响。例如对于寒冷地区来说，橙色的地面铺装可能比冷色更适宜，因为寒冷地区的冬季时间较长，暖色调能给漫长的冬季带来一丝暖意。

在这些设计中，似乎并不存在任何可以捕捉到的传统或乡土语言的东西，它以一种富有创造性的语言使建筑与当地特殊的气候环境形成对话，向人们展现的是另外一种更积极开放的地方精神。

3. 植物

植物既是公共空间内容的组成部分，又是地域特征表现的重要因素。在与景观设施经常相伴的绿化植栽的选择上，注重其植物的地域特色是十分必要的。每一个区域的植物生长有明显的自然地理差异，生长在当地的植物经过长期自然选择的物种演替，因其受本地土壤、气候等自然条件的影响，具有与特定地区的生态适应性。在不同气候、地形等生态因子的作用下，植物以丰富的色彩、多样的形态成为当地典型的自然景观。植物与本地的山水景物存在着有机的联系，所以采用本地植物的设计方案将显得更为贴近该地区的植物景观环境，能较为直接地反映其地方特色。从经济管理的角度上讲，本地化的植物体系自然适应力强，维护成本较低。因此，无论从城市的宏观绿化或是艺术性绿色景观的营造，都需要首先对具有本地特色的绿化物种加以考虑。

景观设施通过当地植物表达地域性特征，表现在以下两个方面：

1）景观设施与植物组合。植物是设计师造景的一个重要元素，可塑性强，许多植被可以作为软雕塑与景观设施组合设计。在中国古典园林中，经常栽种紫竹、凤尾竹等，这些竹子以花窗为漏景，或以粉墙为背景，如入画境。游廊、花架、拱门等设施结合各种不同的藤蔓植物，为人们提供了环境优美、纳凉游憩的场所，景观设施因植物的点缀而变得生动且富有灵性（图5-30）。

图5-31中通过在候车亭旁边栽种当地易与被识别的高大树木，使它从环境中脱颖而出，远处需要寻找候车设施的游客能够很容易识别并发现它。

图5-30　藤蔓盘绕的柱式花架（台湾）（图片来源：孟姣 绘）

图5-31　候车厅边栽种高大树木以增强识别性（图片来源：金涛. 园林景观小品应用艺术大观1［M］. 北京：中国城市出版社，2003，12.）

2）植物形象应用于景观设施。把植物形象作为装饰图形而运用到设施中是更近一步的艺术化处理。装饰图形的提炼要注意本地域树种及花草在品质、造型、色彩等方面的优势与特点，在此基础上应特别注重那些具有标志性意义和本地民众喜爱的植物种类在景观设施设计中的地位和作用，尤其已经作为"市树"、"市花"的植物品类，集中体现着地域的人文内涵及市民公众的情怀。

把当地植物的造型直接反映在景观设施外观形态上，主要有两种方式。第一是立体造型的运用，图5-32为日本千叶市动物园10周年纪念而创作，喷水池围绕以千叶市市花大萼莲花为设计原型的柱式灯具。图5-33是济南泉城广场喷泉，采用不锈钢制成的市花——荷花作为水景中的主题雕塑。第二是平面图形的运用。例如在扩建的大明湖景区，景观设施充分体现了济南的荷花文化。主要游路两侧的花钵上部巧妙地设计出荷花、荷叶的造型，底部雕

刻成莲藕；在一些游路上，有用鹅卵石精心组织有关荷花的多姿多彩的图案形式，建筑上的彩绘、石雕栏板，也多雕刻着荷花、荷叶、莲蓬的造型，在细微之处体现了大明湖的特色，尽显荷文化的丰富内涵。

图5-32　喷水池（日本千叶市）（图片来源：诸葛雨阳. 公共艺术设计［M］. 北京：中国电力出版社，2007，03.）

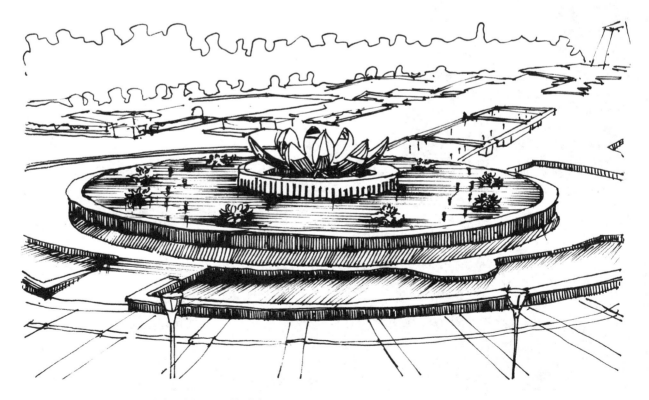

图5-33　济南泉城广场喷水池（图片来源：孟姣 绘）

4. 水体

水是人类社会的发展之本，生命的源泉，透过它的物质表象，我们还可以触摸到它蕴藏于深处的文化底蕴。每一个地方的水文化因受到民族、自然、文化、宗教等影响，都具有鲜明的地域特点。景观设施凭借城市中的水体可以有效地营造地域特色，赋予它更科学、更丰富的地方特色。

1）在设计中一方面可以把"水"较为抽象地反映在设施形式上。例如济南的泉多不胜数，素有"泉城"的美称。对于济南来说，"泉水"不仅仅是独特的城市风貌，它还浓缩并积淀着深厚的历史和文化内涵。济南泉城广场的景观设施针对此自然元素展开设计，将近40m高的泉标是济南的标志和象征，其整个造型流畅别致，如水翻腾，采用天蓝色为主调，构成了一个隶书的"泉"字。图5-34为加拿大贾维斯滨水公共空间的铺装设计。其铺装所构成的美丽的水花图案与蓝蓝的大海连成一体，更加深了这处滨水空间地理位置的特殊性，彰显出人们记忆中城市地域特色的形象魅力。水体结合两侧座椅、绿化等设施，共同组成特色鲜明的城市景观，独具特色。

2）另一方面可以在景观设施空间规划时注重水体构成要素的引入，加强两者共同作用于人们对地域性的感知，展现水域的独特魅力。例如四川省都江堰水文化广场通过展现水体、水文化等空间意象，以全新的组合形式，体现对历史文化和自然环境的思考。都江堰是我国现存的最古老而且依旧在灌溉田畴的世界级文化遗产，"水"是都江堰市特色的根本特征。广场所在地位于由柏条河、走马河、江安河三条灌渠穿流而过的城市中心，整个广场以体现水景为主，并引入河渠之水，使人触手可及。其设计意蕴悠远且独具特色，成为一个既现代又充满文化内涵的高品位、高水平的城市中心广场。

图5-34　贾维斯滨水公共空间（加拿大）（图片来源：景观设计［J］. 2011, 01. ）

5. 材料

材料是一种能够反映地域特色的元素。每个地区都有其盛产的材料，应用于地方建设，形成了各具特色的人居环境，所以，这些原产材料往往是人们在生活和生产中耳熟能详的东西。人们对它们的认识也不仅停留在物质层面上，同时也构成了记忆和情感的深层内容。如今，地方材料已从过去的客观必要上升为当今的人文需求。如果在创作中加以合理、巧妙地运用，它所承载的地域性就能通过景观设施得到转译，突显出当地的特色，与本地域的自然及人居环境产生和谐与呼应的关系。

1）当地建材。具有地方特色的砖、木等建材所表现出来的柔和与含蓄，容易与自然环境取得协调，拉近人类与自然的距离，在现代景观设施设计中发挥着重要的作用。例如清水砖瓦塑造了江南水乡素淡优雅的城市面貌，是江南民居建筑中的

重要材料，成为城市视觉文化的第一显性要素，并越来越多地受到试图体现地方精神的现代设计师地青睐。图5-35中杭州西湖边上的电话亭对清水砖进行了借用，为现代化的景观设施注入了传统气息。

2）废弃材料。重新利用旧的材料与建筑构件，也能达到意想不到的效果。设计以简单材料和朴素的细部为特色，传达着人们隐藏于物质表象之下的对于传统的眷恋与怀旧之情。

中国美术学院象山校园使用了大量的旧建筑材料，南方民居中常见的砖、瓦、竹、木使整个校园充满了江南的灵性。大部分的砖头、瓦片、石头基本都来自当地的拆房现场，铺设大学新建筑屋顶的200多万块旧瓦，都是利用当地传统建筑拆除后所废弃不用的。材料在设计师王澍手中变幻出无尽的创意，重重密檐与片片鳞瓦在错落有致中将传统的诗意与审美带入当代建筑与环境之中（图5-36-1、图5-36-2）。特别挑选的材料在这里得到新的诠释和实施。设施所具有的统一材质和色彩无处不在地体现了系统化的精心设计，设施的整体色调、细节处理以及地面的传统铺设方式都是当地历史形式的再现。

图5-35　杭州西湖边上的公用电话亭（图片来源：作者自摄）

图5-36-1　中国美术学院象山校区旧瓦屋檐（图片来源：作者自摄）

图5-36-2　中国美术学院象山校区地面铺装（图片来源：http://img0.ddove.com/upload/20090502/021226034709.JPG）

（二）文化符号

"许多人与环境之间的作用机制都具有文化性，与文化相关或因文化而异"。[①]景观设施是具有公共性与交流性的环境要素，作为地域文化的载体，在公共环境中能够起到良好的文化传播的媒介作用。因此，我们在进行城市建设，营造公共空间的时候，景观设施设计应发掘和利用地域性的文化资源，建立与地缘文化的有机关系，采用合适的文化元素符号来传承和延续城市的地域特色，以唤起地方精神。这种创作方式将有助于丰富景观设施设计的多元化特色，强化其创作的艺术个性，使景观设施的物质形态同城市的文化特色建立起联系。

1. 传统建筑

传统建筑作为人类文化在物质空间结构上的投影，是人类文化的一个重要组成部分，集中体现了与某个城市所在地区的文化特色。特别是不同地域的传统民居与人类特定生活紧密相关，不同城市的民居有不同的造型、不同的风格，体现了多层次、多元化的文化形态和深厚的历史文化内涵，反映出不同的历史文化积淀。其现实形态承载着城市文化、经济以及社会生活丰富多样的信息，其物质内容是区别于其他城市形成自己个性特征非常重要的可见部分，它们作为一种符号而代表着某种特有的文化。

许多强调地域文化特性的景观设施的创作往往依托其地域性建筑环境。传统建筑是特定地域中与其自然环境和人居需求相适应的构造物，往往呈现着鲜明的特征。它们构成了景观设施的主要空间背景，所以，要想创造出与当地建筑文化形态特性相融洽的景观设施，不能忽略与特定建筑在形式构件、色彩、材质、肌理方面的对应关系，包括二者之间的位置及其组合关系上的整体性要求。例如山东省的曲阜被称为"东方圣城"，曲阜的"三孔"——孔府、孔庙、孔林以丰厚的文化积淀而著称，建筑形式有着非常明确的传统特色。作为旅游胜地，不可避免地要设置一些公用设施，那么如何让这些现代的设施身处其中而又融于其中，是个非常重要的问题。在三孔中的景观设施如垃圾箱、标识牌等，都带有建筑的符号特征，或源于色彩，或源于材料，或源于图形，或源于构件，这样把地方建筑的形式符号提取下来，加以强化处理，突出文化特色，营造出一种与建筑文化韵味相交融的氛围（图5-37-1、图5-37-2）。

图5-37-1　孔府里的垃圾箱（图片来源：孟姣 绘）

① （美）阿摩·斯拉普卜特. 文化特性与建筑设计 [M]. 常青　张昕译. 北京：中国建筑工业出版社，2003：70.

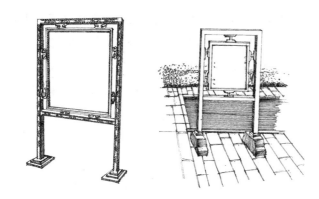

图5-37-2　孔府里的标识牌（图片来源：孟姣 绘）

2. 民间艺术

　　我国劳动人民和民间艺术家们经过长期的艺术实践，形成了具有民族特点的民间艺术风格。劳动者为满足自己的生活和审美需求，创造了包括民间工艺美术、民间音乐、民间舞蹈和戏曲等多种绚丽多彩的民间艺术。这些民间艺术源于日常的文化生活，从中可以体察到人们的生活方式和生活习俗，折射出不同的审美风格和文化心理，反映了当地人们的审美意识和欣赏习惯。在我国文化实践中，不同区域环境酿造出具有浓郁地方特色的民俗文化。从苏州桃花坞的木版年画到山西的皮影，从巧夺天工的雕刻艺术到色彩鲜明的京剧脸谱，这些都凝聚着华夏民族独特的审美观，显示出中国传统民间艺术的卓越成就。

　　民间艺术作为一种地域性文化，体现出独具魅力的符号价值。它们以当地民俗文化为载体，以质朴的审美情趣、意识、风俗信仰而传承发展，具有强大的生命力。研究这些鲜活的、具有原创性的符号为景观设施的创新提供了文化内涵丰厚的设计源泉。当然，并不是所有的民间艺术符号都可以在景观设施中得到体现。面对众多的地域文化元素，在设计中必须对其进行仔细的筛选，选取有代表性、符号化特征明确，无论是在造型还是色彩、构图等方面便于抽取和借用的民间艺术，以此融入景观设施设计中，寻求成功运用。

　　例如潍坊制作风筝的历史非常悠久，被称为

"世界风筝之都"。潍坊风筝同中国许多民间艺术形式一样，产生于娱乐活动，寄托着人们的理想和愿望，与人们的生活有密切联系，是潍坊地域性表征的典型标志物。在潍坊的公共空间设计中，设计师就充分考虑了这一点，将风筝文化与景观设施结合起来，创造出独具潍坊特色的景观设施（图5-38-1、图5-38-2、图5-38-3）。景观设施成为实用与审美、物质与精神的统一体。人们通过对民间艺术形式所发出的信息感知，获得超出景观设施本身所要表达的意义。

图5-38-1　潍坊街道上的带有风筝符号的路灯（图片来源：作者自摄）

图5-38-2　公共空间中的带有风筝符号的座椅（图片来源：作者自摄）

图5-38-3　雨算上的风筝符号（图片来源：作者自摄）

三、传统文化与现代性的融合

　　景观设施设计在趋向国际化、标准化的同时也在努力探求其个性特色和地方精神，地域性与现代性的结合是其发展的一个重要特点。地域性是设计的灵感源泉，提倡地域性文化符号的运用并非是回归历史的原貌，而是强调在当代景观设施建设中对地域性资源的关爱、尊重、利用和再创造。也就是说，地域性设计不是仅仅吸取了本土传统经验的实践，它既要体现场所精神，同时又积极地为地域性建立新的时代品质。

　　由于景观设施是一定时代和地域内经济、文化、技术、观念意识的综合体现，因此，它的现代性是不可忽视的一个客观因素。现代性一方面来自于所处的时代背景，当今全球化的进程，使我们在面临着保存民族传统文化的同时又不可避免地受到西方现代化模式的影响。不断与其他文化的交流融合，景观设施的地域性表达不停地发生着新的组合，渗透。在设计师面前，地域文化与外来文化成为设计的重要资源。另一方面，作为承载和传递地域文化的物质载体，景观设施是随着现代社会发展而逐步完善起来的，它根据时代的发展而不断更新，并且城市公共空间也处于不断变化之中，这些

因素使设施本身具有与时代结合的强烈诉求。弗兰普顿认为："当一定的外来影响作用于文化和文明时，一切取决于原有的扎根的文化在吸收这种影响的同时对自身传统再创造的能力"。景观设施对地域文化符号的运用是在不断吸收传统文化内涵的基础上，借以现代设计的创作理念，使景观设施既体现地域性又追求现代性，处于一种传统与现代不断发生对话的过程之中。只有这样，景观设施才能有机的融入城市空间环境，与城市空间保持内在的关联性，展现出别具一格的空间环境面貌。

　　设计必须立足于文化的基石，传统文化为设计师拓宽思路提供了灵感源泉。富有地域性特点的景观设施设计不是对传统文化符号的图解与照搬，也不是不加反思地接受西方现代设计思想，而是地域性结合现代性的重新演绎。景观设施就是在这种不可分割的整体意向下，体现出对于地域文化的关注以及不断发展更新的内在的时代意义。同时，从研究地域性与现代性的角度思考如何进行景观设施设计的继承与创新，能够让我们避免对形式与风格的片面追求抑或是陷入复古的尴尬之中。设计师要清楚时代所赋予的责任，理顺传统与现代的关系，有效地将传统文化元素与现代设计语言巧妙地融为一体。要按照现代人的生活与精神需求，力求在传统地域文化的母体中得到原创性动力。无论是理论还是实践，地域性设计不是简单地再现或机械地反映，需要持冷静和科学的设计观念，这种观念对于设计师与设计来说意味着一种新的关系的建立。作为设计师，应摆脱文化上的自卑与认识上的迷茫，摆脱西式的符号与概念化的堆砌，充分调动自己的感知力以及对地域文化内涵的深层次感悟，重新认识其价值观念进行创造性地开发运用，在景观设施设计中寻找适合诠释地域性的艺术语言。设计师的生存经历和文化情感具有地域性的痕迹和特征，这些经历和情感也必然会自然地显露或潜藏在他的作品中。在创作过程中，应充分了解当地的风俗人情，历史脉络、自然风貌特征，调动自身的感知力

以及对地域文化的敏感性。适时实地的体验和领悟乡土文化，获得对地域文化和文脉的深层理解。在此基础上，对熟知的地域性特征进行归纳和提炼，充分挖掘其意境和内涵。不能仅仅分析文化载体外部的视觉形式，例如建筑物形态特征、色彩等，更重要的是深入到发展形成的过程中，分析它的历史沿革和深层文化内涵，这样才能恰当的汲取具有典型意义的文化精神，将其融入景观设施设计之中，使之内化为设施的一部分，体现出与本地区特有文化的某种内在一致性。

因此，我们在学习先进设计思想、观念的同时，应从历史中寻求灵感，将建筑或民间艺术的符号片断化地应用于景观设施设计。将富有特色的部分加以提炼，并结合时代特征进行创新，通过景观设施将之物化到场所中。有效地将传统文化元素与现代艺术设计巧妙地融为一体，在设施形式中隐含其传统和文脉的译码，体现景观设施鲜明的地域性特色与强烈的现代性。努力探索地域文化的"传承—转换—创新"这一重要问题，综合创造出体现有地域文化特色的现代景观设施。基于这种原则下

的创作理念既能发展地域特色，又能赋予传统新的时代精神，把传统与时代有机地结合起来。例如位于广东省中山市的祁江公园。始于20世纪50年代初，而终于90年代后期的粤中造船厂，曾历经新中国工业化进程艰辛而富有意义的历史沧桑，随着时间的推移，现如今已沉淀为弥足珍贵的城市记忆。场内遗留了不少造船厂房及机器设备，包括铁轨、变压器等。景观设计师俞孔坚本着保护造船厂的工业元素和生态环境，体现环保节约、概念创新等设计理念，保留和利用了场地上的许多旧物，如厂房及机器设备等，并且加入了很多和主题有关的现代设计来显现场地的时代精神。例如在保留的钢架船坞中抽屉式插入了游船码头和公共服务设施，使旧的结构作为荫棚和历史纪念物而存在，取得了以最小成本实现最佳效果、建筑与环境和谐统一的效果。

工艺不仅是科技发展的反映，更是社会文化的写照，中国的土木竹砖瓦石材的加工，各自在历史中形成了一整套完整的手工艺体制。中国传统亭廊是以木结构体系为主流的，图5-39中的亭子就是把卯榫结合作为连接各部件的结构方式。虽然是从地

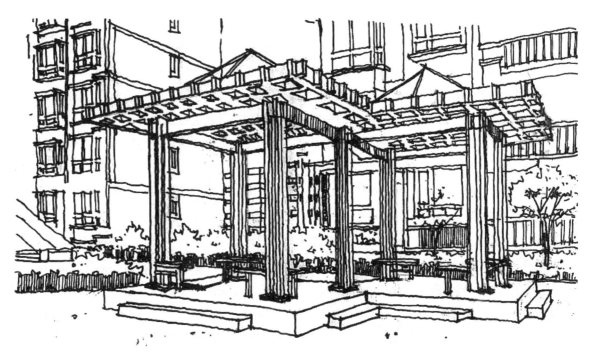

图5-39　格架锥顶亭（图片来源：赵佳璐　绘）

方文化中寻找到技术的灵感，但把传统的样式变成了用铝合金玻璃锥形顶与卯榫结构的格架式的现代综合体。它在保存和恢复传统亭子风貌前提下加入了现代手法及语汇，现代技术、材料对其形象和结构进行有机更新，使其具备现代感，满足现代生活要求，以服务于新的时代，重新焕发出永恒的艺术魅力。景观设施在这种对地域文化的继承与创新中获得了自身的意义。

四、景观设施地域性设计的意义

景观设施是建立在市民大众所关切和理解的普遍价值或普遍性意识之上的艺术，强调公共艺术创作的地域性，其根本的意义无外乎是对人们特定的生活感情与价值经验的珍重，以及对自然生态法则及地域性的多样自然美的尊重。

（一）城市性格的体现

城市是地域文化的集中体现，城市品格就是城市人文特色的记忆。除地理环境等自然特征方面的差别外，城市之间根本的差别就在于文化产生的影响和烙印，这是城市特色形成的根本要素。假如每座城市设施如出一辙，将无法分辨它们的归属。国内城市化的快速发展，表面上具备先进性的现代城市丢掉了韵味醇厚的地域文化，那些与传统割裂的呆板建筑与道路，统一的设施与绿化，使人们在这样的城市环境中产生如同"失忆"般的感受，城市公共空间中充满着就像一条生产线上生产出来的候车厅、公共座椅、垃圾箱，它们大多千篇一律，城市正在丧失它原有的特色。我们似乎正在趋同一种没有任何识别性的设计文化，城市的性格特色被淹没在这些毫无个性的形式上。

城市性格的多样性与设施之间存在一脉相承的因果关系。具有地域性的景观设施是体现城市特色的积极因素，有助于城市形象个性的形成，融入了地域特色的设施能够非常明确的体现出一个城市的特色。人们对一座城市地域性的概括性认识，贯穿于感性、直观的体察与理性、内在的感悟。对外地来的游人来说，当他们来到一个城市，这个城市中随处可见的景观设施所显示出的地域性会给他们留下不同其他地方的特色感。一个具有明显特征的城市总会吸引人们的注意并促使人们有兴趣去了解，其独特的气质与魅力使人能产生深刻的感受，并在脑海中对这个城市形成比较鲜明的一个总体印象。例如我们看到形式多样的漏窗、小桥流水，就可以初步判断它是江南水乡的景象。景观设施通过物质内容所包含的信息反映地域文化，有效保护和充分体现这个城市所在地区的地域文化特色。因此，虽然说每个城市的面貌给人的印象各有千秋，它不仅因形态各异的地质山水而具特色，也不仅是因为拥有许多优美的建筑而赢得人们的赞誉，景观设施是城市外部空间中的主体，构成了城市的重要形象元素，形成并加强了城市的外观特色。地方性特色是景观设施赖以长期稳定存在和持续循环的生态及人文基础，景观设施是地域特色的有效载体。

地域性存在于当地社会物质与精神生活的各个方面，每一座城市无论是所处的自然环境，还是政治氛围与经济状况都不相同，在其漫长的发展演变过程中，逐渐形成了不同的文脉与气质。景观设施不能唐突无缘、生硬地强加给那些本来有着和谐而有机的地域环境，它们应该尊重和融合其地方所特有的形态及其内在的精神理念，创造出与地域性元素相关的艺术形式，使过去与当代产生某种关联和对话。设计者应当去观察、分析，从主动的接受到更为自觉地理解，只有对这个城市的历史文化、风俗人情与自然风貌特征加以深层理解，在设计中有意识地加以创造，才能使地域文脉获得解读与转译，不断的发展和增强原有的特色。恰当的设计形式语言体现城市的性格与魅力，差异性为我们辨认事物加深对事物的记忆有着非常重要的作用。景观设施中的地域特色能够体现出一种标记性的可识别特征，环境特征使人们知道其身在何处，从而确立了自己与环境的关系，并获得安全感。比如，当人们在城市公共空间中行走或滞留时，与空间发生最基本的关系就是方向与位置。人们通过独具特色的景观设施对此时此地的方向与位置进行区分与辨别，不至于迷失方向。例如美国的自由女神像，矗立在纽约港入口处，总高为93 m，这样的一个制高点使得市民行走于周围时可以准确地进行定位。

景观设施特有的文化内涵使人们在使用与欣赏的同时，满足了对城市景观环境的视觉和心理要求，人们可以通过设施上附加的地域文化去感知城市的历史与未来。芒福德（L. Mumford）是这样描述历史城市的："城市都具有各自突出的个性，它是如此强烈，如此充满'个性特征'。"具有地域性的景观设施为创造宜人都市环境的同时，也体现着城市风貌，成为"城市的名片"上亮丽的一笔。

（二）认同感

地域性文化具有广泛的社会基础，吸引着普通民众的广泛参与。这些乡土文化与民俗风情，都在不同的方面和层次上显现着来自民众生活的文化底蕴。不同省份和区域的人们，由于各自所处的环境对他们的文化行为和思想特征产生映照，并且特定地域的自然环境、历史沉积、生活风俗等因素，直接或间接对他们的心理、性格、气质等产生着影响，正所谓"一方水土养一方人"。作为地域文化的创作者和实践者，当地人民在日常生活中切身接触并参与其间，他们的生活本身就是地域文化的本体所在。生活在既定地域中的人们和周围的环境已经形成了深层默契，不自觉地显现出种种印迹，他们往往对各自所处的地域文化有着融于血脉的感悟与理解。完整意义上的人是有历史感的，需要在与过去的"我"的审视和对话中前行。设计中含有"过去"的元素，使艺术创作的神韵和内在精神与地域性发生有机的联系，与当地的人文环境及历史背景产生亲切而久远的对话。这种对话主要依赖于人们对过去的认同而被接受，这是对地域性文化选择性

的运用，目的在于使人与自然、社会衔接，使今天与过去衔接。

设计师以自身的真切体验，加之具有某种代表性的"公众认同"的价值理念为基础去表现景观设施，与本地域公众的文化关怀及现实问题密切关联，这种艺术会产生较强的生命力和感召力。反之，如果没有与之所在的本土文化进行对话的姿态，就无法架起与所在地域思想观念沟通的桥梁。因为，从景观设施作为一种文化艺术形态这一角度来说，它实际上是对"人类终极精神关怀、人类精神家园追寻"这一理念的物化，它所承载的内涵能够满足社会对本土文化的期待与关注，在公众脑海中扎根的文化烙印将成为探寻、触摸记忆的契机。因此，在景观设施的创作过程中，如果能够恰当地汲取地域特征中具有典型意义的、与本地区文化发展具有某种内在一致性的文化精神，体现出地域文化的历史意蕴与当代社会生活的内在关系，便可能唤起公众心目中的社会价值观和地域文化的认同感，这种认同感来自同个人生存紧密联系的公共生活以及所遵循的地域文化模式，它们构成了为人们所接受和认同的基础。带有地域性的景观设施与当地的生活方式相联系，反映出这个区域独特的价值取向与审美趣味。景观设施不只是为人们的生活和工作提供功能服务，它还蕴含着更为多元的信息。生活在其中的人们体会到城市环境的历史风韵，陶冶了生活情趣和情操。并且通过感知环境来认识和把握其中的文化，熟悉的事物往往能引发种种联想。那些具有历史意义场所中的建筑形式、空间尺度、色彩、符号以及生活方式等，与隐藏在市民心中的价值观相吻合，唤起市民对过去的回忆，唤起人们内心的共鸣，从而产生文化认同感。他们于砖缝窗棂中感受到宁静与恬淡，似乎让人触摸到风俗人情的种种细节，产生与童年往事相关的种种记忆。人们透过外部特征获得心灵感应，强烈地启发感知，通过自我意识唤起各种联想与思考，调动起人们对地域文脉进行解读的兴趣，这是来自社会民

众的某种文化认同与社会理想的自然流露。

地域性不仅仅注重在单体景观设施上的体现，更重要的是在适应环境需求的前提下，对空间环境进行整体性、特色化创造，经营出具有地域文化内涵的景观设施与空间环境，传递出传统城市那种历经世代而建立起来的具有丰富人文内涵的"场所精神"。由地域性景观设施构建的环境能够对城市居民的心理与城市生活产生一定影响，并潜在地带动社会环境质量的改善与稳定，进而推动整个城市的健康发展。

第三节　可持续发展的生态设计

随着设计领域对生态性的认识，景观设施作为公共空间中服务于公众的物质形式，其视野关注的不是用单纯的方法来解决使用的问题。如今，景观设施更加趋向于环境系统的生态设计。环境问题要求我们具有生态的意识观念，并将其贯穿到景观设施设计中，一切从环境及其相关问题来思考。通过对人、环境以及设施自身进行新的度量，使景观设施在公共空间环境中逐渐趋向于人类与自然协调的可持续发展。

一、"生态设计"产生的社会背景

生态设计对环境生态的思考是一种设计与自然相作用和相协调的方式，其作用于艺术设计范围非常之广，既包括建筑师对其设计及材料选择的考虑，工业产品设计者对有害物的节制使用，也包括景观设计者对节能和减少废弃物的考虑等。生态设计为设计者提供一个了统一的框架，帮助我们重新审视景观、产品、建筑设计以及人们的日常生活方式和行为，它需要设计者对设计给环境带来的冲击进行多方面的权衡，设计不再仅仅是美观或实用，还要考虑它的环保性、安全性。

梅奥在《工业文明的社会问题》一书中指出，

工业革命以后，社会在物质和技术方面的进步和成就是十分巨大的，但正是这种进步和成就，使社会失去了原有的协调与平衡，工业文明带来一系列的环境污染等问题。工业革命以来，人类作为"万物的尺度"或"自然的主人和占有者"，人和自然是对立的。地球被看做一个原材料的储存所，地球上约三分之二的自然资源已消耗殆尽，而且这种资源的透支程度以每年20%的速度增长，远远超出了地球自身的再生能力。传统的建筑、产品等设计也只是为了满足生产和消费等行为，片面追求市场需求以及成本利润等因素，对于产品原料是否危害人类健康、是否节能、产品废弃后是否引起环境恶化等一系列的问题关注极少。随着生存空间环境的不断恶化，人们逐渐开始用联系的、整体的观念来看待人自身的立场，如何处理好环境和设计、环境和人之间的相互关系，如何加强对自然和历史环境的保护，如何使生存空间有利于当代人的身心健康等问题越来越引起人们的重视，生态平衡和环境保护成了当下人所追求的目标。设计不仅是一种技术层面的思考，更重要的是一种观念上得变革。国外的城市规划师、景观建筑师在设计实践中开始了一系列不懈的探索，曾经设计了纽约中央公园的美国景观设计师奥姆斯特德，其生态理论对景观规划设计产生了巨大的影响。麦克哈格针对后工业时代人类整体生态环境状况构建起了当代景观设计的准则，他在《设计结合自然》一书中提出了在尊重自然规律的基础上，建造与人共享的人造生态系统，此书奠定了景观生态学的基础。20世纪90年代初，荷兰公共机关和联合国环境规划署提出了"生态设计"的概念，并融合了经济、环境、管理和生态学等多学科理论。生态设计以实现从源头上预防污染和节约能源为目的，旨在改善产品在整个生命周期内的环境性能，降低其对环境影响。这一理念反映了人类对工业化与自然环境之间相互关系的认识过程，促进了人与自然之间和谐共存的生态构想。

二、景观设施的生态设计理念

景观设施是人与自然生态关系的重要平衡物，只有在此领域中综合运用当代生态学及其科学技术成果，并在此基础上进行开拓发展，才能使人与自然的关系和谐统一。籍于景观设施的适宜技术，以及对新材料、新方法的合理利用都将积极促进资源的综合利用，创造出整体有序、协调共生的良性生态系统，以期达到有效保护环境和人类生命健康的最终目的。把生态设计的理念融入景观设施设计是未来趋势。

景观设施就如同一件产品，要想达到生态设计的要求，就必须对它进行系统化的全盘统筹，把生态设计的原则和方法充分融入它的生产、使用、用后处理三个过程中去。生态设计中的"3R"原则（图5-40）——reduce（减少）、recycle（再生）、reuse（回收）为景观设施设计提供了基本的理论参考，减少环境污染与能源消耗，方便产品的回收与循环利用成为景观设施全过程控制的设计准则。

（一）保护自然环境

自然生态系统是人类赖以生存和发展的生命支持系统，良好的自然环境是人类存在所不可缺少的物质条件。设计师要尊重自然、保护自然，树立"自然生态优先"的思想，对自然环境进行合理的开发和利用，协调景观设施与自然环境之间的平衡关系，实现人与自然的和谐。

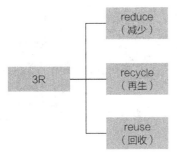

图5-40　生态设计中的"3R"的原则

（二）系统化的观念

系统观要求从整体的观点出发综合地考查对象，着重于整体与部分之间，整体对象与外部环境之间的相互作用、相互制约的关系，以求最优地处理和解决问题。系统化的景观设施设计的核心是用生态设计的指导思想和基本原则规划其整个生命周期，把"人·设施·环境"系统中诸要素，包括设施的各项功能以及设计的程序和管理等视为系统，然后用系统论的分析方法加以处理和解决，使"人·景观设施·环境"三者之间相互和谐。

景观设施的生态设计理念于设施开发阶段就必须综合考虑与之相关的生态环境问题，每一个环节都本着减少对环境破坏的思路，设计出既适宜于环境又能满足需求的景观设施。例如一件防腐木质公共座椅，设计选用了河北引种的樟子松，经长途运输到山东某地进行防腐、烘干处理后加工成产品，然后被放置在这个城市某个小区中使用，再后废弃进入处理场。我们可以看出，座椅从生产到使用结束的整个生命周期中，对物质、水、能源和土地有所消耗，对环境存在着或多或少的影响。这种影响可能是显性的，也可能是潜在的。这些都应该作为生态设计过程中的考虑因素，例如座椅应尽量采用可再生的原材料，连接方式应尽量避免化学性粘合剂，椅背、椅面、椅腿之间的结构设计是否方便拆卸和运输，座椅淘汰后是否能够回收再利用等，这种生态化的设计渗透于生命周期的各个阶段，既考虑了功能需求，又遵循了自然与客观的法则。

（三）对资源的合理与有效利用

自然资源分为可再生资源与不可再生资源，不可再生资源经历了漫长的地质时期形成，与其他资源相比，再生速度很慢或几乎不能再生，例如煤炭、金属矿产等。可再生资源能够通过天然作用或人工活动能够再生更新，为人类反复利用，例如植

图5-41　废弃CD制作的公共艺术（图片来源：http://t.artintern.net/attachments/photo/large/201108/20110821210830478.jpg）

物、太阳能等。要实现人类生存环境的可持续发展，就必须合理、有效的利用自然资源。因此，景观设施的生态设计要遵循资源保护与再利用原则，要考虑到对于非再生资源的节约与循环利用，使之能够重复利用和翻新再生。基于自然环境与资源问题的景观设施的生态设计，其目的是尽可能少的消耗不可再生资源和能源，减少对环境的不利影响，同时有助于人类的身体健康。

图5-41中位于巴黎的"废弃景观"，是由艺术家把经过精心挑选的65000张旧金属CD缝合起来，组成了一个波涛起伏的光亮粼粼的艺术品。此件作品的作者说："这些用石油制作的CD碟片，共同组成一个作品极具纪念性，表现了这些日常用品身上独有的珍贵特性。"

（四）新技术、新能源的使用

技术是推动社会发展的动力，近一百年来，人类通过技术手段不断提高利用自然、应对自然的能力，人类的生活由此发生了根本的变化。但对技术的盲目追求使资源消耗达到了惊人的程度，特别是技术的商业化应用使新产品的更新速度远远大于旧产品的使用寿命，在很大程度上加大了资源消耗。现在，可持续发展的思想就是力图将技术的发展引

向对有利于环境的方向上去。正确地使用技术，人们就能够创造出节约能源、与自然环境和谐的景观设施。

我们应选择对生态设计有利的新技术、新能源，在景观设施达到特定功能的前提下，积极应用节能、节材等新技术成果，使之开拓景观设施设计的表现领域，在制造、使用过程中减少消耗。运用新技术、新能源于景观设施设计之中，将有效保证景观设施生态化的提高。对于需要能源的景观设施，要注意其所使用的能源应遵循生态设计的基本原则。首先，尽量选择能够再生的能源。例如光是最为丰富可取的可再生资源，以太阳能作为能源的路灯既可以节约资源、保护环境，又免去了铺设大量线路的麻烦（图5-42）。在可再生能源中，风能的利用是最具经济效益的，人类在实践中发展了各种方法利用风使自己的生活环境更为舒适。近些年来，不论是在国外还是国内利用风能的技术已经有了很大的发展。利用风电能、光电能转化这一原理

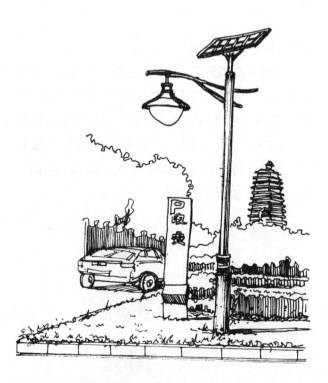

图5-42　太阳能路灯（图片来源：孟姣 绘）

来进行发电，已经成为景观设施设计中利用新能源的生态设计的典范。在2008年奥运会期间，奥运场馆的草坪灯、路灯的照明用电除太阳能外，还使用风能发电，鸟巢等奥运设施20%的用电由风力发电供应，标志着北京地区在风能开发利用方面实现了零突破（图5-43）。再如，在韩国首尔绿色工程中，施工人员在自然景观中引入了一款发光石头，这种石头内部嵌入了发光二极管，可以在夜间提供照明，它们将取代与自然景观不协调的照明设备。这些置身于河水之中的石头在使用时，它们跟流水借取能量，不需要额外电源提供支持，内部的发电设备就把水流的动能转化为电能，使用起来十分环保。

（五）最大程度地减少污染

按照要求，景观设施本身除符合标准中规定的检测指标外，还要求在生产和应用全过程中，都不能对环境产生污染。景观设施在原材料的选择使用，设施的加工制作及其应用等环节都应遵循减少污染的原则，通过与自然相互作用和相互协调的方式，获得一种高效、低耗、无污染的设施环境，力求达到对环境影响的最低程度。

设计师对各种材料的认识和运用是首先要解决的问题，这是设计师在景观设施整个生命周期中所能直接把握的环节。景观设施所使用的材料与环境的关系较为密切，因此，在材料使用方面，首先要进行生态规划，选择丰富易得、能耗低的材料；提倡使用无害、无污染，能够再生、循环的材料；减少不同种类材料的使用数量，尽量选择同类材料进行设计；需要包装运输的景观设施，要注意包装上使用洁净、安全、无毒、易分解、少公害、可回收的材料，以便于日后的回收和循环使用。在生产中，要善于利用有益于保护生态环境和人体健康的新技术，尽量避免或减少使用有毒的化学物质，最大限度地减少污染，实现人与自然的可持续发展。

（六）简化加工制造工序

景观设施在设计环节，就要针对它的结构、功能以及产品及其工艺流程的系统规划，考虑到造型以及结构的难易程度对加工制造的影响。在满足功能需求的前提下，结构设计应尽量简单、直观，外观造型应尽量简洁，如果不是绝对需要应尽量减少表面处理，以此减少加工工序，简化工艺流程。一方面能够从保护环境角度全盘考虑景观设施的设计过程，实现生态环保的发展战略，另一方面能够减少资源消耗，降低生产过程中的能耗以及物耗，降低成本。

图5-44是2009年，扎哈.哈迪德事务所为纪念芝加哥规划100周年活动设计的临时展亭。它安装于千年公园，该亭设计造型优美独特，用材与加工制造都比较简单，是可回收的景观设施设计。

图5-43 风能发电（图片来源：聂婧怡 绘）

图5-44　芝加哥千禧公园临时展亭设计（图片来源：http://www.shq-bbs.com/forum.php?mod=viewthread&tid=1473&extra=page%3D1）

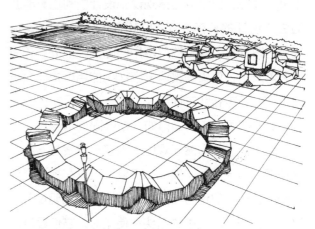

图5-46　可灵活设置的公共座椅（图片来源：孟姣 绘）

图5-46中广场上组合式的多边形座椅，单个构件座椅能够根据环境空间的特点进行随时组合调整。

（七）合理的结构设计

结构灵活、容易变通的景观设施可操作性强，比较方便组装、拆卸、运输、维护和管理，特别是合理的结构设计为运输、组装和拆卸提供了便捷，并且也有利于景观设施随时调整布局，选择适当的场合充分发挥其功能。在设计中应尽量减少连接件以及零部件的数量，避免部件与部件之间采用会造成对环境污染的化学粘合剂，而且这种粘合不利于景观设施的组装和拆卸。图5-45中的自行车停车架，采用简单的金属材料，结构上采用简单的连续的几何形体，减少焊接。

（八）延长设施的使用寿命

关注景观设施的耐用性问题，尽可能地延长产品使用寿命，从而减少再加工中的能源消耗。应根据景观设施所处的地域环境、气候等特点，选择合理的结构设计与恰当的材料，注意节能省料，提高其耐用性，延长产品使用周期。使用不易受腐蚀、易于清洁和维护的材料，并且易于维护的景观设施也能延长使用年限。

（九）与自然植物的合理搭配

植物不但具有美化环境、陶冶情操的功能，还具有净化空气、减弱光照和降低噪声的作用。景观设施在环境中属于硬质景观，人工痕迹较强，因此常通过与属于软质景观的植物搭配，巧妙的将自然植物与景观设施结合起来，使人们的身心得到放松和愉悦的同时，还创造出生态化的环境。

三、生态设计促进环境的可持续发展

人类对可持续发展的认识经历了从破坏环境到保护环境的过程，如今，可持续发展的观念已经渗

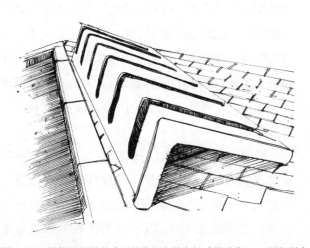

图5-45　结构设计简单合理的自行车停车架（图片来源：孟姣 绘）

透到社会生产和生活的各个层面。进入90年代，可持续发展的观点在设计领域开始普及，形成了一种世界性的潮流。1987年世界环境与发展委员会在《我们共同的未来》报告中把可持续发展的概念定义为"既能满足当代人的需要，又不对后代人满足其需要的能力构成危害的发展。"也就是说，要实现可持续发展，我们必须在两个方面进行策略调整。其一，重新界定人与自然的关系——从掠夺式的环境与资源开发方式逐步向以环境为中心的可持续的开发方式过渡。其二，重新界定人与人之间的关系，即在涉及环境利用和资源分配问题的时候，不仅要考虑到这一代人的需求，同时也要考虑未来人类的需求。

　　环境的可持续发展涉及经济、社会、资源和环境保护等人类社会的诸多方面，而设施的可持续发展状况是由它的复合的生态系统所决定。这种复合的生态系统由自然生态系统、社会生态系统、经济生态系统所构成。自然生态系统是人类赖以生存和发展的生命支持系统，景观设施是城市及其居民持续获得自然生态服务的物质载体，设施以寻求最佳的生态材料来支持设施功能的实现，使人类的生存环境得以持续。就社会生态系统而言，设施在尽可能地发挥最大使用效益的同时，改善人类的公共生活质量，而经济生态系统，是在保持设施所提供服务的前提下，强调使用材料和制造装配的经济性。景观设施生态设计对环境的影响意味着设施的运行系统和资源利用方式将会发生很大的变化，即人们将针对环境系统的客观需求进行调整和改造，更多地从环境保护和资源节约的角度考虑设施与环境之间的持久稳定性关系，以满足现在和未来的环境和资源条件，这将从根本上改变未来城市与建设的发展方向，从而推动有关技术、法规及生活方式的全面变革。

　　因此，景观设施的生态设计要结合所处环境生态系统的特点和属性，探讨其在公共空间环境中的合理规划，将设计与生态有机统一。因地制宜，根据不同的地域环境特点制订适宜的设计原则，才能真正达到可持续发展。不同的地域在气候、水土方面呈现出各异的特质，并且人们的生活背景与工作环境、生活习惯等各不相同。所以，我们在进行城市景观设施设计时要充分考虑到不同城市生态系统的差异，基于可持续发展的理念从设计初始就有明确的目标，这一目标决定了对材料选用、经济预算以及功能效应等多方面地综合考虑。生态系统是有限的和不可完全预测的，景观设施的创造要节约和综合利用自然资源，形成生态化的设计体系，才能使景观设施遵循系统论的原理在城市特有的生态系统中有序的进行设计，达到生态平衡和人居环境良性发展的目的。

　　保护自然环境和艺术设计的协调发展是人类自身进步的需要，这种需要已成为一种持久的影响力，提醒着各个设计领域对生态环境保持高度的责任心和道德感。我们现在所面临的问题是一种长期形成的生活观念和生活方式各种弊病的积累效应，可持续思想为我们指出了一条在现有社会经济及科技水平条件下人民所能够采取的最佳生存路线。"生态设计"为我们提供了新的艺术准则，要求设计师把生态、环保的意识贯穿到设计的每一个环节，形成有机的整体的生态化设计体系，使景观设施从生产、使用到回收处理的整个过程都符合环境保护的要求。景观设施生态系统的建立和发展在很大程度上取决于设计师对待自然环境的态度，他们以节约自然资源和保护生态环境为指导思想，从环境生态观中体悟设计的意义，确立人与自然和谐相处的关系理念，体悟自然是人类生命的依托，这是设计师对大自然的人文关怀。提倡有利于环境可持续发展的生态设计并不是要求今天的人们需要再像祖先那样一切都顺从于自然，而是需要我们正视现实，采取各种有效措施合理利用资源，保护环境。如果把包括景观设施在内的各种人类发展活动都置于自然环境承受能力范围之内，我们就能够拥有一个美好的未来。只有在这种主体与客体，自然与社会和谐共处的前提下，才能实现自然和社会的可持续发展。

06

Design Methods and Procedures of Landscape Facilities

第六章

景观设施的设计方法与程序

景观设施设计作为一门专业性强、交叉型的综合学科，其掌握过程需要通过知识的积累和长期的实践。尤其随着现代城市景观的快速发展和设施产品的更新，仅依靠设计者的经验、感觉和灵感进行直觉思考的传统设计模式已无法适应现代设施设计的要求，要成为一名合格的景观设施设计师，需要具有广博的专业基础、创造性的思维方式、科学的设计方法、反复的设计实践经验等综合素质。

第一节　景观设施设计方法与步骤

设计方法是指设计过程中所采用的手段及措施，是按照一定步骤进行的程序。它以一种科学的、系统化的方式规范设计过程，并提供多方位思维方式引导设计师从事物品的创造性开发。人类设计史的发展表明，设计与人类文明同步，优秀的设计师总是在不断总结丰富前人的设计经验、方法，不断将最新的科学艺术成就融入当下的设计活动中。从人类早期以个体行为为主的盲目性、偶发性的直觉设计活动到师徒传承为主导的经验设计，再到现代科技手段、系统艺术理论主导下进行的工业产品的设计开发，设计方法的内涵也在不断地丰富与延伸。设施设计方法也建立了以计算机辅助设计为技术平台，以新材料、新工艺为契机，融入最新的设计思潮，形成了完善可行的设计体系。

设施设计作为一种创造性的活动，其设计过程应该遵循共同的规律，也就是人们常说的设计步骤。设计步骤是为了实践某一设计目的，对整个设计活动的策划安排。它是依照一定的科学规律合理安排的工作计划，其中每个环节都有着自身要达到的目的，而各个环节紧密结合起来也就实现了整体的计划目标。当然，对于不同的设计角度也存在不同的设计步骤。

景观设施设计可分为设计准备阶段、市场调研与体验阶段、信息整理和分析阶段、明确设计方向阶段和设计成果制作等五个步骤。设计准备阶段和市场调研与体验阶段是属于认知阶段，即对景观设施地区范围及其周边环境的自然与人文要素的认知；信息整理和分析阶段、明确设计方向阶段是属于方案创作设计阶段，包括提出设计原则、确定设计目标与设计定位、方案构思与方案设计、广泛征求意见与方案调整等工作；设计成果包括文字、图纸、模型及音像等文件，属于成果制作阶段。

景观设施设计的过程是动态发展的。在方案设计分析与公众参与的过程中，设计方案经过对多层次意见进行反馈与修改，最终制作完成设计成果。

在进行景观设施设计之前，应把握影响设施设计的几个主要方面：

首先是设施的使用功能。任何一件设施的存在都具有特定的功能要求，即所谓使用功能。使用功能是设施的灵魂和生命，它是进行设施造型设计的前提。使用功能又包含两个方面的内容，一是满足和解决人们日常活动和生活中使用上的需求，是物质方面的要求。二是满足人们对设施在美化环境、创造优美空间的重要作用的审美需求，这是精神上的要求。

其次是物质技术条件。物质技术条件包括三个方面的内容。一是制作设施所选用的主要材料；二是构成设施的主要结构与构造；三是对这些材料与结构进行加工时的加工工艺。这些是形成设施的物质技术基础。

再就是设施造型的美学规律和形式法则。设施既是实用品又具有艺术品的特征，设施通常是以具体的造型形象呈现在人们面前的，在某种特定的时候设施就是一件纯粹的、地地道道的艺术品。

由于设施的实用性，以及每一件设施的特殊使用要求，从而使得构成设施的造型形式和尺度诸多因素分解或归纳为两部分，即不变性和可变性。任何一件设施都是如此，只是有的设施不变性多一些，有的设施可变性多一些而已，这要根据具体的设施所呈现出来的不同用途具体对待。在搞清楚决定设施造型形式因素的不变性与可变性后，针对这些因素的特点进行不同的处理。基本的原则是：不变性因素要慎重对待，注重它的科学性，因为它直接影响设施的舒适性和方便性，在不可变的因素中，尽量找到可变的可能性，以满足造型形象的变化以适应整体设施造型设计的要求。在可变性因素中则要充分利用可变的条件，发挥每个设计者自身的特长和丰富的想象力，使得设施的设计造型具有美感和个性。良好的定位是一种设计方法、是一种设计思维方式，不是死的教条。它随着我们设计能力、设计水平的不断提高，会逐渐自然而然融入设计思维和设计方法之中，由必然走向自然。

一、设计准备阶段

设计师的首要任务就是要从了解设计对象的用途、功能、造型要求、使用环境等基础问题入手，

对场地及周边环境的自然与人文要素充分的认知，认识问题、提出问题、分析问题，为解决问题做好充分准备。分析调研国内外相关设施设计的状况和趋势。特别是了解设施应用区域的风俗习惯、气候条件、城市环境等因素；了解同类设施产品的类型、结构、生产工艺、生产成本及使用情况等内容，搜集场地基础资料，并进行场地考察与现状调研，在此基础上，还应了解政府及各职能部门、开发商、专家及公众的意向和意见，然后对这些素材再进行分类整理，分析设施设计的优势和限制因素，做出切实可行的评估、决策。

在这一阶段里，主要的工作有：提出设计任务、设计调查信息资料的收集与分析、确立设计指标，从而明确产品的造型、功能和档次要求。

具体过程可分为：

（一）提出设计任务

设计任务的提出就是指根据人们以及社会的需求，寻求合理解决问题的方案。而问题的产生不外乎这几种可能：问题自然产生而必须解决的、他人提出问题而要求解决的，以及设计师根据场地状况提出和发现问题并试图予以解决的。不论问题是以什么样的形式存在，或者说是由谁提出的设计任务，最重要的是遵循设施设计的原则，一方面要满足人们日益增长、不断变化的需求，另一方面要为创造人们新的生活方式及适宜人类的环境而设计。

确定一个适当合理的设施设计任务是构筑良好城市景观综合环境的前提，充分利用区域自然环境，结合城市经济发展与城市文化水平等，并根据设计师的意图来确立适宜的设计任务，使得特定的景观设施在一定时间内能够达到预定目标。如果任务定得过高，设计就会成为理想的乌托邦，难以实现；反之，如果任务较低，将会使得城市景观设施环境无特征，成为品味平庸的城市景观环境。所以确定的设计任务应是一个既符合实际的、又能满足人们需求的和可以达到的任务。

（二）市场调查与体验

设施设计前的资讯调查是产品开发最基本、最直接、最可靠的信息保证，是一个不可忽视的重要环节。只有对市场信息进行准确的判断，才能获得成功的设计。

设计前市场资讯调查的方法主要有互联网搜寻、专业期刊资料搜集、问卷询问调查、实物解构测绘、生产现场调研等，而探查设计场地与现状调研，以熟悉设计场地的自然与人文景观要素及现状实际情况也十分重要。

作为设计者要把握调查内容，尽可能多的收集信息资料，因为任何资料都可能是将来设计方案的基础。在这一过程中应注意把调查和收集到的资料进行分类、整理、统计，使它们按照一定的内容条理化，从某种意义上也可以说，设计的过程实际上是一个信息获取和信息处理的过程。由于收集的资料情报很多，为了便于归纳和整理，还需要掌握科学的设计调查方法和设计调查技术，将它们合理的运用到实际工作中去，才能设计出优秀的设施产品。

1. 搜集基础资料与现状调研

基础资料包括文字资料和图纸资料，对基础资料的搜集是城市景观设计认知阶段的重要环节。通常通过走访政府相关职能部门及当地居民来获取基础资料，特别是考察包括物质与非物质景观要素、人文景观要素，物质景观要素例如所在区域的主、次干道及支路的分布，考察场地所在区域的行政办公设施、商业设施、科教文卫设施、娱乐设施和体育设施等公共服务与市政设施，考察场地所在区域的公园绿地、道路绿化及水域的分布与面积等。非物质景观要素，例如行为与民族的风俗习惯文化与文学艺术等景观要素。

1）文字资料：包括设计区域周边环境及场地地理位置和面积，温度、湿度、风向等气候条件，设计场地的地形地貌、植物植被种类等自然环境资料；城市历史发展沿革、重大历史任务事件等历史资料；当地民风民俗和历史文化街区等文化资料，以及城市经济、道路交通资料。

2）图形资料：图形资料包括场地所在区域的城市总体规划、分区规划、控制性详细规划及其他专门规划等图形文件，场地的区位图、周边区域的现状地形图以及城市重要地标景观节点的相关图片，而且实地勘察环境、场地、原有建筑物、地形地貌等。并查看与场地有关的地形图纸、设计图纸等资料。

3）了解利益相关者的意向与意见：包括政府及相关职能部门的全局区域发展建设观念；影响到场地景观设计全过程的开发商自我观点开发意向；从专业技术角度客观地对设计提出可能存在的技术问题及解决途径的专家意见，以及从自我角度考虑并提出相关问题的公众意见。

2. 分析与具体设计有关的影响因素

1）景观设施整体规划的成功与否直接影响全局，必须考虑到与游览路线、空间组织等之间的直接关系。

2）公共空间的容人量是影响环境设施数量与设置的关键因子，并且在不同的季节对景观设施的要求和利用率不同，例如在北方夏季的凉爽和南方冬季的温暖气候会使人们外出的机会增多，设施的使用率也相对较高。

3）景观设施的服务主体不同，例如儿童和成年，其对设施的要求也是大不相同的，在心理行为、尺度、人体工学等方面差别较大。

4）景观设施所处场地的地形地貌对设施外观形态、材质与颜色的应用是否协调有重要影响。

5）环境的地域、气候、习俗也是影响设施设计的重要因子，例如炎热、寒冷对设施自身热和冷的抗性，以及使用过程中的湿滑障碍的影响等。

6）应考虑场地所在区域的社会经济发展水平以及城市发展状况，因为经济的投入也是影响环境设施应用与布局的很重要的因素之一。虽然资金投入的多少能够影响设施的档次和使用寿命，但也要因地制宜，量入为出，避免盲目和过度开发。

3. 信息资料整理分析

在初步完成了景观设施设计的调查工作后，在围绕设计主体任务的基础上，对收集的各种信息例如设施式样、创意方向、设计标准规范以及各种数据、图片等资料进行分类归档、系统整理，进行定性与定量分析，编制出专题分析图表，写出完整的调研报告，并作出科学的结论，以便用于指导景观设施的开发设计。这其中应着重对设计任务的个体功能及环境功能作出明确分析，因为设计本身不是目的，它提供的功能才是其存在的根本原因。所以确定了功能就是找到了设计的出发点，抓住事物的本质，也就更便于开阔视野、扩展设计思路。在掌握场地现状基础资料、现场勘察和调研的基础上，需要对场地现状进行进一步综合分析与评价。包括对场地的自然环境与人文环境的综合评价，以及对场地的自然与人文景观要素的景观评价。

综合评价是对场地所在区域的自然地理的气候气象、地质地貌、水体与生物等自然环境和涉及历史背景、经济与文化等人文环境的综合分析。通常是从宏观、中观及微观三个层次进行综合分析与评价，以探讨影响场地设计的背景因素，从而引导设计与区域发展综合条件相协调。景观评价是对场地所在区域的自然景观要素与人文景观要素的景观分析。通过对利用设计场地的自然景观要素及挖掘人文景观要素的景观评价，构建景观设施设计的基本框架，提炼出重要的景观要素，强化场地的景观特征，达到景观设施设计的最佳效果。

（三）明确设计方向

设计方向是通过对以上各步骤的分析研究，针对设计方向的任务，在使用功能、主要用材、主要结构、基本尺度和整体造型风格等方面所形成的设计定位。设计方向既然是着手进行造型设计的前提和基础，所以要先确定。设计方向是在对场地现状综合与景观评价的基础上，协调场地所在区域相关的背景因素，以及提炼其景观设施要素，尤其能反映出地域自然与人文特征的景观要素。

确定设计方向是明确设计场地突出表现什么，通常是设计师对场地景观设计特征的一种理论上的概括。它的确定通常从不同层面去提炼突出，例如从场地的自然生态、历史、功能、社会政治、科技及文化等多层面综合分析，以此作为场地景观设施设计构思的主线。方向是场地景观设施设计的灵魂，是景观设施设计的抽象概括与特征提炼，是景观设施设计突出的重点，是方案设计构思的主轴线。在景观设施设计过程中，任何设计要素均应围绕方向循序渐进，逐步展开，最终达到突出方向的目的。在设计全过程始终围绕方向展开，景观设施设计方向特征在多种要素的烘托下，会显得更加突出。

这里所说的设计方向是否明确，是指理论上总的要求，更多的是原则性的、方向性的，甚至是抽象性的，具有在整个设施设计过程中把握住方向的作用，不要把它误认为是设施造型具体形象的确定。设计方向的确定不是盲目的，而是在综合分析了设施发展优势与限制因素的情况下做出的。在实际的工作中设计方向也在不断的变化，这种变化是设计进程中构思深化的结果，是与设计功能不断吻合，逐步接近设计要求的结果。这种变化是基于对有关设计因素的逐渐了解和认识，从而调整设计方向，使设计方向更趋于合理。

二、设计构思阶段

设计构思阶段是设施设计成功的关键，是设计的思维过程。它是内容与形式、理智与情感、功能与审美的辩证统一。它是在前期对设计定位研究、分析和调查的基础上，进行艺术创想的过程。设计构思是设计者在对场地现状调研、分析与评价的基础上，根据设计目标围绕设计定位而进行的一系列设计思维活动。这种设计思维过程需要具有较强的敏感性，不能拘泥于传统"流派"、"样式"、"格局"，要有所创新。至少要在造型、色彩、机能、装饰等特性的某一方面有所突破。因为创新思维是决定设计的倾向、深度、意境的关键，其过程有诸多表现形式，在设施设计中应细心把握运用。

设计构思的目的是获得各种构思方案以及方案的变体，寻求最佳实现景观设施功能的构成原理。这一阶段是"构思—评价—构思"不断重复直到获得满意结果的过程。在这一过程中蕴含着反复的功能分析、可行性设计方案的确立、可行性设计方案的评价和确立原理结构等一系列问题。同时，在这一过程中也蕴含着新工艺、新材料、新技术对设计方向的潜在影响。通过功能、材料和结构解析并明确各种设计要素，包括人的要素、技术要素、环境要素等，针对这些要素运用创造性思维和技法展开设计构思。

通常在景观设施方案设计阶段主要包括设施所处的公共空间系统分析、设施功能结构设计分析、设施与绿化植物分析等内容。景观设施设计首先应满足所设计区域用地及使用功能上的要求，以及方便快捷的建立区域内外交通联系。如果忽视使用功能及交通问题，则很难设计出好的设施设计佳作，或只是中看不中用的，内容与表象脱节的"形象"作品。所以，设计者应根据区域特征及个人设计侧重面的不同，从功能结构、空间流线关系、绿化植物结合等多个方面解析设计方法。

设施设计的创意方法各有不同，切入点也多种多样，从功能、结构、传统式样等多方面都可展开创意。例如面对设计定位，从形态入手进行构思创意，也是一个较直接的切入点。世间万物虽千姿百态，但经过形态归纳、分解与总结后可以发现，构成它们的基本形态大都属于几何形造型和仿生造型两种基本形态。作为设计师在形态创意的初期阶段有效地把握和遵循这一基本规律是必要的，也是切实可行的。它能逐步实现自己的构想，从而完成设计。再如在设施设计中，最初的形态构思从简单的几何形体入手也比较容易把握住造型规律。由于几何形体具有单纯、统一的视觉形象，所以具有几何形特点

的景观设施呈现出相对理性的造型特征。设计师可以对几何形体进行穿插组合、切割、扭曲等手法获得理想的立体设计形态，也可通过对基本几何形体的组合、变形与综合手段来获得较复杂的形态创意。

当我们对所要设计的景观设施产生某种想法时，这仅仅是迈出了第一步，这种最初的构思在头脑中仅仅是一种朦胧的概念，下一步是将形象以直观的形式表达出来，这个阶段分前期的草图描绘和进一步的效果图表现。

（一）设计草图

设计草图是设计者在设计构思过程中把创意、想法变成具象形态的一种记录或描绘，是一个由抽象变到具象的创作过程。在这一过程中，设计草图就是一种设计师自己、设计师之间的交流语言，它是前期构思创意的延展和平面直观化的表达。它作为展现设计师设计概念的有效载体，将逐步奠定设计形态的基础，成为最终的设计方案的有效铺垫。同时，它也是改善和进一步拓宽设计思路的重要手段和方法。

在这中间，构思和草图表达融为一体，交互进行。草图的每一次表达不仅是设计创意过程中的重要内容，也是形态创意获得发展与突破的体现，并在不断反复的推敲过程中使产品形象逐步具体化和清晰化。

在草图阶段，应注意把构思中所产生的想法尽可能的都表达出来，多出草图（图6-1、图6-2、图6-3）。草图所绘出的结果并不一定都是有价值的，其中的某些结果可能是不准确的，它可能表达出的仅仅是设计师对设计创意的一些不成熟的片断性的设想，但这正是发散思维的多角度展示。丰富的草图既是思维方式的体现，也是优秀方案的鉴别依据，没有比较就没有鉴别，有价值的创意正是通过反复比较才能证实自身的优势。因此，只有在大量草图的基础上，才有可能在众多的方案中进行筛选，剔除明显不好和不合理的方案，最后，对几个

图6-1　公共艺术设施设计草图a（**图片来源：季付乐 绘**）

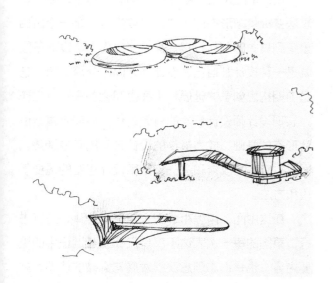

图6-2　公共艺术设施设计草图b（**图片来源：季付乐 绘**）

图6-3　公共艺术设施设计草图c（**图片来源：季付乐 绘**）

较好的可行性方案作进一步的完善或修改。当每一张草图呈现在面前的时候都有可能触发新的灵感，每一个细节都有可能作为下一步发展方案的切入点。随着对草图的深入思考，设计师会逐渐摆脱即有想法的束缚，头脑中的一些零散想法就会被思维的链条串联起来，在头脑中迅速做出判断，不断推翻和否定前面形成的构思，产生新的设计想法或在草图基础上进一步修改确定，如此往复直至达到满意的结果，从而寻找到较好的或具有创意的构思。

草图是表达设计师即时设计构思的，草图表现可以徒手绘制，不受工具限制，可以用铅笔、钢笔，或彩铅等。要达到快捷准确地表达设计构思，设计师必须要有一定的设计草图的表现能力。虽然在草图阶段只对所作设计的整体形态作简要"阐述"，不必追求形体的太多细节，要求"表意而不拘泥于形"，但也要注意透视、比例、结构的相对准确性，反映出形态的基本特征与结构。

（二）手绘效果图表现

经过草图阶段的推敲修改，方案已到达比较满意的程度，这时，可以做进一步的立体效果图形的表达。效果图是草图的进一步完善和验证，其作用与优点是相对于草图而言的。它是对设计的形态、色彩、材质、功能结构以及整体形态与局部关系作更细致的表现，它能够显示出所做设计真实、生动的造型，使设计构思与设计思路更易于传达和交流，并为后期精确的模型制作提供了直观而可视的参考。效果图是以各种不同的表现技法，表现设计主体在空间或环境中的视觉效果。它的绘制一般可分手绘和计算机绘制两种方式。

手绘效果图是借助一定的颜料、工具来完成所作立体形态的一种设计表现方式，具有生动、艺术性强等特点。手绘能力是和长期的练习分不开的，这就要求设计师具有一定的素描知识、色彩知识和透视知识。绘图可以用水粉、水彩、丙烯、透明水色等颜料，其中，水粉覆盖力较强，便于修改，但由于水粉色彩不够透明，加之在绘制过程中，笔触不易变干，成图较慢，所以设计师常把其作为最初的技法练习使用。水粉不但可以直接用手来绘制，也可结合气泵和喷笔进行，这样绘制出的效果图具有细腻、真实感强等特点。彩色铅笔也是设计师常用于设计方案表现的工具，彩色铅笔使用方便，色彩柔和，吸附性能好，并且可以用橡皮来修改画面，所以也受到初学者青睐（图6-4、图6-5）。在掌握了一定的表达技能后，设计师常用马克笔作为手绘效果图的工具（图6-6、图6-7）。由于现代计算机辅助设计的广泛运用，马克笔艺术表现力强、操作便捷的特点尤为突出，逐渐成为设计师所青睐的有效工具，但是马克笔的色彩十分透明，无遮盖力，画面色彩不易修改，因而在作画时要十分注意作画的程序和用色用笔的技巧。马克笔也经常与彩色铅笔结合使用，往往也具有更佳的表现效果（图6-8）。

效果图的重点在于正确表达设施设计的形态特征，至于过程和方法可以丰富多变。在具体设计表达过程中，应不拘泥于绘画技巧、颜料品种、绘画工具，大胆尝试，取长补短，应根据自己的绘画习惯探索出适合自己的最佳方法。

图6-4 彩色铅笔绘制的设施效果图a（图片来源：刘海青 绘）

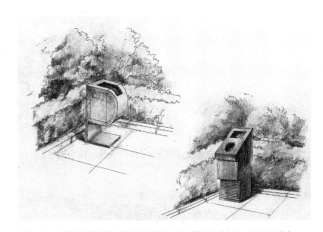

图6-5 彩色铅笔绘制的设施效果图b（图片来源：侯震 绘）

图6-6 马克笔绘制的设施效果图a（图片来源：房瑞映 绘）

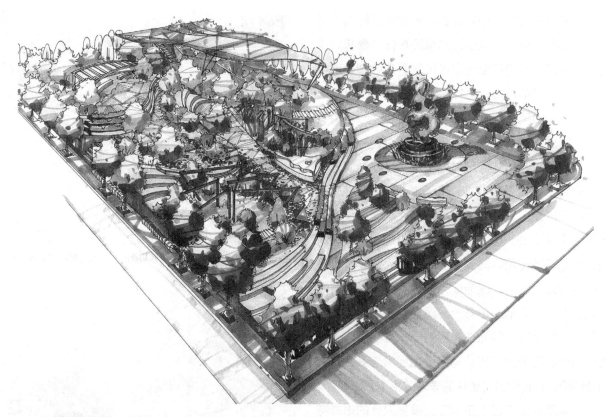

图6-7　马克笔绘制的设施效果图b（图片来源：房瑞映 绘）

图6-8　马克笔与彩色铅笔结合使用绘制的效果图（图片来源：严健，张源. 手绘景园［M］. 乌鲁木齐：新疆科技卫生出版社，2003，10.）

（三）计算机辅助表现

计算机设计技术是近几年来立体设计常采用的一种手段，其可视化的艺术效果比传统手绘效果更具真实性（图6-9、图6-10）。计算机绘制效果图可以在三维可视化设计过程中调整、完善设计，使设计师大量的理性思考分析能形象直观的表现出来，3DMAX、RHINO、ALIAS、SketchUp是应用最广泛的三维绘图软件，强大的三维图形设计软件配有丰富的材质库和各种光源、环境效果，设计者可以设计出逼真的立体形象。而且，计算机绘制的效果图在需要修改时，设计者可以灵活地针对局部上的任意特征非常直观地及时地进行图示化编辑修改，在操作上简单方便，推敲形态更方便、精确，减少了设计中修改工作所耗费的时间，提高了设计速度，所以，计算机三维效果图给设计者展现

图6-9 电脑绘制的设施效果图（图片来源：刘景春 绘）

了一个全新的设计领域。

随着人类社会步入快节奏、高效率的信息化时代，计算机在硬件、软件方面都产生了巨大的飞跃，计算机作为设计师的有效工具和工作伙伴，在各个设计领域都起着举足轻重的作用，作为现代设施设计师应积极有效地掌握运用这一工具。计算机辅助设计，极大地扩展了创作和想象的自由空间，创造出了许多的精彩设计。在景观设施设计领域中，计算机的介入改善了设计师的工作条件，也改变了设计师的工作方式。它既对设计师设计思维的活跃和灵感的激发具有深入、完善的积极作用，同时又由于计算机的"再现客观真实性"的特点，利于设计师之间、设计师与开发商之间的沟通与交流，并有效地开拓思路，演示设计效果，从而加快了设计进度。计算机的产生及其体现出的优越性能在设施设计领域掀起了一场从形式到观念的改变。设施计算机辅助设计可以借用普通的CAD、3D Max、Photoshop等通用软件，但这些通用软件更适合于辅助制图及图像处理，要真正结合设施设计的特点来进行智能化的辅助设计工作尚感不足，还需进行二次开发。

图6-10 用SketchUp软件绘制的设施效果图（图片来源：李晓庆 绘）

三、模型制作阶段

设计方案通过构思、草图、效果图阶段，经反复修改达到满意程度后便进入立体表达方式的制作阶段。由于三维效果图表现的局限性，还不能全面反映设计整体的真实效果，尤其是功能、结构、比例材料等因素需要进一步通过三维模型来检验设计的思路与工艺方案的可行性，增强其直观性，发现并避免其中的弊端。因此，立体模型制作就具有特殊的意义。

通过具体的造型、材质、肌理来模拟表现设计思想，使设计思想转化为可视可触的，接近真实形态的设计方案。人们可以从不同角度进行观察，关注对形态的处理以及材料、色彩等细节的组织搭配，使景观设施制作充分体现出立体的视觉感和触觉感，展现其视觉实体的可视化特征。在这一过程中，通过设计师的亲身感受与参与，对制作的反复推敲、试验，可以进一步激发设计师的设计灵感，反省设计思路上存在的设计盲点，对设计中不够合理的结构与工艺及时修正或者重新设计，帮助设计师更快地使设计方案达到理想的状态。

设施的立体模型是指1∶比例的实样模型，它要完全逼真、翔实的显示出设施产品的全部形态（图6-11）。因此，在制作时应尽量使用原设计材料，如一时无法实现需其他材料替代时，也应对其表面进行真实质感的直观处理。只有这样才能全方位的展现设计方案的真实效果，多视点、多角度地观察、审视、测试和研究设施的各种信息，找出不足和问题，以便进一步加以解决、完善设计。根据设计需要模型制作材料一般可分为：有机玻璃板、木材、卡纸、塑料、软质材料等。

在设施模型制作中，制作过程及制作工艺对作品的最终效果起着十分关键的作用，不同的制作技巧和制作方式可以产生出如精致、自然与朴素等不同的艺术效果。因此，充分利用制作技术，发挥材料特有的美感，是构成作品不可忽视的一个重要环节。

图6-11　卫生设施模型（图片来源：作者自拍）

各种材料由于所具有的强度、质感、重量等性能上的差别，其相对的加工手段和工艺也不尽相同，它直接地影响到设施设计整体的实用性、经济性和美观性，合理的工艺方法是丰富设计造型变化、增强设计艺术效果的有效途径。设计人员应熟悉材料质地、性能特点，了解材料的工艺要求，这样才能有助于对材料的选择和合理应用，形成相应的符合材料特性的造型语言。

四、设计成果阶段

该阶段是对前期方案理性完善与总结的过程。明确设计方案中结构节点、确切尺寸、表面工艺、材料质地、色系搭配、功效分析等细微的具体问题。完成生产用的有关图纸和技术性文件。其图纸类型包括：结构装配图（三视图、局部详图、技术要求、设施尺寸等）、部件装配图、零件图、大样图、产品组装图、效果图。技术性文件包括：工艺卡片、各种材料明细表、成本核算表及产品使用说明书。这一过程是对功能、艺术、工艺、经济性等进行全面权衡的决定性步骤。所有的结构都必须具体化，材料和加工工艺也都要落实到位。通过功能的分析和原理结构的建立，使产品成为一个合理的整体。

景观设施设计成果一般由文字、图纸、模型或展板及音像文件四部分组成。文字及图纸是设计成果的主要文件，是设计项目成果必不可少的组成部分。模型、展板及音像文件是直观表现景观设计的辅助形式，一般用于设计成果汇报或展示，可根据项目的需要来制作。

（一）文字文件

文字文件主要包括景观设施设计说明书和根据项目要求而做的相关研究报告。说明书主要阐述关于设计区域的基础研究，对区域现状综合评价分析，明确设计目标、设计定位与构思，方案设计阶段的功能结构、道路交通、景观设施结构与绿化系统等环节的设计分析，以及设计成果的说明。它是景观设施设计的重要文件。根据设计项目的特殊需要，有时可以进行有针对性的相关专题的研究，并提出研究报告，为区域景观设施的规划设计提供参考。

设计研发报告书：设施新产品开发设计是一项系统设计，当产品开发设计工作完成后，为了全面记录设计过程，系统地对设计工作进行理性总结，全面介绍和推广新产品开发设计成果，为下一步产品生产作准备，需要编写产品开发设计报告书。这既是开发设计工作和最终成果的形象记录，也是进一步提升和完善设计水平的总结性报告。它作为全面反映设计过程的综合性文件，主要包括文字性设计说明、图表、表现图和样品模型的照片等。一般报告书的样式为：封面、目录、设计进度表、设计调研与分析、资料的收集与分析（包括文字、图片资料等）、功能分析、构思草图、方案选定、设计效

果图、设计制图、样品模型照片、使用说明书等。设计师可根据自己设施的设计特点，自由选择报告书的形式，其目的就是将设计过程以书面的形式明确的表现出来，以利于对设计进行评价和决策。

（二）图纸文件

图纸是城市景观设施设计的图形文件，它与文字文件共同构成成果的主体文件。图形文件包括反映区域的区位图、现状图、现状综合评价图，设施设计的功能结构、道路交通、设施结构及绿化等设计分析图，设施设计的总平面、道路、公共服务设施及植物配植等分项设计图，根据需要还可选取能表现区域设施设计特征的若干重要节点设计平面或透视图，设计区域主要沿街、沿江、沿河或沿海滨等水界面的立面图等。通常设施设计分析图或效果图等图纸文件无比例条件限制，而设计平面图要按比例绘制。

它必须按照国家制图标准，根据技术条件和生产要求，严密准确地绘出全套详细施工图样，用以指导生产。它必须按照样品绘制，将产品以图纸的方式固定下来，以保证产品与样品的一致性和产品的质量。对于表面材料、加工工艺、质感表现、色调处理等都要有说明，必要时还要附有材料样品。

（三）模型或展板

通常模型或展板在设计成果汇报或展示时使用。按一定比例制作的模型可以直观地表现设计区域的空间效果，可根据需要制作设计成果的整体模型或局部模型。整体模型反映设计范围内各空间的道路、广场、绿化与建筑环境的关系；局部模型反映出空间要素的材料质感与空间尺度等。

展板方便设计成果的展示，内容包括设计成果图纸，以及反映设计构思过程的若干分析图。结合简要的文字说明，展板全面展示了设计的现状分析、方案构思及成果，通常采用A2～A0图幅（图6-12-1、图6-12-2、图6-12-3、图6-12-4）。

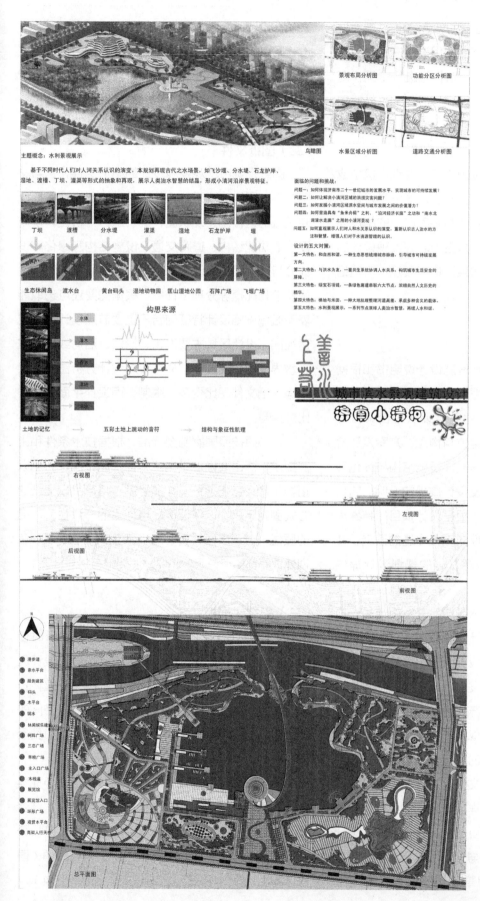

图6-12-1　展板一（济南小清河滨水设施设计）（图片来源：范庆庆　王青　绘）

图6-12-2　展板二（济南小清
河滨水设施设计）（图片来源：
范庆庆　王青　绘）

设计说明：

(1)整体布局

由于地形在大明湖北延长线上，结合水景区域形成北湖公园景观环境，以公共建筑体与景观相结合，形成一种围合之势，区域内集中布局了建筑、长廊、水景、休闲场所等公共建筑。

(2)建筑形态

在建筑的细节设计上，以一种逻辑去组织和表达相应的功能性，主要以石材、木材、玻璃和钢为主要的材料，在面对北湖面形成大面积的玻璃幕，以形成良好的景观视觉。由于考虑到如何体现和表达商业性，建筑长廊是以体块的大尺度穿插来围合空间，大面积的玻璃空间用以纳入环境，同时表现建筑主体和景观环境的连贯性。

（3）景观形态

在新的城市街景设计中，应该在适当的地段流出人流集散、休息的公共空间，而不是形成一个被建筑排列封闭起来的"建筑墙"，同时建筑应该满足建筑退红线的要求，为行人和城市留出活动的区域，充分表现空间自身的表达力度。

简单、具有几何形、强调精致的细部处理、冷俊而不失可亲近性，红色的标志性辅助建筑给人以醒目的视觉冲击力，使稳重的建筑增加了趣味性。

图6-12-3　展板三（济南小清河滨水设施设计）（图片来源：范庆庆　王青　绘）

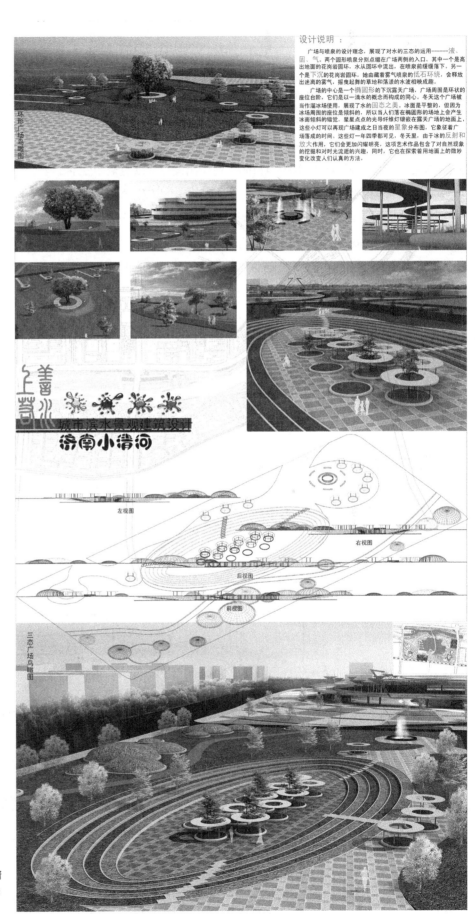

设计说明：

广场与喷泉的设计理念，展现着对水的三态的运用——流、固、气。两个圆形喷泉分别点缀在广场两侧的入口，其中一个是高出地面的花岗岩圆环，水从圆环中流出，在喷泉前缓缓落下。另一个是下沉的花岗岩圆环，地由藏着雾气喷泉的低石环绕，会释放出迷离的雾气，摇曳起舞的草地和落漾的水波相映成趣。

广场的中心是一个椭圆形的下沉露天广场，广场周围是环状的座位台阶，它们是以一流水的概念而构成的同心。冬天这个广场被当作溜冰场使用，展现了水的固态之美。冰面是平整的，但因为冰场周围的座位是倾斜的，所以当人们落在椭圆形的场地上会产生冰面倾斜的错觉。星星点点的光导纤维灯镶嵌在露天广场的地面上，这些小灯可以再现广场建成之日当夜的星象分布图，它象征着广场落成的时间，这些灯一年四季都可见，冬天里，由于冰的反射和放大作用，它们会更加闪耀明亮，这项艺术作品包含了对自然现象的挖掘和对时光流逝的兴趣，同时，它也在探索着用地面上的微妙变化改变人们认真的方法。

图6-12-4　展板四（济南小清河滨水设施设计）（图片来源：范庆庆　王青　绘）

（四）音像等多媒体文件

音像等多媒体文件是通过声音与图像直观且动态地展示设计成果的文件形式。三维动画演示更直观生动地虚拟设计景观的效果，能给人身临其境的感受。另外，可利用PPT展示文件配以录音讲解。多媒体文件演示时间通常为10~20min，对突出设计成果的特征有锦上添花的作用。

总之，设施设计的具体过程是一个复杂的系统工程。这要求设计师既要注重创造力的发挥，又要有丰富的知识与经验的积淀，将艺术的感性思维方式与科学的理性思维方式进行有机的结合。同时，也应该意识到任何程式化的方法和条理化都遵循以上的这些步骤，可起到事半功倍的作用，并对抓住事物的本质，设计出充分满足人们需求的设施有着极大的帮助。

第二节 设计实例分析

一、周易文化研究中心景观设施设计

周易文化最显著的特点是实用，对天地宇宙、自然现象、社会生活的方方面面，从哲学高度做出阐述，阐明事物运动变化的规律，充满朴素的唯物辩证法的思想，是把抽象的哲理和活生生的社会现实结合起来的典范。在数千年的时光中，易经文化被人们推崇备至，奉为千古不易的经典，使人们可以更明白生活的哲理，可以运用逻辑思维来辨明所处时势，做出明智的选择，而专门为研究易经文化进行设计的建筑及其相关环境设施却少之又少，因此该方案对周易文化研究中心进行建筑及其周边环境设计，以供人们可以更好地了解周易这一文化绝学。

（一）设计构思

在设计中以周易带来的灵感启发，在不破坏自然环境的情况下，最大限度的利用自然地形而设计完成。以易经中"乾"的精神，刚强勇毅，一往直前，充分在景观环境中传承中华民族的生命之源，文化之本，更体现万事万物在生命的长河中不断演化生息不止（图6-13）。

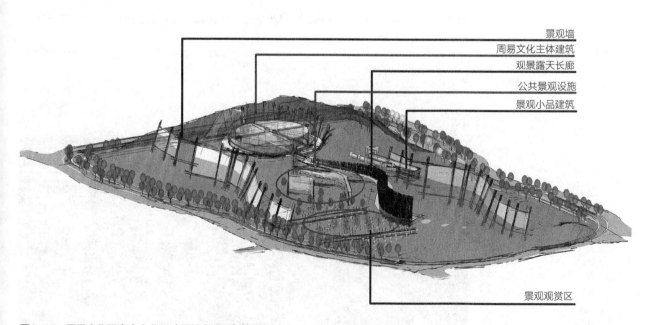

景观墙
周易文化主体建筑
观景露天长廊
公共景观设施
景观小品建筑

景观观赏区

图6-13 周易文化研究中心分区（图片来源：刘艳军 绘）

（二）景观设施设计说明

1. 踏步及水景设计

建筑实体是一分为二的八卦图形设计，表达易经文化的阴阳实虚，台阶在功能上既是分隔的通道作用，又是阴阳实虚的分界线，伴随自然地形上行下移。台阶两侧的石墙高高耸立，人在步行过程中，不断体验到大自然的神奇及变化，感受到易经文化的博大精深。

水景是在八卦中的另一半，代表阴，代表虚，与石墙及石质地面形成材质对比，色彩对比，与建筑立面的八卦图形一起，构成周易文化的传承和宣扬。阳光照射下波光粼粼的水面，随风波动的水中倒影，无时无刻不在给人温馨、安定、回归自然的感受，更是易经文化中的生命之源（图6-14-1、图6-14-2）。

2. 景观观赏区设计

易经中的八卦阴阳图形是圆形的，为了协调一致，在景观观赏区中，树池及周边设施均设计为圆形，或虚或实，或高或低，或粗或细，结合自然地形，点缀在观景露天长廊的一侧，恰似运动变化的自然规律。游人或靠或坐，或穿越其中，体会轻松和谐的自然环境（图6-15）。

3. 观景露天柱廊

观景露天长廊整体呈现"S"形，宛如分隔实虚阴阳之界限，高耸入天，与行走在其中的游人形成较大的高度差，步行期间，又能透过长廊柱子看到周围景致，实虚结合，人工与自然相容，非常具有美感。在长廊间的铺地设计，采用不连续的石材铺地，结合自然地形起伏变化。行走其中，一会儿是踏在人工雕琢的铺地地面上，一会儿是踏在自然的坡地上，从设计细节中体会人与自然的协调共处，易经文化展现在生活之中（图6-16）。

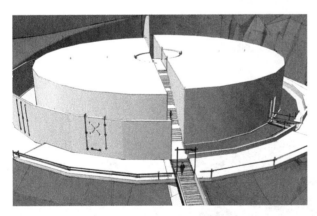

图6-14-1　台阶和水景（图片来源：刘艳军 绘）

图6-15　树池和休息座椅设计（图片来源：刘艳军 绘）

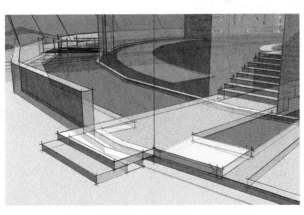

图6-14-2　台阶和水景细部（图片来源：刘艳军 绘）

图6-16　露天柱廊设计（图片来源：刘艳军 绘）

二、平阴玫瑰湖滨水景观设施设计

玫瑰湖湿地位于平阴县城的西北部，西北紧邻黄河，东西两侧为山体，东南紧邻平阴城区。其规划面积26.5km²，其中核心区面积6.7km²。该地块地势低洼平坦，历史上，一直作为黄河滞洪区和城区泄洪区使用，原生态湿地特征明显，动植物多样。80年代以后，因为过度开发，使得该区域湿地面积逐年缩小，遇到汛期水量大时，周围鱼塘常常被淹没。

该区东西两侧是形态优美，连绵的山体，区内大约有近万亩的速生杨树林。区内现有的河流、水渠、鱼塘、涝洼地等近10000亩水面，有重要的田山电灌工程沉沙池和护城大堤，日处理能力6万吨的污水处理厂就处在这里。南水北调济平干渠从该项目中穿过。在与沉沙池交汇处有泄水闸一处，南水北调工程全面竣工以后，长江水与黄河水将会在此交汇。另外在东西两侧的山体周边分布着17个村庄。据记载，黄河岸边的这个小村庄是梁山好汉阮小二曾经生活和居住的地方，历史上，该水系与东

平湖相通，当年小二就是在此处顺水上梁山的。村子也因阮小二而得名，命名为"阮二村"。

湿地是具有独立特殊功能的生态系统，因此，它同森林和海洋被称为全球三大生态系统，同时又是陆地上干旱、半干旱、森林、湿地和山地四大生态系统的重要组成部分，湿地的生态功能在人与自然和谐发展、社会经济可持续发展中具有不可替代的作用。同时，湿地还是我国可持续发展、国家和区域生态安全的战略资源，是中华民族文化的源头和载体。湿地因为具有巨大的水文和元素的循环功能，是人类和万物生命的水源，是江河湖泊的水库，因此被人们誉为"地球之肾"。该方案完成平阴玫瑰湖湿地景观设计，将湿地景观与自然地形地貌完美结合。

（一）设计构思

本方案以生态为基础，以水为主题，以文化为支撑，旅游观光、休闲度假、体验认知为内容，展现"碧山黄河玉湖，玫瑰丛林湿地，自然田野人家"的意象（图6-17）。

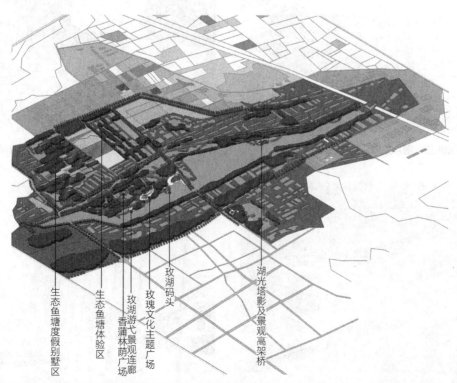

图6-17　平阴玫瑰湿地湖整体景观设置鸟瞰图（图片来源：魏冰冰 绘）

理想的湿地景观设计首先应该具有完整的湿地自然机构，还能实现人近距离地亲近湿地，方便了解湿地的结构和功能，同时在设计过程中把握和提炼出项目中的历史文化内涵。水系与植被等生态系统就像血肉与骨架，抓住文化元素精髓，赋予其人文内涵。在尊重自然的前提下，通过人类的适度干预，使设计最终达到人与自然的和谐统一。方案在原有湿地景观因素基础上进行设计，保持湿地生态系统完整性并充分利用原有的自然生态创造景观价值、旅游价值及经济价值。在形态设计上，按照原自然系统的形状和生物系统的分布格局进行设计。充分挖掘基地的文化内涵及艺术潜力，做到设计形式与内部结构间的和谐，做到与环境功能间的和谐，实现生态与美学的统一。基地景观构成以贯穿南北滨水带、湖心主景观区和东西主干道为主要景观轴线，局部景观区景观辅轴线。

在设计内容上包括景观开发、文化保护、湿地改良及生态恢复，为此在总体规划中，按照以最大限度的利用和保护现状资源，并充分结合基地本身的独特特点，将项目区规划形成"一心两带三区"

（图6-18）。"一心"为"湖区湿地核心生态旅游区"，"两带"为"供水水源功能带"和"主题公园旅游带"，"三区"为"开发建设区"、"生态农业区"和"山林绿化区"。基地景观设计概念在"一心两带三区"的总体框架之下，总体景观布局采用集中与分散相结合的景观布局原则，结合基地独特的地理位置及深厚的地域文化，在景观设计中力求将黄河文化、玫瑰文化以及生态景观融合一体，打造以主题公园为特色的复合型风景游览区。

（二）景观设施设计说明

1. 玫瑰湖景观连廊设计

提取自然环境中的景观设计元素，以人在景观环境中的体验、认知、感受出发，创造相得益彰的令人愉悦的景观环境，营造适于人参与、滞留的景观空间达到人、景、境之间和谐统一。

水景与岸边的台阶紧密结合，形成完美的亲水平台。独特的连廊设计，给人休憩、观赏的空间，同时连廊又成为两边湖区的空间连接和过渡的区域，确保整体景观连贯通畅（图6-19-1、图6-19-2）。

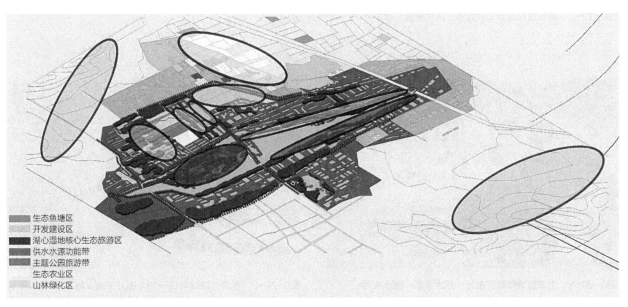

生态鱼塘区
开发建设区
湖心湿地核心生态旅游区
供水水源功能带
主题公园旅游带
生态农业区
山林绿化区

图6-18　"一心两带三区"的总体设计框架（图片来源：魏冰冰 绘）

图6-19-1　湖心景观连廊设计（图片来源：魏冰冰 绘）

2. 生态鱼塘体验区景观节点

通过对大面积鱼塘区域的景观改造及恢复再利用，打造以景观体验感知为主题的独特景观区域，并注重人、生态、环境的多元化发展。

鱼塘基地中部有大面积的玫瑰花滩，身临其境犹如花的海洋，在这种环境中配以合理的景观道路设计，给人以视觉感知、听觉感知和嗅觉感知等多重体验。

鱼池中央点缀花丛，两侧弯曲的台阶设计，中间交叉道路，两旁绿树成荫，形成花的世界，鸟的天堂，鱼的圣地（图6-20-1、图6-20-2）。

图6-19-2　湖心景观连廊设计近景（图片来源：魏冰冰 绘）

图6-20-1　生态鱼塘体验区设计（图片来源：魏冰冰 绘）

图6-20-2　生态鱼塘体验区一角（图片来源：魏冰冰 绘）

3. 湖心岛湿地香蒲林荫广场

从自然环境中吸取设计元素，以树的形态及结构的结合与演变，衍生出独具特色的景观视点。结合令人赏心悦目的自然美和人文雅趣的形体美，达到景与境相通、情与景的交融，使人们身临其境、流连忘返。

树形的亭子形成湖心岛湿地香蒲林荫广场的视觉中心，供人们休息停留，下面的休息座椅同样采用红色，造型简单明快，让整个岛屿充满愉悦的气息（图6-21）。周围树林环绕，鸟语花香，湿地气候宜人，形成驻足流连的最佳位置。

4. 滨水游船玫瑰码头

以树叶为基本的设计元素，在与陆地交接区域种以大面积的湿地独具特色的本土植物，在竖向空间运用红色景观列柱以及码头广场的景观灯柱，为人营造从陆地到水域不同的景观视点，产生出别具特色的景观感受，形成别具一格的从陆地到水域的景观过渡区。

红色的柱廊与绿色的水生植物遥相呼应，道路交错连接，小船水波荡漾，夜晚更有点缀其中的红色立柱路灯照明，使整个环境生机勃勃（图6-22、图6-23）。

图6-21　美丽的树形湖心亭设计（图片来源：魏冰冰 绘）

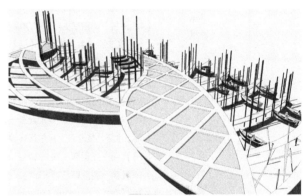

图6-22　滨水游船玫瑰码头整体效果（图片来源：魏冰冰 绘）

图6-23　滨水游船玫瑰码头灯柱设计（图片来源：魏冰冰 绘）

参考文献

［1］ 刘文军，韩寂. 建筑小环境设计［M］. 上海：同济大学出版社，1999.

［2］ JING Jing, LI Yue-en, PAN Peng. Redefine The Meaning of Lamp Design［J］. 2009 10th International Conference on CAID & CD，IEEE Press: P312-315.

［3］ 胡天君. 园林景观环境整体性的多重设计维度［J］. 山东林业科技，2012、02，P74-76.

［4］ JING Jing, CHEN Hua-xin, LIU Yu-an. About Model Link in Design Process［J］. 2010．IEEE 11th International Conference on Computer-Aided Industrial Design & Conceptual Design，IEEE Press: P245-247.

［5］ 胡天君，周曙光. 家具设计与陈设［M］. 北京：中国电力出版社，2011.

［6］ 胡天君. 立体设计［M］. 济南：山东美术出版社，2007.

［7］ 于正伦. 城市环境创造［M］. 天津：天津大学出版社，2003.

［8］ 胡天君，朱晓前. 论当代公共艺术设施形态因素的设计特征［J］. 山东林业科技，2012，04，P104-105.

［9］ （英）克里斯·莱夫特瑞，玻璃［M］. 董源，陈亮 译. 上海：上海人民美术出版社，2004，07.

［10］黄世孟. 地景设施［M］. 大连：大连理工大学出版社，2001，03.

［11］（日）丰田幸夫. 风景建筑小品设计图集［M］. 黎雪梅译. 北京：中国建筑工业出版社，1999.

［12］王忠. 公共艺术概论［M］. 北京：北京大学出版社，2007，12.

［13］黄磊昌. 环境系统与设施［M］. 北京：中国建筑工业出版社，2006.

［14］（英）克里斯·莱夫瑞特. 金属［M］. 张港霞 译. 上海：上海人民美术出版社，2004，07.

［15］梁俊. 景观小品设计［M］. 北京：中国水利水电出版社，2007.

［16］冯信群，姚静. 景观元素—环境设施与景观小品设计［M］. 南昌：江西美术出版社，2008，01.

［17］金涛，杨永胜. 居住区环境景观设计与营建［M］. 北京：中国城市出版社，2003，01.

［18］（英）克里斯·莱夫瑞特. 木材［M］. 朱文秋译. 上海：上海人民美术出版社，2004，07.

［19］（英）克里斯·莱夫瑞特. 塑料［M］. 杨继栋译. 上海：上海人民美术出版社，2004，07.

［20］（英）Ceraldine Rudge. 园林装饰小品［M］. 阎宏伟译. 沈阳：辽宁科学技术出版社，2002，01.

［21］鲍诗度. 城市公共艺术景观［M］. 北京：中国建筑工业出版社，2006.

［22］吴晓松，吴虑. 城市景观设计——理论、方法与实践［M］. 北京：中国建筑工业出版社，2009.

［23］薛文凯. 公共环境设施设计［M］. 沈阳：辽宁美术出版社，2006，01.

［24］俞英. 设施空间畅想［M］. 北京：中国建筑工业出版社，2003.

［25］卢仁编. 园林建筑装饰小品［M］. 北京：中国林业出版社，2000，3.

［26］林玉莲，胡正凡. 环境心理学［M］. 北京：中国建筑工业出版社，2007.

［27］周敬. 公共艺术设计［M］. 北京：知识产权出版社，2005.

图书在版编目（CIP）数据

景观设施设计/胡天君，景璟著．—北京：中国建筑工业出版社，2019.1（2023.12重印）
高校风景园林与环境设计专业规划推荐教材
ISBN 978-7-112-23054-9

Ⅰ．①景… Ⅱ．①胡… ②景… Ⅲ．①城市景观－基础设施建设－设计－高等学校－教材 Ⅳ．①TU986.2

中国版本图书馆CIP数据核字（2018）第275944号

责任编辑：杨　琪　徐　冉
书籍设计：付金红
责任校对：芦欣甜

可发送邮件至cabp_yuanlin@163.com索取教材。

高校风景园林与环境设计专业规划推荐教材

景观设施设计
胡天君　景　璟　著

*

中国建筑工业出版社出版、发行（北京海淀三里河路9号）
各地新华书店、建筑书店经销
北京锋尚制版有限公司制版
建工社（河北）印刷有限公司印刷

*

开本：880毫米×1230毫米　1/16　印张：14¼　字数：368千字
2019年4月第一版　2023年12月第四次印刷
定价：**36.00元**（赠课件）
ISBN 978 – 7 – 112 – 23054 – 9
　　（33129）